建筑信息化服务技术人员职业技术辅导教材

装配式钢结构建筑与
BIM 技术应用

北京绿色建筑产业联盟
北京百高建筑科学研究院　　组织编写

马张永　　王泽强　　主编

中国建筑工业出版社

图书在版编目(CIP)数据

装配式钢结构建筑与 BIM 技术应用/马张永,王泽强主编. —北京:中国建筑工业出版社,2019.1
建筑信息化服务技术人员职业技术辅导教材
ISBN 978-7-112-23011-2

Ⅰ. ①装… Ⅱ.①马… ②王… Ⅲ.①装配式构件-钢结构-结构设计-计算机辅助设计-应用软件-教材 Ⅳ.①TU391.04

中国版本图书馆 CIP 数据核字(2018)第 269733 号

本书共分为六个章节,第 1 章介绍了装配式钢结构建筑的定义、特点、发展现状等内容,又阐述了 BIM 技术在装配式钢结构建筑中的作用。第 2、3、4、5 章在前一章内容的基础上,结合目前在国内的应用现状,进一步从装配式钢结构建筑的设计阶段、生产阶段和施工阶段对 BIM 技术在装配式钢结构建筑的应用和管理做了详细具体的介绍。第 6 章内容,为读者提供具体的装配式钢结构施工项目案例,通过项目案例向大家展示如何使用 BIM 技术与装配式钢结构建筑相结合,从而促使项目各参与方的协同管理。

* * *

责任编辑:封 毅 毕凤鸣
责任校对:李美娜

建筑信息化服务技术人员职业技术辅导教材
装配式钢结构建筑与 BIM 技术应用
北京绿色建筑产业联盟
北京百高建筑科学研究院
组织编写
马张永 王泽强 主编

*

中国建筑工业出版社出版、发行(北京海淀三里河路 9 号)
各地新华书店、建筑书店经销
北京红光制版公司制版
天津翔远印刷有限公司印刷

*

开本:787×1092 毫米 1/16 印张:16¼ 字数:396 千字
2019 年 2 月第一版 2019 年 2 月第一次印刷
定价:**55.00** 元
ISBN 978-7-112-23011-2
(33094)

《装配式钢结构建筑与 BIM 技术应用》
编写人员名单

主　编：马张永　甘肃建投钢结构有限公司
　　　　王泽强　北京市建筑工程研究院有限责任公司
副主编：刘占省　北京工业大学
　　　　胡树青　中通钢构股份有限公司
　　　　郭彩霞　中冶建筑研究总院
　　　　邓　芃　山东科技大学土木
　　　　陆泽荣　北京绿色建筑产业联盟
主　审：刘红波　天津大学
编　委：（排名不分先后）
　　　　曾　涛　中国建筑集团有限公司
　　　　宋美忠　甘肃建投兰州新区建设管理有限公司
　　　　曹少卫　中铁建工集团有限公司
　　　　关巧英、马国润、刘伯顺　中通钢构股份有限公司
　　　　乔文涛　石家庄铁道大学
　　　　陈绍娟、严永红、张在新、李福顺、史　奕、王　安、
　　　　王　强、张志喜、张　鹏、连小荣　甘肃建投钢结构有限公司
　　　　卫启星、周黎光、张晓迪、张开臣、胡　洋、付　琰、王　杨、
　　　　赵云凡　北京市建筑工程研究院有限责任公司
　　　　魏永明　甘肃第三建设集团公司
　　　　马云龙、万年青　甘肃省建设投资（控股）集团总公司
　　　　张可、郑成龙　北京慧筑建筑科学研究院
　　　　徐子涵、甘肃路桥建设集团有限公司
　　　　王　唯　北京筑盈科技有限公司
　　　　马东全　天津广昊工程技术有限公司
　　　　马立群　上海松江雅居乐房地产开发有限公司
　　　　赵士国　北京绿色建筑产业联盟

丛 书 总 序

中共中央办公厅、国务院办公厅印发《关于促进建筑业持续健康发展的意见》（国发办〔2017〕19号），住房城乡建设部印发《2016—2020年建筑业信息化发展纲要》（建质函〔2016〕183号），《关于推进建筑信息模型应用的指导意见》（建质函〔2015〕159号），国务院印发《国家中长期人才发展规划纲要（2010—2020年)》《国家中长期教育改革和发展规划纲要（2010—2020年)》，教育部等六部委联合印发的《关于进一步加强职业教育工作的若干意见》等文件，以及全国各地方政府相继出台多项政策措施，为我国建筑信息化BIM技术广泛应用和人才培养创造了良好的发展环境。

当前，我国的建筑业面临着转型升级，BIM技术将会在这场变革中起到关键作用；也必定成为建筑领域实现技术创新、转型升级的突破口。围绕住房和城乡建设部印发的《推进建筑信息模型应用指导意见》，在建设工程项目规划设计、施工项目管理、绿色建筑等方面，更是把推动建筑信息化建设作为行业发展总目标之一。国内各省市行业行政主管部门已相继出台关于推进BIM技术推广应用的指导意见，标志着我国工程项目建设、绿色节能环保、装配式建筑、3D打印、建筑工业化生产等要全面进入信息化时代。

如何高效利用网络化、信息化为建筑业服务，是我们面临的重要问题；尽管BIM技术进入我国已经有很长时间，所创造的经济效益和社会效益只是星星之火。不少具有前瞻性与战略眼光的企业领导者，开始思考如何应用BIM技术来提升项目管理水平与企业核心竞争力，却面临诸如专业技术人才、数据共享、协同管理、战略分析决策等难以解决的问题。

在"政府有要求，市场有需求"的背景下，如何顺应BIM技术在我国运用的发展趋势，是建筑人应该积极参与和认真思考的问题。推进建筑信息模型（BIM）等信息技术在工程设计、施工和运行维护全过程的应用，提高综合效益，是当前建筑人的首要工作任务之一，也是促进绿色建筑发展、提高建筑产业信息化水平、推进智慧城市建设和实现建筑业转型升级的基础性技术。普及和掌握BIM技术（建筑信息化技术）在建筑工程技术领域应用的专业技术与技能，实现建筑技术利用信息技术转型升级，同样是现代建筑人职业生涯可持续发展的重要节点。

为此，北京绿色建筑产业联盟特邀请国际国内BIM技术研究、教学、开发、应用等方面的专家，组成BIM技术应用型人才培养丛书编写委员会；针对BIM技术应用领域，组织编写了这套BIM工程师专业技能培训与考试指导用书，为我国建筑业培养和输送优秀的建筑信息化BIM技术实用性人才，为各高等院校、企事业单位、职业教育、行业从业人员等机构和个人，提供BIM专业技能培训与考试的技术支持。这套丛书阐述了BIM技术在建筑全生命周期中相关工作的操作标准、流程、技巧、方法；介绍了相关BIM建模软件工具的使用功能和工程项目各阶段、各环节、各系统建模的关键技术。说明了BIM技术在项目管理各阶段协同应用关键要素、数据分析、战略决策依据和解决方案。提出了推动BIM在设计、施工等阶段应用的关键技术的发展和整体应用策略。

我们将努力使本套丛书成为现代建筑人在日常工作中较为系统、深入、贴近实践的工具型丛书，促进建筑业的施工技术和管理人员、BIM技术中心的实操建模人员、战略规划和项目管理人员，以及参加BIM工程师专业技能考评认证的备考人员等理论知识升级和专业技能提升。本丛书还可以作为高等院校的建筑工程、土木工程、工程管理、建筑信息化等专业教学课程用书。

本套丛书包括四本基础分册，分别为《BIM技术概论》《BIM应用与项目管理》《BIM建模应用技术》《BIM应用案例分析》，为学员培训和考试指导用书。另外，应广大设计院、施工企业的要求，我们还出版了《BIM设计施工综合技能与实务》《BIM快速标准化建模》等应用型图书，并且方便学员掌握知识点的《BIM技术知识点练习题及详解（基础知识篇）》《BIM技术知识点练习题及详解（操作实务篇）》。2018年我们还将陆续推出面向BIM造价工程师、BIM装饰工程师、BIM电力工程师、BIM机电工程师、BIM铁路工程师、BIM轨道交通工程师、BIM工程设计工程师、BIM路桥工程师、BIM成本管控、装配式BIM技术人员等专业方向的培训与考试指导用书，覆盖专业基础和操作实务全知识领域，进一步完善BIM专业类岗位能力培训与考试指导用书体系。

为了适应BIM技术应用新知识快速更新迭代的要求，充分发挥建筑业新技术的经济价值和社会价值，本套丛书原则上每两年修订一次；根据《教学大纲》和《考评体系》的知识结构，在丛书各章节中的关键知识点、难点、考点后面植入了讲解视频和实例视频等增值服务内容，让读者更加直观易懂，以扫二维码的方式进入观看，从而满足广大读者的学习需求。

感谢各位编委们在极其繁忙的日常工作中抽出时间撰写书稿。感谢清华大学、北京建筑大学、北京工业大学、华北电力大学、云南农业大学、四川建筑职业技术学院、黄河科技学院、湖南交通职业技术学院、中国建筑科学研究院、中国建筑设计研究院、中国智慧科学技术研究院、中国建筑西北设计研究院、中国建筑股份有限公司、中国铁建电气化局集团、北京城建集团、北京建工集团、上海建工集团、北京中外联合建筑装饰工程有限公司、北京市第三建筑工程有限公司、北京百高教育集团、北京中智时代信息技术公司、天津市建筑设计院、上海BIM工程中心、鸿业科技公司、广联达软件、橄榄山软件、麦格天宝集团、成都孺子牛工程项目管理有限公司、山东中永信工程咨询有限公司、海航地产集团有限公司、T-Solutions、上海开艺设计集团、江苏国泰新点软件、浙江亚厦装饰股份有限公司、文凯职业教育学校等单位，对本套丛书编写的大力支持和帮助，感谢中国建筑工业出版社为丛书的出版所做出的大量的工作。

北京绿色建筑产业联盟执行主席　陆泽荣
2019年1月

前　言

伴随建筑技术的进步和建筑工业化的发展，装配式建筑又再次兴起，并且伴随着中国建筑人工成本的增加，装配式建筑必将在日后得到更广泛的应用。对于钢结构建筑其本身是一种天然的装配式结构，同时装配式钢结构建筑适宜构件的工厂化生产，可以将设计、生产、施工、安装一体化。具有自重轻、基础造价低、适用于软弱地基、安装容易、施工快、施工污染环境少、抗震性能好、可回收利用、经济环保等特点。

但由于传统钢结构建筑的建造方式采用现场浇筑与焊接的工艺，其现场施工条件差、工程质量难以保证，资源浪费严重，产生大量的建筑垃圾，无法满足建筑工业化的发展需求。并且，近年来 BIM 技术在国内建筑业形成一股热潮，除了前期软件厂商的大声呼吁外，政府相关单位、各行业协会与专家、设计单位、施工企业、科研院校等也开始重视并推广 BIM。2016 年，住房城乡建设部发布了"十三五"纲要——《2016—2020 年建筑业信息化发展纲要》，相比于"十二五"纲要，引入了"互联网＋"概念，以 BIM 技术与建筑业发展深度融合，塑造建筑业新业态为指导思想，实现企业信息化、行业监管与服务信息化、专项信息技术应用及信息化标准体系的建立，达到基于"互联网＋"的建筑业信息化水平升级。于是，如何使 BIM 技术在装配式钢结构建筑各个阶段得到有效的应用，成为目前装配式钢结构建筑各利益相关方探讨与研究的焦点。为了响应市场现状的需求，本书从 BIM 技术在装配式钢结构建筑中的具体应用做了详细介绍。

本书共分为 6 个章节，第 1 章介绍了装配式钢结构建筑的定义、特点、发展现状等内容，阐述了 BIM 技术在装配式钢结构建筑中的作用。第 2～5 章分别在前一章内容的基础上，结合目前在国内的应用现状，进一步从装配式钢结构建筑的设计阶段、生产阶段和施工阶段对 BIM 技术在装配式钢结构建筑的应用和管理做了详细具体的介绍。第 6 章内容，为读者提供具体的装配式钢结构施工项目案例，通过项目案例向大家展示如何使用 BIM 技术与装配式钢结构建筑相结合，从而促使项目各参与方的协同管理。

本书在编写的过程中参考了大量专业文献，汲取了行业专家的经验，参考和借鉴了有关专业书籍内容，以及 BIM 中国网、筑龙 BIM 网、中国 BIM 门户等论坛上相关网友的BIM 应用心得体会。在此，向这部分文献的作者表示衷心的感谢！

本书的编写过程，虽经过反复斟酌修改，由于本书编者水平有限，加之时间紧张，故不可避免地出现不妥及疏漏，敬请广大读者批评指正。

《装配式钢结构建筑与 BIM 技术应用》编写组
2018 年 9 月

目　　录

第1章 装配式钢结构建筑简介

本章导读：

装配式钢结构建筑通过工厂化的形式进行结构构件的生产，因此能够涵盖结构构件的设计、生产、施工安装的全部周期，而且通过工程信息化平台进行建造设计，将传统的"现场建造"形式转变为"工厂制造"形式，这种建筑形式充分体现了"绿色建筑"的概念。同时装配式钢结构建筑，以模块化设计、标准化制作、批量化生产、整体化安装的方式完成建筑建设，从而进一步提高了钢结构建筑施工质量，缩短了施工时间。以满足现代化大生产的需要。

本章内容首先介绍装配式钢结构建筑的定义、特点、发展现状及构成体系，然后简述装配式钢结构与绿色建筑、建筑工业化、建筑智能、工程项目总承包的关系，最后对 BIM 技术在装配式钢结构建筑中的作用进行论述。

本章学习目标：

(1) 了解装配式钢结构建筑的定义。

(2) 掌握装配式钢结构的构成体系。

(3) 了解装配式钢结构与建筑工业化、智能化的关系。

(4) 掌握引入 BIM 技术在装配式钢结构建筑建设过程中的作用。

1.1　装配式钢结构建筑的定义

近年来，我国积极探索发展不同结构形式的装配式建筑，装配式建筑代表新一轮建筑业的科技革命和产业变革方向，既是建造方式的重大变革，也是推进供给侧结构性改革和新型城镇化发展的重要举措。装配式建筑一般从结构材料上分为预制装配式混凝土结构体系、装配式钢结构体系、装配式木结构体系。其中，装配式钢结构建筑是指在工厂化生产的钢结构部件，在施工现场通过组装和连接而成的钢结构建筑。装配式钢结构建筑不等同于装配式钢结构，而是以钢结构作为承重结构的装配式建筑。

1.2　装配式钢结构建筑的特点

相比装配式混凝土建筑，装配式钢结构建筑具有以下特点：

1. 装配式钢结构的优点

（1）没有现场现浇节点，安装速度更快，施工质量更容易得到保证。

（2）钢结构是延性材料，具有更好的抗震性能。

（3）自重更轻，因此基础造价更低。

（4）材料可回收，更加绿色环保。

（5）精心设计的钢结构装配式建筑，比装配式混凝土建筑具有更好的经济性。

（6）梁柱截面更小，可获得更多的使用面积。

（7）装配式施工，资金占用周期短，更早地实现收益。

2. 装配式钢结构的缺点

（1）相对于装配式混凝土结构，外墙体系与传统建筑存在差别，较为复杂。

（2）如果处理不当或者没有经验，防火和防腐问题需要引起重视。

（3）如果设计不当，钢结构比传统混凝土结构更贵，但相对装配式混凝土建筑而言，仍然具有一定的经济性。

1.3　装配式钢结构建筑的发展现状

1.3.1　国外装配式钢结构建筑

国外的钢结构建筑产业化主要集中在低层装配式钢结构。澳大利亚冷弯薄壁轻钢结构体系应用广泛，该体系主要具有环保、施工速度快、抗震性能好等显著优点。意大利BSAIS工业化建筑体系适用建造1～8层钢结构住宅，具有造型新颖、结构受力合理、抗震性能好、施工速度快、居住办公舒适方便，在欧洲、非洲、中东等国家（地区）得到大量推广应用。瑞典是世界上建筑工业化最为发达的国家，其轻钢结构建筑预制构件达到95％。此外，较为典型的装配式建筑体系还有美国的LSFB轻型钢框架建筑体系、日本给水住宅株式会社的Sekisui和Toyota Homes住宅体系等。

国外装配式多层、高层钢结构建筑比较具有代表性的结构体系是美国《钢结构抗震设计规范》中规定的 Kaiser Bolted Bracket 和 ConXtechConX 体系，其使用范围一般局限于多层建筑。另外一种是日本提出的高层巨型钢结构建筑体系，该建筑将结构构件与各房间的建筑构成分离开，结构主体为由钢柱、钢梁及支撑构成的纯钢框架。

国外装配式复合墙板主要是在 1970 年以后发展起来的，美国的轻质墙板以各种石膏板为主，以品种多、规格全、生产机械化程度高而著称；日本石棉水泥板、蒸压硅钙板、玻璃纤维增强水泥板的生产居世界领先水平；英国以无石棉硅钙板为主；德国、芬兰以空心轻质混凝土墙板生产为主。

1.3.2 国内装配式钢结构建筑

我国装配式钢结构建筑起步较晚，但在国家政策的大力推动下，钢构企业和科研院所投入大量精力研发新型装配式钢结构体系，钢结构建筑从 1.0 时代快速迈向 2.0 时代。在 1.0 时代钢结构建筑仅结构形式由混凝土结构改为钢结构，建筑布局、围护体系等一般采用传统做法。而在 2.0 时代钢结构建筑实现了建筑布局、结构体系、围护体系、内装和机电设备的融合统一，从单一结构形式向专用建筑体系发展，呈现出体系化、系统化的特点。目前，国内钢结构建筑体系主要分为三类：

1. 以传统钢结构形式为基础，开发新型围护体系，改进型建筑体系

设计阶段摒弃"重结构、轻建筑、无内装"的错误概念，实行结构、围护和内装三大系统协同设计。以建筑功能为核心，主体以框架为单元展开，尽量统一柱网尺寸，户型设计及功能布局与抗侧力构件协同设置；以结构布置为基础，在满足建筑功能的前提下优化钢结构布置，满足工业化内装所提倡的大空间布置要求，同时严格控制造价，降低施工难度；以工业化围护和内装部品为支撑，通过内装设计隐藏室内的梁、柱、支撑，保证安全、耐久、防火、保温和隔声等性能要求。

2. "模块化、工厂化"新型建筑体系

模块化建筑体系可以做到现场无湿作业，全工厂化生产，较有代表性的体系包括拆装式活动房和模块化箱型房。其中，拆装式活动房以轻钢结构为骨架，彩钢夹芯板为围护材料，标准模数进行空间组合，主要构件采用螺栓连接，可方便快捷地进行组装和拆卸；箱型房以箱体为基本单元，主体框架由型钢或薄壁型钢构成，围护材料全部采用不燃材料，箱房室内外装修全部在工厂加工完成，不需要二次装修。

工厂化钢结构建筑体系从结构、外墙、门窗，到内部装修、机电，工厂化预制率达到 90%，颠覆了传统建筑模式。工厂化钢结构采用制造业质量管理体系，所有部品设计经过工厂试验验证后定型，部品生产经过品管流程检验后出厂，安装工序经过品管流程检验才允许进入下一道工序，确保竣工验收零缺陷。由于采用工厂化技术，使得生产、安装、物流人工效率提高 6～10 倍，材料浪费率接近零，总成本比传统建筑低 20%～40%。

3. "工业化住宅"建筑体系

国内一些企业、科研院所开发了适宜住宅的钢结构建筑专用体系，解决了传统钢框架结构体系应用在住宅时凸出梁柱的问题。较为典型的钢结构住宅体系有钢管束组合结构体系、组合异形柱—H 型钢梁框架—支撑体系、扁柱筒体体系。钢管束组合结构体系，由标准化、模数化的钢管部件并排连接在一起形成钢管束，内部浇筑混凝土形成钢管束组合结构构件作为主要承重和抗侧力构件，钢梁采用 H 型钢，楼板采用装配式钢筋桁架楼承板。方钢管混凝土组合异形柱—H型钢梁框架—支撑结构体系（图1.3.2-1）在天津大学建筑设计院设计的"某家园公租房"项目中进行了应用。方钢管组合异形柱由方钢管及其之间的连接板组成，根据所处结构位置的不同，组合异形柱又分为：L形、T形、一字形、十字形等，形式非常灵活。该结构体系的优点是：解决了"肥梁胖柱"的问题；用钢量较钢管混凝土框架结构省；与条板式装配墙体的组合更加容易，墙体构造措施简单，墙体较薄，能够增大建筑使用空间。该结构体系的缺点是：组合异形柱加工制作相对麻烦；结构体系的设计需要利用专业的有限元分析，对设计人员要求较高。

图1.3.2-1 合异形柱—H型钢梁框架—支撑结构

扁柱筒体—支撑结构（图1.3.2-2），在某保障房项目6号楼上得到了应用。该结构体系角部采用钢管混凝土柱，内部采用多个空腔组成的长宽比不大于1：3的扁柱，结构抗

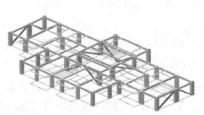

图1.3.2-2 扁柱筒体—支撑结构

侧力体系为扁柱围成的筒体，既解决了露梁露柱的问题，又提高了结构的抗侧刚度，将梁柱节点"解放出来"，由"刚接节点"可以简化为"铰接节点"，提高了现场的装配率，减少现场焊接作业量，质量易于管控，钢结构构件的加工普通钢结构厂即可完成。

1.3.3 装配式钢结构建筑的发展方向

1. 装配式钢结构体系＋PC构件

预制混凝土（PC）构件用于楼板、楼梯、空调板等构件可作为钢结构有益的补充，解决钢结构难以解决的问题。其具有生产效率高、产品质量好、对环境影响小、有利于可持续发展等优点，目前在世界各国广泛应用。现代PC构件与预应力技术相结合，采用高强高性能材料，并能够实现模块化、工业化生产。在这方面做得比较有代表性的是某新区保障房项目钢结构住宅（图1.3.3-1）。

图1.3.3-1 某保障房住宅项目（二期）

2. 围护墙体、构造做法的交叉应用

围护墙体近几年发展快速，在性能、工业化程度、耐久性、建筑功能上有很大的提高，但每种墙体各有优缺点，一种墙体很难解决全部问题。将各种墙体材料混合应用，同时构造做法互相借鉴融合是维护系统发展的新趋势。现场复合轻钢龙骨墙体体系，全装配式幕墙复合墙体体系，金属复合板外墙体系等（图1.3.3-2～图1.3.3-4）。

图1.3.3-2 现场复合轻钢龙骨墙体

3. 装配式钢结构与BIM技术的深度结合

随着建筑业全球化、城市化进程的发展及可持续发展的要求，应用BIM技术对建筑全寿命周期进行管理，是实现建筑业信息化跨越式发展的必然趋势。钢结构建筑的建设特点决定了它在建筑信息化中具有较其他结构明显的优势。主要表现在以下阶段：

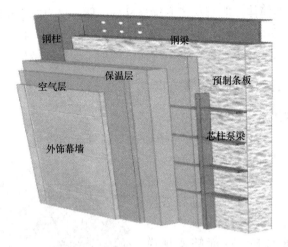

图 1.3.3-3　全装配式幕墙复合墙体体

图 1.3.3-4　金属复合板外墙体系

（1）施工图设计阶段及深化图设计阶段，装配式钢结构建筑当中，所有的建筑部品与零件都可以依据工厂制造的需要，采用物理信息数字化的方式来进行表达，从而可以直接提供给制造厂。建立建筑信息模型，不仅能够达到碰撞检查的作用，还能够起到虚拟建造的效果，从而为现场施工的优化提供可视化的依据。

（2）工厂制造阶段，在使用 BIM 技术的过程中，可以将建筑信息模型当中的相关信息直接输入到数控机床与智能机器人当中，从而实现数字化制造。

（3）现场安装阶段，可以利用信息化技术，对施工过程进行模拟，并将模拟结果和实际安装情况进行对比，对实际安装过程中存在的误差问题及时地向钢结构制造厂进行反馈，从而对后续构件的加工进行调整，将安装精度大大提升，从而达到精细化管理的目的。

1.3.4　国家大力发展装配式钢结构建筑的原因、力度和政策

1. 国家大力发展装配式钢结构建筑的原因

在供给侧结构性改革大背景下，去产能、去库存、去杠杆成为社会热词。通过大力推

广、发展钢结构建筑，既可化解钢铁产业过剩产能，也可推进建筑绿色化、工业化、信息化，实现传统产业转型升级。发展装配式钢结构建筑是建造方式的重大变革，是推进供给侧结构性改革和新型城镇化发展的重要举措，有利于节约资源、减少施工污染、提升劳动生产效率和质量安全水平，有利于促进建筑业与信息化工业化深度融合、培育新产业新动能、推动化解过剩产能。

2. 国家大力发展装配式钢结构建筑的力度

回顾 2016 年以来，在国家经济产业政策的引领下，装配式钢结构建筑产业保持了良好的发展势头，优势已经初步显现：

（1）国家和地方密集出台了一系列大力发展装配式钢结构建筑的相关政策。从 2016 年 2 月国务院办公厅下发的《关于进一步加强城市规划建设管理工作的若干意见》，到 2016 年 9 月下发的《关于大力发展装配式建筑的指导意见》，短短半年时间，对推广装配式钢结构建筑由"积极稳妥"到"大力推广"，这一变化包含着国家决策层面对推广装配式钢结构建筑的共识，也对装配式钢结构建筑的应用提出新的要求。同时，各地方省市也纷纷出台落地政策和实施意见。装配式钢结构建筑作为装配式建筑的重要体系，已经得到社会和政府的广泛关注和重视。

（2）一批装配式钢结构建筑科研成果已经形成。近年来，伴随我国涌现出一大批优秀钢结构工程，科研成果也收获颇丰。各大土建类高校组成以博导为首的科研梯队，在承担国家和行业标准规范、规程编制的同时，结合国家重点工程开展课题研究，获得一大批科研成果。同时，各大科研单位也加强了对装配式钢结构建筑的科研力量，促进了装配式钢结构技术的进步。此外，伴随国家积极推广绿色建筑和建材，大力发展钢结构和装配式建筑的政策出台，大型钢结构企业和建筑设计院也纷纷成立钢结构设计所、研究室、钢结构研发中心，研究和开发装配式钢结构建筑新体系，得到了一系列科研成果。

（3）一批规模大、实力强的龙头钢结构企业大量涌现。据协会初步统计，2016 年位列行业前茅的 57 家钢结构企业，加工生产规模达 1104.4 万 t，占当年全国建筑钢结构产能的 20％左右。其中，年产量 10 万 t 以上的企业有 29 家，年产量达 918.9 万 t，占全国钢结构产量的 13％左右，国内一些高大新特钢结构项目、知名工程都是这些重量级企业相互竞争，龙头企业的生产布局、制造水平和产品质量具有明显的竞争优势。2016 年这些龙头企业的钢结构产品出口达 600 万 t 左右，占总产量的近 10％，发挥了龙头企业的引领作用，为钢结构建筑推广应用奠定了良好的基础。

（4）一批代表当今世界先进技术水平的钢结构工程影响巨大。如 2016 年"中央电视台科教频道"报道的广东港珠澳大桥、上海深坑酒店、首都新机场、中国尊等为代表的最新钢结构"超级工程"，不仅克服了钢结构制作建造的世界级技术难题，还展示了钢结构建筑的魅力。其先进的科学技术极大丰富了我国的钢结构技术体系，也加快了中国建造技术走出去的步伐。如 2016 年完工的孟加拉帕德玛大桥，主桥长 6150m，为单跨 150m 的钢桁架梁—预应力混凝土桥面板组合结构连续梁，是"一带一路"在孟加拉国东西部运输和泛亚铁路的重要通道之一，大桥已成为中国制造向"中国智造"发展的新名片。

（5）一些钢结构产业集群地区和重点区域已经形成。部分省市深入贯彻落实中央精神，充分发挥地方资源、区位条件、产业配套的优势，形成钢结构产业布局，为钢结构制造业的发展创造了有利条件。据协会初步统计，行业内排名前97家钢结构企业，68%分布在珠三角、长三角和京津冀地区。这些地区借助国家新的产业政策，以钢结构建筑全产业链合作为基础，已初步建成了一批集设计、生产、制造、安装等企业为一体的产业园。

（6）钢结构在新领域、新市场的应用已经起步。如公路和市政桥梁、钢结构住宅、新农村建设和立体停车库都开始积极采用钢结构技术。2016年7月，交通运输部发布了《关于推进公路钢结构桥梁建设的指导意见》（以下简称《指导意见》）。《指导意见》决定推进钢箱梁、钢桁梁、钢混组合梁等公路钢结构桥梁建设，提升公路桥梁品质，发挥钢结构桥梁性能优势，助推公路建设转型升级。此外，部分钢结构企业还积极参与卫生、教育系统的配套房屋建设，推动了钢结构在这些新领域、新市场中的应用。

（7）一批具有"工匠精神"的产业工人队伍正在形成。在人口红利逐渐减弱的同时，人才红利开始显现。一大批有知识、有技术、有胆识、有能力的优秀产业工人正在形成，这批优秀产业工人将成为推广装配式钢结构建筑的主力军。

由此可以看出，大力发展装配式钢结构建筑的基本条件已经具备，其优势也初步显现，且具有巨大的市场提升空间。但不可否认的是，市场现状似乎是差别迥异：一方面，装配式钢结构建筑在公共建筑中应用广泛，接受度高；在超高层办公楼、大跨空间结构、工业厂房、机场航站楼等领域，装配式钢结构的应用已经非常广泛，且其结构形式非钢结构莫属。另一方面，装配式钢结构建筑在市场巨大的住宅领域发展相对迟缓。而根据2017年2月发布的《中国建筑节能年度发展研究报告》数据显示，2016年我国房屋竣工面积10.6亿 m^2，其中住宅竣工面积7.7亿 m^2，住宅竣工面积占总房屋竣工面积72.6%。2016年住宅类占建筑房屋竣工面积已超过七成，建筑业要完成转型，势必要进行住宅建筑革命，且空间巨大。换句话说，如果我国建筑业要向装配式建筑改革，住宅领域的改革是一个很好的切入点，就装配式建筑而言，钢结构具有先天的优势，可能效果会更明显。

3. 国家大力发展装配式钢结构建筑的政策

从2012年起，我国先后颁布了关于推动装配式钢结构建筑产业的一系列法规和政令文件。2013年，住房城乡建设部发布的《"十二五"绿色建筑和绿色生态区域发展规划》要求推动绿色建筑规模化发展，加快发展绿色建筑产业；加快形成预制装配式钢结构等工业化建筑体系。2013年10月，国务院发布《国务院关于化解产能严重过剩矛盾的指导意见》，提出要推广钢结构在建设领域的应用，提高公共建筑和政府投资建设领域钢结构建筑使用比例。2015年11月4日国务院总理李克强主持召开国务院常务会议，指出将结合棚改和抗震安居工程等，开展钢结构建筑试点。这是将装配式钢结构建筑的推广发展到了国家高度。可以预见，装配式钢结构建筑将在建筑领域，特别是在棚改、抗震安居项目中发挥举足轻重的作用。

2016年是供给侧结构性改革的开官之年，装配式建筑和钢结构建筑产业政策密集出台，钢结构产业迎来发展前所未有的发展机遇。2016年2月1日，国务院发布《关于钢铁行业化解过剩产能实现脱困发展的意见》，其明确指出推广应用钢结构建筑，结合棚户区改造、危房改造和抗震安居工程实施，开展钢结构建筑推广应用试点，大幅提高钢结构应用比例；2016 年 2 月 6 日，中共中央、国务院《关于进一步加强城市规划建设管理工作的若干意见》中指出，在发展新型建造方式方面加大政策支持力度，积极稳妥推广钢结构建筑；2016 年 3 月 5 日，第十二届全国人民代表大会第四次会议上李克强总理《政府工作报告》提出积极推广绿色建筑和建材，大力发展钢结构和装配式建筑，提高建筑工程标准和质量。这是在国家政府工作报告中首次单独提出发展钢结构；2016 年 9 月 14 日，李克强总理主持召开国务院常务会议，认为按照推进供给侧结构性改革和新型城镇化发展的要求，大力发展钢结构、混凝土等装配式建筑，具有发展节能环保新产业、提高建筑安全水平、推动化解过剩产能等一举多得之效。会议决定以京津冀、长三角、珠三角城市群和常住人口超过 300 万的其他城市为重点，加快提高装配式建筑占新建建筑面积的比例；2016 年 9 月 27 日，国务院办公厅发布《关于大力发展装配式建筑的指导意见》，要求按照适用、经济、安全、绿色、美观的要求，推动建造方式创新，大力发展装配式混凝土建筑和钢结构建筑，不断提高装配式建筑在新建建筑中的比例。

1.4 装配式钢结构建筑构成体系

我国装配式建筑目前主要有三种基本形式：装配式混凝土结构（PC）、装配式木结构、装配式钢结构。装配式钢结构建筑主要由以下三部分构成：主体结构体系、楼板结构体系、围护结构体系构成。

1.4.1 主体结构体系

1. 低层多层钢结构体系

按建筑层数及高度划分 3 层及以下主体结构主要采用钢框架、轻钢龙骨等钢结构体系：4～6 层多采用钢框架结构体系；7～10 层建筑主要采用钢框架或钢框架—支撑体系。

2. 高层钢结构体系

高层建筑主体结构主要有钢框架—支撑结构体系、筒体钢结构体系、框—筒、筒中筒、桁架筒体系、束筒体系等。

1.4.2 楼板结构体系

1. 钢筋桁架组合楼板

装配式钢筋桁架组合模板是把钢筋桁架楼承板与现浇混凝土或预制混凝土板结合而形成的组合楼板，钢筋桁架组合楼板施工不需要设置模板且现场施工安装便捷容易，具有施工工期短、刚度强度好、整体抗震性能好等特点。

2. 压型钢板组合楼板

通过在支撑压型钢板上面浇筑混凝土材料结合而成的楼板称作压型钢板组合楼板，常依据压型钢板与混凝土是否一起共同工作把压型钢板组合楼板分为非组合和组合楼板，其具有轻巧便捷、方便搬运和安装、便于管线安装等特点。

3. 预制混凝土叠合楼板

钢筋混凝土叠合楼板主要是通过在配有预应力钢筋的混凝土底板的侧边预设置钢筋并在混凝土板的侧边和上部现浇一层复合的混凝土，使预制板的预留钢筋与现浇板的钢筋连接并浇筑形成一整体楼板，其具有整体稳定性能好、板面不易裂缝、抗震性能好的特点。

1.4.3　围护结构体系

1. 外墙

装配式建筑的外围护结构外墙对于保温隔热、防火防水、隔声密闭等性能要求更高。严寒及寒冷地区建筑外墙体材料常常难以满足外墙的全部性能要求，如节能、防火、防水、隔汽、隔声等方面，建筑设计中常考虑复合墙体来提高外墙的整体性能。复合墙体基本可以分为保温隔热层、防水层、隔气层、空气屏障和隔声层等5部分。装配式建筑外墙主要有蒸压加气混凝土条板夹芯墙、预制现场装配式轻钢龙骨复合墙板、预应力混凝土夹芯复合墙等几种复合墙体在工程实际使用较多。

2. 内隔墙

建筑内墙主要起分割区分空间的作用，但就墙体材料而言，对防火隔声、防水防潮等性能有一定的要求。市场上内墙种类也比较多，常见的内墙由蒸压加气混凝土条板、蒸压加砌块、轻质混凝土条板、石膏条板、轻钢龙骨隔墙等。

1.5　装配式钢结构建筑与绿色建筑

发展装配式建筑是牢固树立和认真贯彻党中央确立的"创新、协调、绿色、开放、共享"五大发展理念，落实我国新时期"适用、经济、绿色、美观"的建筑方针的重要举措，是推动工程建造方式转型升级创新的重要体现，是稳增长、促改革、调结构的重要手段，在全面推进生态文明建设、加快推进新型城镇化、实现中国梦的进程中，具有重要意义。发展装配式建筑，既是贯彻落实中央的重要决策部署的要求，也是促进地方经济社会可持续发展，促进建筑业转型升级发展的现实需要。

过去几十年建筑行业粗放型的发展在带动经济发展的同时也伴随着高能耗、高污染、高浪费、质量不可控等问题，面对当前困局，建筑行业必须顺应时代发展进行转型升级，走可持续发展之路、走绿色发展之路、走工业化发展之路，关注建筑全寿命周期的绿色化理念，推广绿色建筑，推进建筑产业化现代发展，即走工业化的发展道路，这是我们国家建筑业实现转型升级的必由之路。装配式钢结构建筑契合了我国当前国情的发展需要，符合我国建筑行业绿色发展和生态文明建设的长远的发展目标，能够促进我国建筑业回归产业化，真正走上实现现代化的发展道路，可以说是我国发展装配式建筑的最佳代言。

1.6　装配式钢结构建筑与建筑工业化

建筑工业化指通过现代化的制造、运输、安装和科学管理的大工业的生产方式，来代替传统建筑业中分散的、低水平的、低效率的手工业生产方式。其最主要的特征是生产方式的工业化，是通过建筑设计标准化、部品生产工厂化、现场施工的装配化、结构装修一体化、过程管理信息化等方式来改变传统建筑业的生产方式，它是现代科学技术与企业现代管理结合的产物。与传统建筑业生产方式相比，工业化生产在设计、施工、装修、验收、工程项目管理等各个方面都具有明显的优越性。

建筑业转型升级的最终目标是建筑产业现代化，它是以建筑工业化为核心，结合技术创新、现代化管理、信息化手段，实现建筑全产业链的改造升级，全面提高建筑工程的质量和经济效益。据专家计算，装配式建造过程中的节能（一次节能）所带来的效益非常可观：整个工程无须搭设脚手架，大量节地节材；基本不用传统木模板、木方，节约木材90%；节约用水 65%左右；节约钢材 5%～8%；节约混凝土 10%左右；减少现场施工垃圾 90%；施工阶段，现场基本无粉尘污染；减少现场施工场地 50%左右；减少现场作业人员 50%以上；减少现场生活垃圾 50%以上。建筑产业现代化可实现可持续发展，是建筑业发展的必然趋势。

发达国家 20 世纪就开始发展建筑产业现代化，英国等欧洲发达国家采用的现代化手段搭建建筑的比例高达 80%左右，日本、美国都达到 70%以上。而我国工业化率不到7%，建筑产业现代化还处于初级阶段，具有巨大的提升空间。

尽管以装配式建筑为代表的建筑工业化尚处于起步阶段，但从国务院及地方政府的政策中我们可以看出使"房子部件"在流水线上流动起来，形成"搭积木式"建造房子的过程，是精益管理模式与建筑工业化深度融合的产物，装配式建筑生产方式代表未来建筑业发展的方面。随着《国务院办公厅关于大力发展装配式建筑的指导意见》的发布，以装配式钢结构建筑模式为代表的建筑工业化作为一种新的生产方式将受到越来越多的关注、支持和推广，建筑行业的一场革命即将到来。

1.7 装配式钢结构建筑与建筑智能化

装配式钢结构建筑是当下建筑产业转型升级的热度名词，而智能化不仅牵涉产业本身，也是房屋产品在信息化时代特征下必然趋势，也是更多消费者所关心的热点。装配式钢结构建筑的实现过程在新的时代背景下也必然慢慢会走智能化设计、智能化生产、施工以及智能化运维管理的路线。

BIM 和装配式钢结构建筑是天生一对，可以使装配式钢结构建筑更科学地实施。BIM 智慧建造平台包含创意、设计、计划、制造、服务等全产业链服务。它是集成了建设工程项目各种相关专业、各参与方信息的工程数据模型，应用于策划、设计、施工、物业管理和运营等后续阶段，是服务于整个建筑生命周期和所有项目参与方全过程的高科技。BIM 可以解决工程过程中的返工、浪费、污染等问题，并使投资者将项目透明化。

装配式钢结构建筑从设计、生产，到物流、施工安装，形成了一个数据流和信息流，各个环节相互匹配。其中，三维立体的建筑信息模型 BIM 是一个重要工具，它让全过程直观化、透明化，施工中不再需要传统图纸。工厂生产的每个构件都是一个信息单元，构件里可以"埋"芯片，也可以张贴可视化的编码，如条形码或二维码。芯片和编码里包含有原材料配方、生产时间、地点、检测人员、物流队、安装工人等各类信息，扫一扫二维码，就知道构件的详细信息，相当于建筑有了可追溯的"说明书"。即使若干年后，房子出现了问题，也方便追查原因。最终，各种数据汇聚到企业的"大数据"平台。有了"大数据"，建筑企业可以"精准对症施策"，如通过数据推演，优化构件装车方式；通过对比分析不同地区的原材料、人力成本等，帮助工厂诊断出哪里还有降成本的空间。"大数据"在企业层面，可以知道消费者喜好什么户型，哪个构件容易出问题，由此将这些数据反馈到最初的设计环节，进行调整优化。

1.8　装配式钢结构建筑与工程项目总承包

1.8.1　项目总承包是装配式钢结构建筑发展的必由之路

2017 年住房城乡建设部推进装配式建筑工程总承包和装配式建筑全装修。国家政府层面表示，随着劳动力成本提升、制造水平提高以及新技术新材料的出现，作为普及绿色建筑的捷径，装配式建筑将迎来发展的春天，但从"示范"走向"市场"的过程中，需要政府有关部门做好相应政策安排，也需要企业顺势提前做好技术研发和业务布局。

1.8.2　装配式钢结构建筑总承包优势

通过总承包单位在设计环节建立装配式钢结构建筑 BIM 模型，包括建筑、结构和水暖电等专业，让项目各参与方在设计、生产和施工等阶段都在同一个模型上进行协同工作和数据处理。这种结合 BIM 技术对整个项目进行总体构思、全面安排和协调运行的建造模式，适合当前我国装配式钢结构建筑的发展。

1. 整合全产业链

EPC 工程总承包模式，能有效发挥总承包单位多专业技术上的优势和丰富的管理经验，在设计阶段就考虑生产工艺、施工工法、机电内装以及设备采购选型等，使设计图更有实用性和可操作性，实现设计、生产和施工环节的联动协作。

2. 降低工程造价

现行模式下，设计方案的经济性与设计单位没有直接利益关系，因此设计单位处于安全、风险等因素的考虑，所给出的设计方案往往偏于保守，造成一定的浪费。EPC 总承包模式下合同总价是固定的，这种制度驱动总承包商必须优化设计和精细组织施工降低工程造价，才有更大的利润空间。

3. 提供专业化服务

设计方面，从技术策划、方案设计、施工图设计到深化设计，贯穿始终；BIM 方面，构建各专业模型，进行冲突检测和施工模拟等；构件生产方面，设备配置和工艺优化，提高自动化程度；装修方面，整体化设计安装实现机电装修一体化，最大化利用建筑材料。以装修为例，家具与机电设备整体式设计和安装，美观安全、维修便利，整体厨卫实现标准化和规范化。

4. 实现信息化集成

传统模式下，设计和施工被割裂，各阶段各专业的 BIM 软件不尽相同，协同能力差，各阶段数据无法有效流通实现对接，对信息化技术的发展有着较大的阻碍。而 EPC 总承包单位在设计环节建立各专业 BIM 模型，并将模型数据直接导入工厂数控加工，保证

BIM 模型数据的唯一、准确和全面，真正实现信息集成。

1.9 BIM 技术在装配式钢结构建筑中的作用

1.9.1 BIM 技术在装配式钢结构建筑设计中的作用

1. BIM 技术在前期规划中的作用

装配式钢结构建筑项目前期规划中，影响因素众多，利用 BIM 将不同组合下的数据进行模拟量化可为设计人员确定最适合的建筑形体和位置提供依据。同时，在业主方参与下，将传统的决策时间安排到了最具决定性的前期规划中，能有效减少项目进程中因出现变更而增加的成本，控制造价的同时亦可提高设计质量。

前期规划中通过 BIM 的分析和优化，能有效综合诸如交通、环境等的影响因素，寻找最合理的流线、视线，通过定量的数据分析得到相对最优的建筑方案，从而避免了对经验的过分依赖。

2. BIM 技术在方案设计中的作用

在装配式钢结构建筑方案设计时应用 BIM 技术，可以有效地提高设计效率。众多的优化手段能为方案比选提供量化依据和技术手段，结合绿色建筑理念，使设计策略的制定更有针对性。相比于 CAD 时代，BIM 技术方便了各专业的沟通、减少了设计失误的发生，工作效率大大提高。装配式钢结构建筑概念设计阶段，设计人员利用 BIM 技术对多个方案进行模拟和分析，比对不同方案的布局、建筑造型、结构样式、能耗、工程造价等，从中选择最优方案，并结合其他方案的亮点对预制装配式住宅形体及布局进行优化。住宅设计中要控制好户型面积，要求其与空间功能分配相适应。装配式钢结构建筑方案设计过程中，通过 BIM 模型进行体块推敲，各体块对应信息能清楚及时地反映不同功能空间的面积，建筑师可按需要对其做出调整。BIM 技术做到了信息与模型的联动，大大提高了设计效率。

为了装配式钢结构建筑满足绿色建筑的标准，提高其环境舒适性，设计初期将 BIM 模型导入相关分析软件中进行能耗模拟并分析结果，得出满足可持续设计的相关建议，使住宅具备低能耗和可持续的特质。概念设计阶段，要求快速地分析出方案的大概能耗情况，对精度要求不高，设计师希望分析软件界面简单易操作，能生成直观的图像。BIM 平台下，要满足以上需求，能耗分析软件需要和 BIM 核心建模软件形成很好地契合。第一种方式是生态节能分析作为插件在 BIM 核心建模软件中进行整合；第二种方式是以半独立软件形式将生态节能分析功能进行整合，并在模型数据上与 BIM 核心建模软件保持共享。这两种方式都是 BIM 软件平台商直接提供的解决方法，保证了分析软件的可靠性。例如，Ecotect 是 Autodesk 公司推出的生态节能分析软件，它不仅能够模拟能耗情况，对室内风环境、太阳辐射等也有很强的分析能力。

3. BIM 技术在深化中的作用

BIM 技术支持下，装配式钢结构建筑方案确定后，需由专业技术团队对设计模型进行深化设计，完成各种节点与末端的模型搭建工作，使之成为指导施工的唯一依据。由设计模型生成的构件模型包含有生产所需的细节化信息，可用作钢结构构件的工厂生产与现场施工依据。装配式钢结构建筑因其自身区别于一般建筑的特点，在进行 BIM 模型拆分时就应注意构件的划分，钢结构构件的深化设计是装配式钢结构建筑设计的重点和难点。钢结构构件的深化设计传统上是由钢结构构件厂作为主体进行的，需要其综合来自各方及各专业的意见并将其转化为构件实体。BIM 技术支持下，各专业在同一平台上交流意见，提出自己的需求，最后进行汇总，各专业的需求由具体化转变为符号化。在此基础之上，由专业人员通过 BIM 软件建立钢结构构件的 BIM 模型库，作为工厂生产构件的标准。设计师也可从 BIM 钢结构构件库中挑选满足需要的构件对方案模型进行深化。

4. BIM 技术在协同设计中的作用

协同设计是协调多个不同参与方来实现一个相同的设计目标的过程。传统的协同设计，指的是依赖网络达到沟通交流信息的作用的一种手段，也包括设计流程中的组织管理。设计单位通过 CAD 文件之间的外部参照实现各专业间数据的可视化共享，电视电话网络会议使远在异地的设计团队成员交流设计成果、评审方案或讨论设计变更等，都是协同设计的表现。在 BIM 技术下，协同已不再是简单的文件参照，各专业通过共同的 BIM 平台共享信息实现项目的协作。装配式钢结构建筑的设计过程中需要设计水暖电等各个专业的协同设计。为了共同完成这一项目，项目组要在共享平台上创建完整的项目信息和文档，这些信息是可以被该项目组的所有成员查看和使用的。所收集信息要在同一平台下经过分析、加工、补充后给各专业共享，设计各参与方之间要协同，设计单位与施工企业也要协同，二维设计与三维设计之间也应该协同，最终保证信息在建筑全生命周期中传递。

进行装配式钢结构建筑 BIM 协同时，为方便信息和人员的管理，保证专业内以及专业间 BIM 信息的流畅交互，需要建立统一的 BIM 平台。只有在同一平台下，才能保证设计规范、任务书、图纸等信息的共享。各专业围绕同一模型展开工作，各专业所有变更均能被其他专业看到并相应做出调整，实现了即时交流。同时，建设方和施工单位在项目初步设计时即参与到方案的讨论中来，因缺乏交流而出现的工程变更也因此减少，大大提高了工作效率。

1.9.2　BIM 技术在装配式钢结构构件生产中的作用

在构件生产阶段应用 BIM 技术有助于实现信息化管理，可进行订单信息管理、材料购置管理、生产计划编制、库存控制等，机械化的生产更提高了构件质量，实现高效生产。

BIM 技术可用于生产订单管理，储存订单详细信息。根据订单中构件材料信息以及加工厂现有物料进行备料准备，对缺少材料及时进行采购，避免生产订单下达后因缺料无法生产，耽误工期。同时应用 BIM 技术还可以编制生产计划，使构件生产实现信息化，生产管理高效化。经过设计阶段和深化设计阶段可产生上百张图纸，建筑构件也有成百上千，应用 BIM 技术可很快地在信息平台上找到所需信息，减少工作量，更加科学准确地指导设备进行构件生产。

BIM 技术有助于实现数字化制造，完成构件检测自动化，减少了人工操作次数，有效降低了人工操作可能带来的失误，从而使生产效率得到提高，使构件质量得到保障。生产好的构件可将库存信息录入 BIM 系统，管理人员根据施工进度将构件运输至施工现场，实现库存科学管理。

1.9.3 BIM 技术在装配式钢结构建筑施工中的作用

1. 施工阶段基于 BIM 的项目目标管理

利用构件库建立的装配式钢结构建筑 BIM 模型，具有协调性、模拟性和可视化等特点。在 BIM 模型的基础上关联进度计划进行 4D 工序模拟，优化吊装进度计划；而构件级数据库准确快速地统计工程量，多算对比加强成本管控；同时将多专业模型整合在同一个平台，利用管线综合自动检查管线净高和间距减少碰撞冲突，提高施工质量；搭建基于 BIM 的施工资料管理平台，方便查找和管理资料。

2. 基于 BIM 模型的进度管理

基于 BIM 模型的进度管理，主要是通过进度计划的编制和进度计划的控制来实现，在进度计划执行过程中，检查实际进度是否按计划要求执行，若出现偏差及时找出偏差原因，然后采取必要的补救措施加以控制。随着我国大型建设工程规模越来越大、影响因素多、参与方众多和协调难度大，传统进度管理不及时、缺乏灵活性，经常出现实际进度与计划进度不一致，计划控制作用失效。

在装配式建筑 BIM 模型的基础上，关联 Project 进度计划形成 4D 施工工序模拟，在模型中查看构件的状态信息，并在状态对话框中调整构件的时间参数（开始、结束和持续时间），然后点击前进或后退按钮 BIM 模型就会自动显示增加或减少的构件，准确快速地统计每个区域的构件量；而在施工过程中，扫描构件二维码，进行实际施工进度与模型对比，模型会发出进度预警，根据预警信息及时调整进度计划。

3. 基于 BIM 模型的成本管理

传统模式下，工程量信息是基于 2D 图纸建立，造价数据掌握在分散的预算员手中，数据很难准确对接，导致工程造价快速拆分难以实现，不能进行精确的资源分析，这是导致数据不准确、控制不及时的重要原因。而具有构件级的 BIM 模型，关联成本信息和资源计划形成构件级 5D 数据库，根据工程进度的需求，选择相对应的 BIM 模型进行框图调取数据，分类汇总统计形成框图出量，快速输出各类统计报表，形成进度造价文件，然后提取所需数据进行多算对比分析，提高成本管理效率，加强成本管控。

4. 基于 BIM 技术的质量管理

传统二维施工图纸，采用线条绘制在图纸上表达各个构件的信息，而真正的构造形式需要施工人员凭经验去想象，技术交底时不够形象直观；而 BIM 可视化交底是以三维的立体实物图形为基础，通过 BIM 模型全方位的展现其内部构造，不仅可以精细到每一个构件的具体信息，也方便从模型中选取复杂部位和关键节点进行吊装工序模拟，逼真的可视化效果增加工人对施工环境和施工工艺的理解，然后对现场工人进行交底指导现场施工，提高施工效率和构件安装质量。

5. 基于 BIM 技术的综合管理

施工资料管理是项目部管理的一个重要部分，传统工程项目的大部分施工资料，由承包商随工程进展用文件夹或盒子装订形成的纸质文档，最后移交给建设方。由于施工阶段工程项目资料繁多，产生的大量数据不易保存和追溯，容易发生遗漏和错误，尤其涉及变更单、签证单和技术核定单等重要资料的遗失，对各方责任的确定和合同的履行影响较大，以纸质文档保存的施工资料数量多且处于分散状态，资料的分类、保存、查询和更新等工作难度大。

而 BIM 技术以三维信息模型作为集成平台，利用数据库、BIM 与网络的结合，将虚拟模型与资料数据共享云端，搭设基于 BIM 的项目施工资料管理平台，实现对项目施工阶段海量信息的集成、管理、分析和共享，为各参与方提供一个高效率信息沟通和协同工作的平台，这样各岗位工作人员可以将施工合同、设计变更、会议纪要、进度质量安全等资料上传到系统平台，管理人员即可通过 BIM 浏览器查看最新的数据，从而建立起现场资料数据与 BIM 模型具体构件的实时关联，最终向建设方提交一份基于 BIM 模型的电子档资料。

1.9.4   BIM 技术在装配式钢结构建筑运维管理中的作用

装配式钢结构建筑竣工验收完成后投入使用，在建筑几十年的使用过程中对建筑进行合理的管理十分重要，是充分利用建筑资源、保证建筑正常运作的关键环节。运维管理阶段应用 BIM 技术建立的建筑信息模型，可实现建筑信息与前阶段的完整对接，避免了传统运维管理中建筑信息丢失的问题，为建筑使用过程中的检测监督提供了方便。物业可通过 BIM 平台了解住宅的电梯、照明、通信、消防等设施是否运行正常，方便及时进行修理，提高工作效率，保证建筑的正常运转。

对于装配式钢结构住宅来说，全生命周期的多半费用发生在运维管理阶段，在住宅使用过程中的维护费用需要引起关注，通过 BIM 技术可实现对该阶段的成本管理，专业数字化的成本信息管理可为业主和运营商带来可观的经济效益。装配式住宅的一个特点是改建拆除方便，通过住宅部品构件中的信息可传递到 BIM 技术的建筑信息模型中，便于对住宅维护和管理，实现建筑智能化。如果需要对建筑部品构件进行更换或者扩建拆除，建筑信息模型可提供建筑已有信息，为建筑部品构件更换、建筑扩建或拆除提供方便，可保证住宅质量。

课 后 习 题

一、单项选择题

1. 下列内容不属于目前装配式钢结构建筑所存在的缺点的是(   )。

A. 装配式钢结构外墙体系较为复杂

B. 防火和防腐问题容易被忽略

C. 相比较混凝土建筑，承重难达到要求

D. 如果设计不当，会造成项目成本上的浪费

2. 采用"模块化、工厂化"新型建筑体系时，项目工厂化预制率可达到(   )。

A. 80%   B. 85%

C. 90%   D. 95%

3. LSFB 轻型钢框架建筑体系属于哪个国家的典型建筑体系(   )。

A. 美国   B. 英国

C. 日本   D. 澳大利亚

4. 在使用 BIM 技术的过程中，在以下哪个阶段可实现数字化建造（　　）。

A. 施工图设计阶段　　　　　　　　B. 深化图设计阶段

C. 现场安装阶段　　　　　　　　　D. 工厂制造阶段

5. 建筑物环境模拟分析，是装配式钢结构 BIM 哪个阶段的工作内容之一（　　）。

A. 前期规划阶段　　　　　　　　　B. 方案设计阶段

C. 深化设计阶段　　　　　　　　　D. 施工图设计阶段

二、多项选择题

1. 装配式建筑一般从结构材料上分为（　　）。

A. 预制装配式混凝土结构体系　　　B. 装配式钢结构体系

C. 装配式木结构体系　　　　　　　D. 装配式框架结构类

2. 装配式钢结构的发展存在着许多优点，其中包括（　　）。

A. 加快项目的施工进度

B. 更加体现出绿色环保施工

C. 选择钢结构材质，可降低项目的造价

D. 梁柱截面更小，可获得更多的使用面积

E. 具有更好的抗震性能

3. 国内钢结构建筑体系主要分为三类（　　）。

A. 轻型钢框架建筑体系

B. 以传统钢结构形式为基础，开发新型围护体系，改进型建筑体系

C. "工业化住宅"建筑体系

D. "模块化、工厂化"新型建筑体系

E. 高层巨型钢结构建筑体系

4. 方钢管组合异形柱由方钢管及其之间的连接板组成，根据所处结构位置的不同，组合异形柱又分为（　　）。

A. L 形　　　　　　　　　　　　B. T 形

C. 一字形　　　　　　　　　　　D. 十字形

E. X 字形

5. "工业化住宅"建筑体系中较为典型的钢结构住宅体系包括（　　）。

A. 钢管束组合结构体系

B. 箱型房结构体系

C. 组合异形柱—H 型钢梁框架—支撑体系

D. 扁柱筒体体系

6. 我国装配式钢结构建筑主要有以下哪几部分构成（　　）。

A. 主体结构体系　　　　　　　　　B. 楼板结构体系

C. 维护结构体系　　　　　　　　　D. 箱型房结构体系

7. 我国装配式建筑总承包所存在以下哪些优势（　　）。

A. 整合全产业链　　　　　　　　　B. 降低工程造价

C. 提供专业化服务　　　　　　　　D. 实现信息化集成

参考答案

一、单项选择题

1. C   2. C   3. A   4. D   5. B

二、多项选择题

1. ABC   2. ABCDE   3. BCD   4. ABCD   5. ACD   6. ABC

7. ABCD

第 2 章　装配式钢结构建筑设计与 BIM 技术应用

本章导读：

　　随着建筑工业化的发展，装配式的建筑方式再次的兴起，其通过现代化的制造、运输、安装和科学的管理方式，来代替传统建筑业中分散且低水平的手工式作业生产。其可以将建筑的设计、生产、施工、安装一体化。同时其具有自重轻、基础造价低、适用于软弱地基、安装容易、施工快速、对环境的污染少、抗震性能好、可回收利用、经济环保等优点。并且装配式钢结构建筑更符合现代化的生产模式，如标准化的建筑设计、工厂化的构配件生产、机械化的施工及科学化的管理。

　　本章结合 BIM 技术来详细论述装配式钢结构建筑的设计内容及现状、需求、应用情况及未来的发展。

本章学习目标：

　　(1) 掌握 BIM 技术在装配式钢结构设计的作用。

　　(2) 掌握装配式钢结构的设计阶段的管理目标。

　　(3) 掌握 BIM 技术在装配式钢结构设计中各层面的关系。

2.1　装配式钢结构建筑设计内容及现状

2.1.1　装配式钢结构建筑设计包括的主要内容及特点

1. 建筑设计

装配式钢结构建筑设计按照集成设计原则,将其他专业,包括结构、给水排水、暖通空调、电气、智能化和燃气等专业之间进行协同设计。建筑设计宜建立信息化协同平台,共享数据信息,实现建设全过程的管理和控制,同时应满足建筑全寿命期的使用维护要求。其设计流程如图 2.1.1-1 所示。

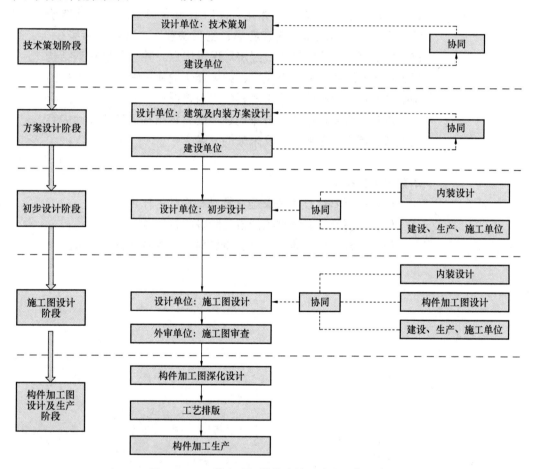

图 2.1.1-1　装配式钢结构建筑设计流程参考图

装配式钢结构建筑应在模数协调的基础上,采用标准化设计,提高部品部件的通用性,遵循"少规格,多组合"的设计原则,综合考虑平面的承重构件布置和梁板划分、立面的基本元素组合、可实施性等要求。例如,公共建筑采用楼电梯、公共卫生间、公共管井、基本单元等标准模块进行组合设计,住宅建筑采用楼电梯、公共管井、集成式厨房、集成式卫生间等模块进行组合设计。

装配式钢结构建筑平面与空间的设计应满足结构构件布置、立面基本元素组合及可实施性等要求，同时采用大开间大进深、空间灵活可变的结构布置方式。

1）平面设计应符合下列要求：

（1）结构柱网布置、抗侧力构件布置、次梁布置应与功能空间布局及门窗洞口相协调；

（2）平面几何形状宜规则平整，并宜以连续柱跨为基础布置，柱距尺寸按模数统一；

（3）设备管井宜与楼电梯结合，集中设置；

（4）机电设备管线平面布置应避免交叉。

2）立面设计应符合下列要求：

（1）外墙、阳台板、空调板、外窗、遮阳设施及装饰等部品部件宜进行标准化设计；

（2）宜通过建筑体量、材质机理、色彩等变化，形成丰富多样的立面效果。

2. 结构设计

装配式钢结构建筑结构的平面布置宜规则、对称，竖向布置宜保持刚度、质量变化均匀。布置要考虑温度作用、地震作用、不均匀沉降等效应的不利影响，当设置伸缩缝、防震缝或沉降缝时，应满足相应的功能要求。装配式钢结构建筑可根据建筑功能用途、建筑物高度以及抗震设防烈度等条件选择下列结构体系：

（1）钢框架结构；

（2）钢框架—支撑结构；

（3）钢框架—延性墙板结构；

（4）筒体结构；

（5）巨型结构；

（6）交错桁架结构；

（7）门式刚架结构；

（8）低层冷弯薄壁型钢结构。

当有可靠依据，通过相关论证，也可采用其他结构体系，包括新型结构和节点。

装配式钢结构建筑的结构体系应具有明确的计算简图和合理的传力路径，以及适宜的承载能力、刚度及耗能能力。避免因部分结构或构件的破坏而导致整个结构丧失承受重力荷载、风荷载和地震作用的能力，对可能出现的薄弱部位，应有效地采取加强措施。同时，装配式钢结构建筑的结构设计应符合《工程结构可靠性设计统一标准》GB 50153—2008、《建筑结构荷载规范》GB 50009—2012、《建筑工程抗震设防分类标准》GB 50223—2008、《建筑抗震设计规范》GB 50011—2010、《钢结构设计标准》GB 50017—2017 等国家标准。

3. 围护体系设计

围护体系包括外围护体系和内围护体系。外围护体系包括外墙围护体系和屋面围护体系，内围护体系包括内隔墙、楼板和屋面板围护系统。

（1）外墙围护系统

外围护系统的设计使用年限应与主体结构设计使用年限相适应，其设计文件应根据确定的外围护系统设计使用年限注明其防水材料、保温材料、装饰材料的设计使用年限及使用维护、检查及更新要求。连接件的耐久性不应低于外围护系统的设计使用年限。

外墙围护系统的性能应满足抗风性能、抗震性能、耐撞击性能、防火性能等安全性能的要求；水密性能、气密性能、隔声性能、热工性能等功能性能的要求；以及耐久性的要求。

外墙围护系统选型应根据不同的建筑类型及结构形式而定，选用合理的构成及安装方式，可选用下列外墙围护系统：

1）装配式轻质条板（如蒸压加气混凝土墙板等）＋保温装饰一体板的外墙围护系统；

2）装配式骨架复合板外墙围护系统；

3）装配式预制大板外墙围护系统；

4）当有可靠依据时，也可采用其他满足力学和物理性能的预制墙板。

外墙板可采用内嵌式、外挂式、嵌挂结合式等与主体结构连接类型，并宜分层悬挂或承托。保温构造形式可采用外墙单一材料自保温系统、外墙外保温系统、外墙夹心保温系统和外墙内保温系统。外墙板与主体结构的连接应符合以下规定：

1）连接节点在保证主体结构整体受力的前提下，应牢固可靠、受力明确、传力简捷、构造合理、具有足够的承载力。承载能力极限状态下，连接节点不应发生破坏；当单个连接节点失效时，外墙板不应掉落。

2）连接部位应采用柔性连接方式，连接节点应具有适应主体结构变形的能力。节点设计应便于工厂加工、现场安装就位和调整。连接件的耐久性应满足设计使用年限的要求。

（2）内隔墙围护系统

内隔墙应满足轻质、高强、防火、隔声等要求，卫生间和厨房的隔墙应满足防潮要求。可选用下列内隔墙系统类型：

1）装配式轻型条板隔墙系统；

2）装配式骨架复合板隔墙系统；

3）当有可靠依据时，也可采用其他满足力学和物理性能的预制墙板。

内隔墙的空气声隔声性能应符合现行国家标准《住宅设计规范》GB 50096—2011 中的有关要求；内隔墙材料的有害物质限量应符合现行国家标准《室内装饰装修材料内墙涂料中有害物质限量》GB 18582—2008 有关规定。

内隔墙采用预制装配式墙体材料时，应经过模数协调确定隔墙板中基本板、洞口板、转角板和调整板等类型板的规格、尺寸和公差；隔墙与室内管线的构造设计应避免管线安装和维修更换对墙体造成破坏；墙板与不同材质墙体的板缝应采取弹性密封措施，门框、窗框与墙体连接应满足可靠、牢固、安装方便的要求。

（3）楼板、屋面板围护系统

装配式钢结构建筑的楼板、屋面板可选用下列类型：

1）预制混凝土叠合楼板；

2）自脱模的钢筋桁架楼承板；

3）当有可靠依据时，也可采用其他满足力学和物理性能的免支模的楼板和屋面板系统。

楼地面宜采用架空地板系统，架空层内可敷设给水排水和供暖等管线。架空地板系统宜设置减振构造；架空层架空高度应根据管径尺寸、敷设路径、设置坡度等确定，并应设置检修口。

屋面围护系统的防水等级应根据建筑物的建筑造型、重要程度、使用功能、所处环境条件确定。屋面围护系统设计应包含材料部品的选用要求、构造设计、排水设计、防雷设计等内容。屋面围护系统热工设计应符合现行国家标准《民用建筑热工设计规范》GB 50176—2016 的规定，屋面围护系统平均传热系数和热惰性指标，应满足所在气候分区建筑节能指标要求。屋盖结构板保护层（或架空隔热层）、保温层、防水层、找平层、找坡层、设计构造等要求应符合现行国家标准《屋面工程技术规范》GB 50345—2012 中的有关规定，其屋面宜设置两道防水层设防。

4. 管线设计

装配式钢结构建筑的给水排水管线、供暖通风空调管线、电气管线设计，应采用与结构主体相分离的设计方式，以满足结构主体耐久性和安全性要求。

设备及管线设计应满足施工和维护的方便性，且在维修更换时不影响结构主体的寿命和功能。给水排水、供暖通风空调和电气等系统及管线应进行综合设计，管线平面布置应避免交叉，竖向管线应相对集中布置。预制结构构件中应尽量减少穿洞，如必须预留，则预留的孔洞位置应遵守结构设计模数规定。设备管线及各种接口应采用标准化产品。

（1）给水排水

1）装配式钢结构住宅套内给水排水管道宜敷设在地面架空层、墙体的架空层或夹壁墙中，并采取隔声减噪和防结露措施。

2）装配式钢结构住宅建筑宜采用同层排水设计，并结合房间净高、楼板跨度、设备管线等因素确定设计方案。

3）太阳能热水系统集热器、储水罐等的安装应考虑与建筑一体化设计，做好预留或预埋。

4）集成式或整体厨房、整体卫浴应预留相应的给水、热水、排水管道接口，给水系统配水管道接口的形式和位置应便于检修。

（2）供暖、通风和空调

1）装配式钢结构住宅套内供暖、通风、空调和新风等管线宜敷设在吊顶或地面架空层内。供暖系统共用管道与控制阀门部件应设置在住宅套外共用空间内。

2）装配式钢结构住宅供暖系统优先选用干式低温热水地板辐射供暖系统，套内宜设置水平换气的新风系统。

（3）电气

装配式钢结构住宅套内电气管线宜敷设在地面架空层、墙体的架空层或夹壁墙中，管线不应与热水、可燃气体管道交叉。装配式钢结构住宅应合理配置智能化系统，选用的系统和设备应符合标准化、通用性的要求。电气和智能化系统的主干线应在公共区域设置；每套住宅应设置户配电箱和智能化家居配线箱。

5. 装修设计

装配式钢结构建筑的内装应优先采用装配式装修的建造方式，减少施工现场的湿作业，满足干式工法要求，采用工厂化生产的集成化内装部品，且应具备通用性和互换性。

内装设计应与建筑、结构、设备等各专业进行一体化设计，做好土建尺寸预留，各种预埋件、连接件、接口设计应准确到位。内装部品设计与选型应符合国家现行有关抗震、

23

防火、防水、防潮、隔声和保温等标准的规定,并满足生产、运输和安装等要求。

2.1.2　装配式钢结构建筑设计的现状分析

1. 当前装配式钢结构建筑设计现状分析

(1) 重结构设计标准,轻建筑设计标准

任何建筑,建设的平立面设计,即建筑的功能设计,都在设计工作中占据主导地位。我国现行住宅建筑设计规范,与采用装配式建造的住宅建筑确有许多不同。装配式建筑,不是简单地将预制构建拆分出来;而是需要在建筑设计中更加严格地执行模数和模数协调标准,使建筑物在刚一进入设计阶段时,就纳入标准化的轨道,并为其后的结构构件和部品的标准化设计打下基础,实现产业链上所有产品能在工厂采用工业化的生产方式进行生产,真正实现建筑工业化。目前,指导建筑师进行装配式建筑设计的设计原则、设计标准及其他技术文件都偏少,多数建筑师缺乏相关的知识和指导。

(2) 重建筑主体结构的装配化设计标准,轻部品的工业化设计标准

建筑工业化,包括在产业链上所有产品的工业化,而非仅仅结构的装配化。而完成部品的工业化,实现模数和模数协调是工业化的前提。随着我国经济和技术的快速发展,需要补充部分部品的模数协调标准,如楼电梯间出入口、厨房设施、内隔墙等。在补充模数协调标准的同时,应建立相关的公差标准,这是目前标准体系中缺乏的内容。

(3) 重建造技术的变革,轻试验研究工作

我国市场上现有装配式建筑结构体系,呈现百花齐放、百家争鸣势态,这是应该鼓励的。但是,由于建筑物的建成涉及许多问题,如隔声、防水等关系居民生活质量、提高居住舒适度等;并且建筑物的结构及防火设计更是涉及人民生命财产安全的问题。应从历史上许多地震灾害、连续性坍塌的事故中吸取教训,不能让悲剧重演。因此,必须以严谨科学的态度来编制相关标准。任何结构标准都应以安全为第一前提,只有技术安全可靠的体系才能纳入。因此,技术上尚存在许多疑问的技术,做少量的示范工程,经专家论证后是可以建造的。但是,纳入行业标准,必须有可靠的理论基础和大量令人信服的试验研究数据。

(4) 重工程标准,轻产品标准

装配式建筑中,许多结构构件,如梁、楼板、柱、墙等已经成为一种工业化产品。它在工厂进行生产,需要对它进行出厂检验,方能成为一个合格的产品出厂,而后进入工地。由于这些产品的检验,涉及许多原材料的要求以及检测方法的要求,不可能在工程标准中全部表达,因此需要编著相关产品标准。

(5) 重标准中的使用设计状态和抗震设计状态,轻短暂设计状态

装配式建筑部品部件与普通构件不同的一点,是其截面和配筋,在许多情况下,会有脱模、翻转、吊装、运输等短暂设计状态起控制作用。目前,由于缺乏足够的理论研究和实践经验,多本相关标准对此部分内容阐述不够,应进一步加强。

2. 设计中存在问题

(1) 装配式建筑设计能力急需培养。设计行业从业的建筑师和工程师对装配式建筑技术及其特点的了解程度普遍较低,甚至是空白,大部分项目依然需要二次拆分,不符合装配式建筑整体设计要求。

（2）设计的标准化程度低、模块化设计应用少。标准化设计是装配式建筑的内在要求。因为缺乏标准化设计，导致部品与建筑之间、部品与部品之间模数不协调，无法发挥出部品部件工业化生产的优势。

（3）设计中协同性差。当前，很大一部分装配式钢结构建筑项目仍按照传统的方式进行设计，各专业之间缺乏有效的过程沟通，由于工期、人员水平等原因，在产品交付时经常出现结构满足不了建筑的要求、部品实现不了标准化、设备出现碰撞、装修不能符合装配化施工要求等一系列问题，极大地制约着装配式建筑设计行业的发展。

（4）拘泥于传统的二维设计。仍有装配式钢结构建筑设计单位习惯于传统平面设计，停滞或进展缓慢，图纸存在部品部件设计不精确、设备管线大量交叉碰撞、设计过程中未考虑施工的实际困难等。要打破现有平面设计的束缚，实现 n（n≥3）维设计，从平面图形到空间和时间多维度的模型转变，这就要求装配式建筑设计急需与 BIM 技术结合起来，更好地服务钢结构装配式建筑的设计行业。

（5）细部设计不合理。在装配式钢结构设计中，节点设计同样重要。当前普遍存在的问题是，设计人员在进行装配式钢结构设计的时候，结构分析模型与建筑设计节点、结构设计节点之间出现了不匹配的情况，进而给钢结构设计造成严重影响。装配式钢结构建筑节点不合理不仅体现在预制部品之间、预制部品与主体结构的节点，如预制墙板之间的连接以及与钢结构的连接；而且，在钢结构节点设计过程中，稳定性尤为重要。再加上随着各种新型材料的不断涌现，将其使用到钢结构设计中去，大大增加了装配式钢结构的设计难度，这也会导致设计人员不能有效控制钢结构的稳定性能。

2.2 装配式钢结构建筑设计对 BIM 技术的需求

2.2.1 装配式钢结构建筑 BIM 技术的应用要求

1. BIM 软件及功能介绍

BIM 软件就是 BIM 的应用工具，其核心特征包括：支持面向对象的操作；以 n（n≥3）维建模为基础；支持参数化技术；支持开放式数据标准；提供更强大的功能。通常 BIM 软件可分为三大类：

1）模型创建软件；

2）模型应用软件；

3）协同平台软件。

（1）Autodesk Revit 系列软件

Revit 建筑设计软件专为建筑信息建模（BIM）而构建，可帮助专业的设计和施工人员使用协调一致的基于模型的方法，将设计创意从最初的概念变为现实的构造。Revit 是一个综合性的应用程序，其中包含适用于建筑设计（Revit Architecture）、机械、电器和管道（Revit MEP）、结构工程（Revit Structure）以及工程施工（Revit Construction）的各项功能。

目前，可以说 Revit 是国内主流 BIM 软件中的主流，因为其强大的族功能，上手容易，深受设计单位和施工企业喜爱。可进行局部碰撞检查，不需要全部构件进行检查，节省检查时间，利用显示功能，自动跳转到问题构件；价格低廉，基于 CAD 基础，上手容易；文件格式兼容性强，学习资源丰富。

（2）Bentley 三维设计软件

Bentley 软件一般常用于工业设计院，主要应用在基础设施建设，海洋石油建设，厂房建设等。可以支持 DNG 和 DWG 两种文件格式，这两种格式是全球 95％基础设施文件格式，可直接编辑非常便利；可以记录修改流程，比较修改前后的设计；并且 Bentley 公司有协同设计平台，使各专业充分交流，具有管理权设置与签章功能。可以将模型发布到 Google Earch，可以将 SketchUp 模型导入其中；支持任何形体较为复杂的曲面。

（3）Tekla Structures 软件

Tekla Structures 软件是国内钢结构应用最为广泛的 BIM 软件，具有强大的钢结构设计、施工以及制造的能力。Tekla Structures 的功能包括 3D 实体结构模型与结构分析完全整合、3D 钢结构细部设计、3D 钢筋混凝土设计、专案管理、自动 Shop Drawing、BOM 表自动产生系统。可以追踪修改模型的时间以及操作人员，方便核查；内设有结构分析功能，不需要转换，可以随时导出报表。

（4）广联达

广联达 BIM5D 以 BIM 平台为核心，集成全专业模型，并以集成模型为载体，关联施工过程中的进度、合同、成本、质量、安全、图纸、物料等信息，为项目提供数据支撑，实现有效决策和精细管理，从而达到减少施工变更、缩短工期、控制成本、提升质量的目的。具有以模型全面、接口全面、数据精确、功能强大等特点。

（5）Navisworks 软件

Autodesk Navisworks 软件能够将 AutoCAD 和 Revit ® 系列等应用创建的设计数据，与来自其他设计工具的几何图形和信息相结合，将其作为整体的三维项目，通过多种文件格式进行实时审阅，而无需考虑文件的大小。Navisworks 软件产品可以帮助所有相关方将项目作为一个整体来看待，优化从设计决策、建筑实施、性能预测和规划直至设施管理和运营等各个环节。Autodesk Navisworks 软件系列包括三款产品，能够帮助扩展团队加强对项目的控制，使用现有的三维设计数据透彻了解并预测项目的性能，即使在最复杂的项目中也可提高工作效率，保证工程质量。

2. BIM 的技术分析和功能分析

（1）应用于建筑结构与场地分析

建筑结构设计是一项科学而系统的工作，其设计内容不仅包含了建筑主体部分的合理化构建，同时也涵盖了工程建设区域相关地质水文条件的分析与研究。在建筑结构设计中应用 BIM 技术，能够通过动态数字信息实现建筑结构主体在客观环境因素影响中应力表现的分析。将 BIM 技术与 GIS 技术相结合，能够全面而深入地模拟建筑工程场地条件，对建筑结构选型与体系结构进行合理地预测判断，准确合理地确定最佳建筑施工场地区域，保证建筑结构设计能够全面符合当地的地质、水文以及气候环境条件，在施工与使用的过程中维持较高的稳定性与安全性。

（2）应用于建筑结构性能分析

建筑结构设计工作不仅是具体结构构件的选择与组合，其更为强调建筑整体成型后的应力表现，是否能在一定的水平、竖向以及振动载荷下维持较高的稳定水平。因此，在建筑结构设计中应用 BIM 技术，应能够对结构设计方案进行全面的模拟分析，建立出与建筑实体相对应的一体化数字模型，通过相应软件的内置计算分析功能，实现建筑结构性能的全面分析，通过相关数据的导入将建筑结构设计结果置于贴近实际情况的环境之中，快速、准确地完成整个分析结构过程，发现设计缺陷，及时进行修正与优化，提高建筑结构设计质量。

（3）应用于建筑结构的协同

不同专业共同完成建筑工程设计绘图是 BIM 技术应用的重要特征，在设计环节中的信息处理与汇总交流提升了建筑结构设计的协调性与高效性。在 BIM 模型中，建筑工程的数据是不断进行交流和共享的，这主要包括两个方面：一是通过借助中间数据文件，完成异地不同设计软件进行模型设计时需要的相应数据和信息；二是通过设置中性数据库，实现不同专业之间的数据传递和共享，将与建筑工程相关的水暖、土建、装饰等各种专业的内容有机地结合起来，利用统一的处理平台来对信息进行规范处理，实现系统内部信息流的畅通。在这种数据交流和共享的基础上，保证了建筑结构设计充分顾及了与建筑有关的各方面内容，避免了某一点、某一参数疏漏导致的结构不完善问题，对于建筑结构设计的质量有着重要作用。

3. BIM 施工模拟应用

基于 BIM 所建立的 3D 模型，其强大的可视化能力与高效的建筑性能分析能够为项目设计和方案优选等提供良好的保障，大大提高了建筑从业人员的工作效率，使项目的质量在前期设计阶段得到多方面的优化和提升。当项目进展到施工阶段，具体工程可建性模拟、进度计划成为建筑从业人员更关心和重视的问题。建筑机械的行进路线和操作空间、土建工程的施工顺序、设备管线的安装顺序、材料的运输堆放安排等，都需要随着项目进展做出相应变化。在 3D 模型基础上增加"时间"这一维度，建立基于 BIM 的 4D 模型，能够有效地在施工阶段发挥过程模拟的功效，对项目进行有效地监控和指导。

现行的结构设计流程部分地考虑了施工过程的受力工况，如施工荷载。然而在实际的施工过程中，可能出现很多设计外的影响因素，这些因素中有些甚至存在着极大的危险。因此需要对施工过程的安全性能进行分析，对建筑物施工期间的结构性能进行评估。比如，施工分析中需要考虑不断增加的荷载对结构造成的附加应力作用所引起的结构变形等。这些方面均涉及施工方案和施工顺序，甚至细致到施工工序，而且对施工过程中每一步构件的定位和加工尺寸的确定以及施工的安全性都起到关键作用。对施工期建筑的时变结构体系进行安全性能的分析，能动态地跟踪施工全过程，以保证结构变形、应力满足设计要求，保证施工的安全和质量。

进行施工期建筑结构安全分析，需要通过建筑结构类型、材料性质以及施工荷载等随时间和进度变化的时变分析，建立施工期建筑时变结构体系的分析模型，并针对各种施工操作进行力学分析、性能验算和安全性识别。再建立相应的安全指标、评价体系，建立施工期建筑安全评价模型。最后结合上述分析模型和评价模型，实现对施工期建筑结构进行安全性分析与评估。

由于 4D 信息模型和时变结构计算在时间维度上具有共通性，因此它们之间能形成良好的数据互通性。具体而言，时变结构中的结构模型，在钢筋混凝土结构施工阶段，主要包括结构构件（柱、墙、梁、板）和支撑体系（支撑、模板），均能通过 4D 系统的三维模型导出生成。而在时间因素上，4D 技术应用于进度的形象模拟，即能表现出小至结构构件，大至结构形式在施工过程中的动态状态。

通过 4D 系统的进度模拟，能自动生成相应的短暂结构计算模型，用于计算结构的短暂受力情况和评价施工期结构的安全性能和可靠度指标。同时，4D 系统能动态模拟整个施工过程，也为结构的安全性能提供连续的计算分析，从而保障建筑在整个施工期中的安全和可靠。

4. 信息共享，信息传递，定制开发

（1）模型集成化应用

BIM 技术将建筑结构设计中的信息进行量化整合，实现工程设计单元参数化描述，并将描述结果汇总形成具体建筑结构构件的信息化模型。BIM 技术的模型集成化应用，能够准确地展示建筑结构内部梁、柱、墙等具体构件的位置与相互关系，真实反映建筑结构特征，通过系统内置的物理信息处理功能对设计结果进行动态化的模拟分析。通过 BIM 技术的应用，建筑结构设计人员能够全面而直观地了解建筑结构状况，对设计经过进行预测判断，降低出现结构设计失误的概率，控制工程建设事故的发生。

（2）参数形成和编辑

建筑结构模型数据库是 BIM 技术的核心部分，其内部涵盖的模型由量化参数构成，因此 BIM 技术应用中的重要功能就是建筑结构模型参数的形成与编辑。在数据库参数的形成与编辑过程中，建立的建筑工程构建模型与结构实体一一对应，确保结构设计人员能够便捷地取用模型，确保设计方案与工程实际情况的一致性。

（3）信息共享和交换

BIM 技术的另一个功能特点就是建筑结构设计信息的共享与交换，依托 BIM 软件的应用，结构设计人员能够对将设计结果以模型封装的形式录入数据库，在其他设计人员访问时能够便捷地获取结构设计模型信息，建筑结构不同，构建设计人员可以将他人的设计结果与本人的工作内容结合起来，调整优化设计方案，提升建筑结构设计的整体一致性。在互联网信息技术飞速发展的时代背景下，云计算、大数据技术的出现，为 BIM 技术提供了更加广阔的发展空间，依托模型数据的资源共享能够全面提升建筑结构设计领域协同作用水平。

2.2.2　装配式钢结构建筑 BIM 设计技术特点

1. 可视化

BIM 可以实现装配式钢结构三维建模，能够三维展现建筑工程项目的全貌、构件连接、细部做法以及管线排布等。这种可视化模式具有互动性和反馈性，便于设计、制作、运输、施工、装修、运维等各个单位的沟通与讨论。

BIM 的出现可以作为设计者工作方式的转折点，设计者可以利用三维立体的方式，将预想的设计图以三维的形式展现，不仅局限于原来的平面设计；同时在制作效果图方面，由于以往的效果图制作都是在效果图公司完成，而不是设计者本人，所以往往缺少真实地互动性和反馈性。BIM 对于构件的互动以及反馈有较为明确地说明，设计者在进行模型设计时，不论任何阶段都能够实现项目的可视化，使设计者能够更为清楚地了解设计的具体情况，这在建造过程、运营过程中也同样能够实现。

2. 可协调性

BIM 可以实现装配式钢结构工程全生命周期内的信息共享，使工程设计、制作、运输、施工、装修、运输等各环节信息互相衔接。基于 BIM 的三维设计软件可以提供清晰、高效、专业的沟通平台。当各专业项目信息出现"不兼容"时，如管道冲突、预留洞口不合适等，可在工程建造前期进行协调，生产协调数据，减少不合理变更方案或者问题变更方案。

对于施工单位和设计单位来说协调好不同部门的工作十分重要，在项目实行过程中经常会出现很多问题，因此需要通过相互协调来找到问题产生的原因和解决的方法。在建筑设计过程中由于各设计师之间没有达到很好地沟通，经常会出现施工图纸交叉等问题。例如，暖通等专业在进行管道布置过程中，需要在施工的图纸上绘制施工路线，但在实际的操作过程中管线的布置位置可能与房屋的整体结构发生冲突。BIM 的出现就能大幅度减少这些冲突的产生。对于不同专业之间相互碰撞的情况，通过协调数据来进行相应地调整。BIM 的优点不仅是处理不同专业之间的交叉问题，同时还能处理更为复杂的情况，例如电梯井的布置，防火区与其他安全问题设计布置的交叉、地下排水以及其他设计间的交叉等。

3. 模拟性

BIM 不仅能够三维呈现建筑物模型，还能够模拟不在真实世界中进行操作的事物。例如，在设计阶段，能够对建筑物进行节能模拟、日照模拟、紧急疏散模拟等；在施工阶段，利用四维施工模拟软件可以根据施工组织设计模拟实际施工，从而确定合理的施工进度控制方案；另外，还可以对整个工程造价进行快速计算，从而实现工程成本的合理控制；在运营维护阶段，可以对应急情况处理方式进行模拟，例如，火灾或地震逃生模拟等。

4. 优化性

从前期规划、中期设计施工到后期运营维护，整个装配式钢结构工程项目就是一个不断优化的过程。现代建筑复杂程度较高，参与人员本身的能力无法掌握所有信息，必须借助一定的科学技术和设备的帮助。BIM 及其配套的优化工具为这类复杂项目的优化提供了可能。例如，在装配式钢结构建筑前期项目方案阶段，BIM 可实现项目投资及其回报的快速计算，使建设单位更加直观地知道哪种方案更加适合自身需求；在设计阶段，可以对某些施工难度较大的设计方案进行优化，控制造价和工期。

5. 输出性

BIM 可以输出的装配式钢结构建筑图纸包括综合管线图（经过碰撞检查和设计修改，消除了相应错误以后）、综合结构留洞图（预留套管图）、碰撞检查侦错报告和建议改进方案等。

6. 可追溯性

在装配式建筑全生命周期的不同阶段，BIM 模型信息是一致的，同一信息无需重复输入，而且信息模型能够自动演化，模型对象在不同阶段可以简单地进行修改和扩展而无需重复创建，避免了信息不一致的错误，实现信息追溯。信息模型中的对象是可识别且相互关联的，系统能够对模型的信息进行统计和分析，并生成相应图形和文档，如果模型中的某个对象发生变化，与之关联的所有对象都会随之更新，以保持模型的完整性和稳定性。

BIM 的成果之一就是完善的信息模型，能够连接建筑项目生命周期不同阶段的数据、过程和自由，是对工程对象的完整描述，可被建筑项目各参与方普遍使用，实现装配式建筑全生命周期的追溯。

7. 高度集成化

装配式钢结构建筑项目不同阶段的数据都被收录到一个完整的数据库中，BIM 技术的主要作用是对项目进行数据信息的统一处理，并对数据库进行架构。这些项目数据信息主要是项目的基础信息、附属信息等。项目的基础信息包括预制构件的物理性能、梁柱的大小情况、位置的坐标情况、材料密度大小以及导热情况等。厂家信息则属于附属信息。从数据信息来看，由于组织方式存在差距，BIM 能够做到信息的单一对接，而传统的信息则是一个与多个之间对接，从这些对比中能够发现，BIM 项目不仅有较为完整的数据信息，同时还能够让信息更加完整地保存和传输。这对于项目中的各个参与方来说，项目信息会更加公开化，团队之间的协作也会更加默契。

2.2.3 BIM 模型的设计深度

模型的细致程度定义了一个 BIM 模型构件单元从最初级的概念化的程度发展到最高级的竣工级精度的步骤。按照 BIM 模型的运行阶段不同，从概念设计到竣工设计共划分为五个阶段：

（1）1.0 阶段，等同于概念设计，此阶段的模型通常为表现建筑整体类型分析的建筑体量，分析包括体积、建筑朝向、每平方造价等。

（2）2.0 阶段，等同于方案设计，此阶段的模型包含普遍性系统，包括大致的数量、大小、形状、位置以及方向。

（3）3.0 阶段，模型单元等同于传统施工图和深化施工图层次。

（4）4.0 阶段，此阶段的模型被认为可以用于模型单元的加工和安装。

（5）5.0 阶段，最终阶段的模型表现项目竣工的情形。

BIM 模型深度应按不同专业划分，包括建筑、结构、机电专业的 BIM 模型深度。BIM 模型深度应分为几何和非几何两个信息维度。每个信息维度分为 5 个等级区间。如建筑、结构、机电专业几何信息深度等级（表 2.2.3-1～表 2.2.3-3）。

建筑专业几何信息深度等级表　　　　　　　　表 2.2.3-1

序号	信息内容	深度等级				
		1.0	2.0	3.0	4.0	5.0
1	场地边界（用地红线、高程、正北）、地形表面、地貌、植被、地坪、场地道路等	√	√	√	√	√
2	建筑主体外观形状：例如，体量形状大小、位置等	√	√	√	√	√
3	建筑层数、高度、基本功能分隔构件、基本面积	√	√	√	√	√
4	建筑标高	√	√	√	√	√
5	建筑空间	√	√	√	√	√
6	主要技术经济指标的基础数据（面积、高度、距离、定位等）	√	√	√	√	√

序号	信息内容	深度等级				
		1.0	2.0	3.0	4.0	5.0
7	广场、停车场、运动场地、无障碍设施、排水沟、挡土墙、护坡、土方的尺寸、大小、位置		✓	✓	✓	✓
8	植被、小品的尺寸、大小、位置		✓	✓	✓	✓
9	主体建筑构件的几何尺寸、定位信息：楼地面、柱、外墙、外幕墙、屋顶、内墙、门窗、楼梯、坡道、电梯、管井、吊顶等		✓	✓	✓	✓
10	主要建筑设施的几何尺寸、定位信息：卫浴、部分家具、部分厨房设施等			✓	✓	✓
11	主要建筑细节几何尺寸、定位信息：栏杆、扶手、装饰构件、功能性构件（如防水防潮、保温、隔声吸声）等			✓	✓	✓
12	主体建筑构件深化几何尺寸、定位信息：构造柱、过梁、基础、排水沟、集水坑等			✓	✓	✓
13	主要建筑设施深化几何尺寸、定位信息：卫浴、厨房设施等			✓	✓	✓
14	主要建筑装饰深化：材料位置、分割形式、铺装与划分			✓	✓	✓
15	主要构造深化与细节			✓	✓	✓
16	隐蔽工程与预留孔洞的几何尺寸、定位信息			✓	✓	✓
17	细化建筑经济技术指标的基础数据			✓	✓	✓
18	精细化构件细节组成与拆分的几何尺寸、定位信息				✓	✓
19	最终构件的精确定位及外形尺寸				✓	✓
20	最终确定的洞口的精确定位及尺寸				✓	✓
21	构件为安装预留的细小孔洞				✓	✓
22	实际完成的建筑构配件的位置及尺寸					✓

结构专业几何信息深度等级表   表 2.2.3-2

序号	信息内容	深度等级				
		1.0	2.0	3.0	4.0	5.0
1	结构体系的初步模型表达结构设缝主要结构构件布置	✓	✓	✓	✓	✓
2	结构层数，结构高度	✓	✓	✓	✓	✓
3	主体结构构件：结构梁、结构板、结构柱、结构墙、水平及竖向支撑等的基本布置及截面		✓	✓	✓	✓
4	空间结构的构件基本布置及截面，如桁架、网架的网格尺寸及高度等		✓	✓	✓	✓
5	基础的类型及尺寸，如桩、筏板、独立基础等			✓	✓	✓
6	主要结构洞定位、尺寸			✓	✓	✓
7	次要结构构件深化：楼梯、坡道、排水沟、集水坑等			✓	✓	✓
8	次要结构细节深化：如节点构造、次要的预留孔洞				✓	✓

续表

序号	信息内容	深度等级				
		1.0	2.0	3.0	4.0	5.0
9	建筑围护体系的结构构件布置			√	√	√
10	钢结构深化			√	√	√
11	精细化构件细节组成与拆分，如钢筋放样及组拼，钢构件下料				√	√
12	预埋件，焊接件的精确定位及外形尺寸				√	√
13	复杂节点模型的精确定位及外形尺寸				√	√
14	施工支护的精确定位及外形尺寸				√	√
15	构件为安装预留的细小孔洞				√	√
16	实际完成的建筑构配件的位置及尺寸				√	√

机电专业几何信息深度等级表　　　　　　　　　表 2.2.3-3

序号	信息内容	深度等级				
		1.0	2.0	3.0	4.0	5.0
1	主要机房或机房区的占位尺寸、定位信息	√	√	√	√	√
2	主要路由（风井、水井、电井等）几何尺寸、定位信息	√	√	√	√	√
3	主要设备（锅炉、冷却塔、冷冻机、换热设备、水箱水池、变压器、燃气调压设备、智能化系统设备等）几何尺寸、定位信息	√	√	√	√	√
4	主要干管（管道、风管、桥架、电气套管等）几何尺寸、定位信息		√	√	√	√
5	所有机房的占位几何尺寸、定位信息		√	√	√	√
6	所有干管（管道、风管、桥架、电气套管等）几何尺寸、定位信息		√	√	√	√
7	支管（管道、风管、桥架、电气套管等）几何尺寸、定位信息		√	√	√	√
8	所有设备（水泵、消防栓、空调机组、散热器、风机、配电箱柜等）几何尺寸、布置定位信息		√	√	√	√
9	管井内管线连接几何尺寸、布置定位信息		√	√	√	√
10	设备机房内设备布置定位信息和管线连接		√	√	√	√
11	末端设备（空调末端、风口、喷头、灯具、烟感器等）布置定位信息和管线连接		√	√	√	√
12	管道、管线装置（主要阀门、计量表、消声器、开关、传感器等）布置		√	√	√	√
13	主要建筑设施深化几何尺寸、定位信息：卫浴、厨房设施等		√	√	√	√
14	单项（太阳能热水、虹吸雨水、热泵系统室外部分、特殊弱电系统等）深化设计模型			√	√	√

续表

序号	信息内容	深度等级				
		1.0	2.0	3.0	4.0	5.0
15	开关面板、支吊架、管道连接件、阀门的规格、定位信息			√	√	√
16	风管定制加工模型				√	√
17	特殊三通、四通定制加工模型，下料准确几何信息				√	√
18	复杂部位管道整体定制加工模型				√	√
19	根据设备采购信息的定制模型					√
20	实际完成的建筑设备与管道构件及配件的位置及尺寸					√

BIM 模型深度等级可按需要选择不同专业和信息维度的深度等级进行组合，也可按需要选择专业 BIM 模型深度等级进行组合。同时，模型的设计深度应符合《建筑信息模型施工应用标准》GB/T 51235－2017 的要求。

2.3 BIM 技术在装配式钢结构建筑设计中的应用

装配式建筑具有设计系统化、构件制作工厂化、安装专业化等特点，这些特点使装配式建筑与传统建筑在设计、制作及安装过程中都有显著的差别。而钢结构因其制作及安装特点，主体本身就属于装配式建筑，再配合与钢结构相适应的预制楼板体系、内隔墙体系、装配式外墙体系、设备与管线、卫生间与阳台等就组成了系统的装配式钢结构建筑。近年来，我国建筑行业正在逐步推广 BIM 相关技术和方法，BIM 技术引入到装配式钢结构建筑项目中，对提高设计速度，减少设计返工，制作及安装错误，保持施工与设计意图一致性乃至提高装配式建筑设计的整体水平都具有积极的意义。

BIM 技术在装配式钢结构建筑设计阶段的应用，主要包括方案设计、初步设计、施工图设计、深化设计等设计阶段。不论在哪个阶段，建筑信息模型（即 BIM 模型）都担任了重要的角色。每个阶段特点不同、信息量巨大，BIM 技术在各阶段的应用内容和应用深度亦不同，本节主要针对 BIM 技术在装配式钢结构建筑设计过程的各个阶段的应用做分析说明。

2.3.1 方案设计阶段

方案设计是设计中的重要阶段，它是一个极富有创造性的阶段，同时也是一个十分复杂的问题。方案设计是对方案可行性的理论验证过程，可行还是不可行，首先考虑的是能不能满足用户的需求、方案合理性及可靠性。在方案设计阶段，信息量不足成为管理者能否做出正确决策的最大障碍。

传统方案设计在构思概念方案时，是建筑师对设计条件的理解和分析阶段，一般都是使用二维草图辅助记录思维过程，是以二维的平、立、剖面图来表达建筑师的方案。而到方案体型推敲时，一般是制作简单的实体模型或者运用 SU 等建模软件建简单的体量模型进行建筑规模、体型、比例等的推敲。随着方案的进展会反复修改方案图及方案实体模型，给方案阶段设计带来很大的修改工作量。特别是在一些复杂的项目中，传统的 2D 图纸表达困难,方案变更后的工作量更大,专业间管线综合设计更困难。

　　BIM 技术的引入,使方案阶段所遇到的问题得到了有效的解决。将 BIM 运用到方案设计阶段,利用 BIM 思维进行设计,不仅可以提高设计效率,还会让建筑师在方案初期更注重建筑性能,更注重建筑的人性化,为方案的可靠性和可行性提供准确的数据作为方案决策的支撑。方案阶段通过 BIM 建立模型能够更好对项目做出总体规划。BIM 在方案初始设计工作中有相当大的优势,主要表现在以下几方面:

　　1. 可视化

　　可视化特点就是将传统的二维建筑模型转化为三维模型,使建筑关系更清楚地表达出来,在方案比选阶段,便于空间推敲,提高决策效率。

　　2. 数据的联动性

　　利用 BIM 数据修改驱动模型,改变模型的参数即可实现模型的重建,其异形构件、曲面体块等都可在模型中得到表达。

　　3. 数据的可提取性和传递性

　　利用 BIM 模型参数化设计中所有数据的可提取性,大大加强了模型的信息,而利用 BIM 模型数据的传递性,通过 BIM 参数化软件控制复杂体型的节点,可有效帮助方案初期的众多复杂数据传递到 BIM 模型中,为后续的设计及建筑性能分析等工作提供了基础的参数模型,特别是在一些复杂造型建筑项目中,更加体现了 BIM 设计的价值。

　　4. 设计优化

　　BIM 对建筑的性能分析、能耗分析、采光分析、日照分析、疏散分析等功能都将对建筑设计起到重要的设计优化作用。

　　BIM 可以为管理者提供方案阶段的概要模型,以方便建设项目方案的分析、模拟,从而为整个项目的建设降低成本、缩短工期并提高质量。例如,对周边环境进行建模(包括周边道路、已建和规划的建筑物、园林景观等)之后,将项目的概要模型放入环境模型中,以便于对项目进行场地分析和性能优化分析等工作。

　　5. 集成一体化设计

　　在方案设计阶段引入 BIM 技术,配合结构体系、三板体系、设备与管线、卫生间与阳台等选型工作,为实现装配式钢结构建筑的集成一体化设计提供信息化支撑。借助 BIM 技术,整合钢结构体系与建筑功能之间的关系,优化结构体系与结构布置,提高设计质量。

2.3.2　初设阶段

　　初步设计,是在方案设计的基础上进行的进一步设计,根据方案,绘出方案的脉络图。对于传统结构设计而言,其采用的绘图工具与建筑设计一样,主要依靠 AutoCAD 软件进行图纸绘制。首先,由建筑师确定建筑的总体设计方案及布局,结构工程师再根据建筑设计方案进行结构设计,建筑和结构双方的设计师要在整个设计过程中反复相互提资,不断修改。在设计院里,建筑师拿着图纸找结构设计人员改图的场景屡见不鲜。传统设计无法提前考虑能耗等性能分析,只能在设计完成之后利用独立的能耗分析工具介入,大大降低了修改设计以满足低能耗需求的可能性。

在初步设计阶段，就可以利用与 BIM 模型具有互用性的能耗分析软件为设计注入低能耗与可持续发展的绿色建筑的理念，这是传统的 2D 工具所无法实现的。除此之外，各类与 BIM 模型具有互用性的其他设计软件都在提高建设项目整体质量上发挥了重要作用。BIM 模型作为一个信息数据平台，可以把上述设计过程中的各种数据统筹管理，BIM 模型中的结构构件同时也具有真实构件的属性及特性，记录了项目实施过程的所有数据信息，可以被实时调用、统计分析、管理与共享。

在初步设计阶段，BIM 的成果是多维的、动态的，可以较好地、充分地就设计方案与各参与方进行沟通，项目的建筑效果、结构设计、机电设备系统设计以及各类经济指标的对比等都能更直观地进行展示与交流。

2.3.3 施工图设计阶段

在完成方案设计和初步设计工作之后，可以进入到项目设计的施工图绘制阶段。

传统施工图设计属于二维设计，使得管线综合问题在设计阶段很难解决，只能在各专业设计完成后反复协调，将各方图纸进行比对，发现碰撞后提出解决方案，修改后再确定出图。图纸需经过反复人工修改，修改过程中由于人为因素不可避免地会产生各种图纸错漏问题，给后期的图纸深化及制作安装工作带来极大的困难。特别是装配式钢结构建筑中预制构件的种类和样式繁多，出图量大，人工出图带来的问题更多。

利用 BIM 技术所构建的设计平台，其在施工图设计阶段具有强大的优势：

1. 信息传递

基于 BIM 平台搭建的模型所包含的信息可以从方案阶段传递到施工图阶段，并一直传递下去，直到项目全寿命周期结束。

2. 协同设计

装配式钢结构建筑设计中，由于主体构件之间、三板之间，以及主体构件与三板之间的连接都具有其特殊性，需要各专业的设计人员密切配合。由于需要对管线进行预留设计，因此更加需要各专业的设计人员密切配合。借助 BIM 技术与"云端"技术，各专业设计人员可以将包含有各自专业的设计信息的 BIM 模型统一上传至 BIM 设计平台供其他专业设计人员调用，进行数据传递与无缝的对接、全视角可视化的设计协同。基于 BIM 技术的协同设计流程（图 2.3.3-1）。

3. 图纸输出功能

各 BIM 设计软件都具备图纸输出功能，有效避免人为转化设计意图时出错，能够更好地解决复杂形体设计、复杂部位出图难的问题，极大提高了出图效率和正确率。

4. 参数化

BIM 建筑信息模型的建立使得设计单位从根本上改变了二维设计的信息割裂问题。传统二维设计模式下，建筑平面图、立面图以及剖面图都是分别绘制的，如果在平面图上修改了某个窗户，那么就要分别在立面图、剖面图进行与之相应的修改。这在目前普遍设计周期较短的情况下，难免出现疏漏，造成部分图修改而部分图没有随之修改的低级错误。而 BIM 的数据是采用唯一、整体的数据存储方式，无论平面、立面还是剖面图其针对某一部位采用的都是同一数据信息。利用 BIM 技术对设计方案进行"同步"修改，某一专业设计参数更改能够同步更新到 BIM 平台，并且同步更新设计图纸。这使得修改变

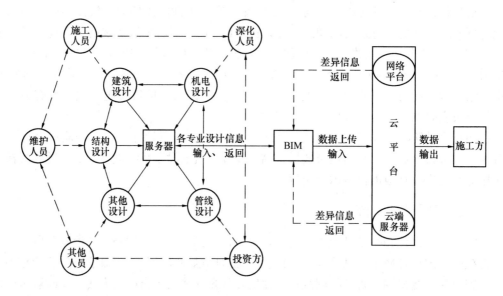

图 2.3.3-1　基于 BIM 技术的协同设计流程

得简便而准确，不易出错。同时也极大地提高了工作效率。

BIM 技术的这一功能使得设计人员可灵活应对设计变更，这大大减少了各设计人员由于设计变更调整所耗的时间和精力。

5. 自动碰撞检查与纠错

通过碰撞检查与自动纠错功能，自动筛选各专业之间的设计冲突，帮助各专业设计人员及时找出专业设计中存在的问题；通过授予装配式钢结构建筑专业设计人员、构件拆分设计阶段，以及相关的技术和管理人员不同的管理和修改权限，可以使更多的技术和管理专业人士参与到装配式钢结构建筑的设计过程中，根据自己所处的专业提出意见和建议，减少预制构件生产和施工中的设计变更，提高业主对装配式钢结构建筑设计的满意度。

2.3.4　深化设计阶段

深化设计阶段是装配式钢结构建筑实现过程中的重要一环，起到承上启下的作用，通过深化阶段的实施，将建筑的各个要素进一步细化成单个构件，包含钢结构构件、预制楼板、预制墙板，预制楼梯、预埋线盒、线管和设备等全部设计信息的构件。

传统钢结构深化设计是靠人工进行 CAD 二维图纸设计，是按照施工图纸把各构件尺寸信息在二维图纸上详细地表达出来，由于存在设计变更及深化人员的人为因素，深化人员把设计意图表达在深化图纸上时往往存在错漏等问题。且二维图纸模式不易检查碰撞问题，往往导致构件现场安装碰撞需要回厂返工，在时间和费用上带来不必要的浪费。

BIM 技术应用于深化设计，完美地解决了以上问题。BIM 技术应用与深化设计的优势主要有以下几个方面：

（1）可视性

借助 BIM 技术，可以对预制构件的几何尺寸等重要参数进行精准设计、定位。在 BIM 模型的三维视图中，设计人员可以直观地观察到待拼装预制构件之间的契合度。

（2）碰撞检查

利用 BIM 技术的碰撞检测功能，可以细致分析预制构件结构连接节点的可靠性，排除预制构件之间的装配冲突，从而避免由于设计粗糙而影响预制构件的安装定位，减少由于设计误差带来的工期延误和材料资源的浪费。

（3）图纸联动性

BIM 模型信息修改后能自动更新图纸，保证信息传递的正确性和唯一性，有效避免由人工调图所带来的错误。

（4）图纸输出功能

BIM 钢结构深化软件具有强大的图纸输出功能，能基于零件模型输出三维效果图、各轴线布置图、平面布置图、立面布置图、构件的施工图、零件大样图以及材料清单等。在利用软件绘制构件施工图时，软件会自动调出该构件的基本信息（数量、型材、尺寸、材质等）；用户也可以按自身要求定制模板，增加构件安装位置、方向以及工艺等信息。BIM 技术在钢结构构件深化设计阶段有多款软件支持，其中比较优秀的是 Tekla Structures 别名 Xsteel。

2.3.5 基于 BIM 的全专业设计流程

BIM 技术可以协助工程师解决协同工作中出现的冲突问题，可以从设计初期就将不同专业的信息模型整合到一起，改变了传统的设计流程。通过 BIM 模型这个载体，能实现从方案设计阶段到深化设计阶段模型信息共用，实现了设计过程中信息的实时共享，实现了模型和图纸信息一致。这种将 BIM 技术贯穿于装配式建筑设计全过程中的做法，大大提高了设计阶段的工作效益，加强了不同设计小组之间的交流和合作。以下为传统模式下的设计（图 2.3.5-1）与使用 BIM 技术后的设计（图 2.3.5-2）的不同。

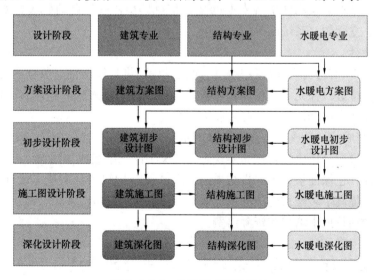

图 2.3.5-1 传统模式下的设计

将 BIM 引入全专业设计详细流程如下：

（1）创建模型

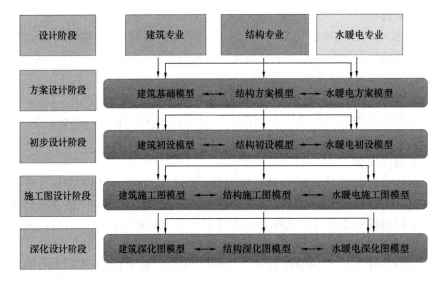

图 2.3.5-2　BIM 模式下的设计

建立建筑专业 BIM 模型、结构专业 BIM 模型以及水暖电专业 BIM 模型，并对各专业 BIM 模型进行自检，即专业内碰撞检测。

（2）合作设计

综合建筑、结构以及水暖电各专业的建筑信息模型，进行专业间碰撞检测，对各专业进行碰撞检测，在设计阶段就尽量减少碰撞问题，根据最后汇总进一步调整设计方案，从而实现数据共享，合作设计。

（3）施工图设计

综合建筑、结构以及水暖电各专业的建筑信息模型，可以自动生成各专业的设计成果，如平面图、立面图、系统图等施工图纸。

（4）深化设计

根据前期 BIM 信息模型进行各专业的深化设计，将具体构件、节点的构造方式、工艺做法和工序安排进行补充和优化调整，有效指导制造厂工人采取合理有效的工艺加工，提高施工质量和效率，降低施工难度和风险。

基于 BIM 完成的设计成果，含有大量的信息，这些信息储存在同一个模型中，可供不同的分析软件进行分析模拟，从而实现真正意义上的三维集成协同设计。同时信息模型所具有的唯一性，也保证了各类分析结果的一致。利用 BIM 方法解决了设计阶段错、漏、碰、缺等问题，提高了装配式建筑的设计效率，提高了设计成品质量，减少或避免了由于设计原因造成的项目成本增加和资源浪费。

2.4　建筑设计行业信息化设计和管理平台的构建

2.4.1　建筑信息设计管理平台目标

建筑信息设计管理平台的目标是将 BIM 的功能实现到项目设计各个环节，扫除不同专业软件数据间交换存在的障碍，防止数据导出和导入中信息的丢失。特别是施工图设计阶段的模型可以直接被深化设计阶段应用，不用再二次翻模。把以人为核心的协作方式转变为以数据为核心的协作方式，也意味着提高各设计阶段参与方在工程设计过程中的工作效率。而各参与方之间存在密切的协作关系，缺一不可，这就要求各参与方都需要参与到基于 BIM 的管理平台的整体架构中。真正把以人为核心的协作方式转化为以数据为核心的协作方式（图 2.4.1-1）。

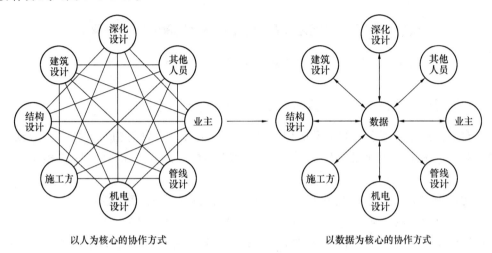

图 2.4.1-1 传统协作方式与 BIM 协作方式的对比

2.4.2 建筑信息设计管理平台整体架构

结合 BIM 技术的特点、我国装配式钢结构建筑设计的特点与需求、建筑信息设计管理平台的目标，确定基于 BIM 的装配式钢结构信息管理平台架构。

建筑信息设计管理平台分为前台功能和后台功能，前台提供给大众浏览操作，核心目的是把后台存储的全部建筑信息、管理信息进行提取、分析与展示，包括前期方案模型三维展示、各专业 BIM 模型集成、深化设计节点选取功能、构件检索功能，后期施工方可在建筑信息设计管理平台提取需要的信息进行施工方案演示与施工进度浏览及运维阶段人员、资金、物流管理等。业主方则更能直观地检测整个项目从设计到施工的动态。

装配式钢结构建筑信息设计管理平台的后台功能，主要是建筑工程数据库管理功能、信息存储和信息分析功能。一是保证建筑信息表达准确、合理的关键部分，将建筑的关键信息进行有效提取；二是结合科研成果，将总结的信息准确地用于工程分析，并向用户对象提出合理建议；三是具有自学习功能，既通过用户输入的信息学习新的案例并进行信息提取。

装配式钢结构建筑信息设计管理平台的前台与后台的联系通过互联网以页面的形式进行互动和交流。因而本系统需进行相应的机房建设，并采购和租赁互联网设备及服务。为了本系统的拓展，需要进行社会推广工作，包括广告宣传、论文、会议等推介。

基于 BIM 的装配式钢结构建筑信息设计管理平台整体架构，其具体内容（图 2.4.2-1）。

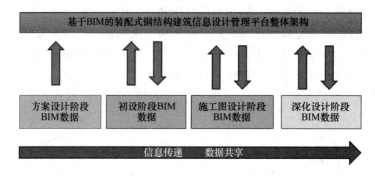

图 2.4.2-1　基于 BIM 的装配式钢结构建筑信息设计管理平台整体架构

2.4.3　基于 BIM 设计技术的建筑信息管理平台搭建

平台的开发涉及多学科的交叉应用，融合了 BIM 技术、计算机编程技术、数据库开发技术等。应根据工程项目数据实际，结合 BIM 建模标准开发 BIM 族库与相应工程数据库。

搭建基于 BIM 设计技术的建筑信息管理平台需要做的具体工作如下：

（1）建立统一的企业 CAD 绘图标准，是 BIM 协同设计的基础。

（2）根据企业 CAD 绘图标准的要求，在支持 BIM 设计思想的绿建建筑 Arch、绿建设备 MEP（含室内外给水排水、民用和工业电气暖通绘图与负荷计算等专业）等专业软件基础上，嵌入企业绘图标准，实现企业内部绘图标准的统一。

（3）整合相关工程标准，并根据特定规则与数据库相关联。

（4）进行各模块的标准化设计。

（5）基于数据库和建筑信息管理平台架构，开发二次数据接口，进行信息管理平台开发。

（6）完善各 BIM 软件的数据接口，使各设计阶段不同专业 BIM 软件信息可以互通，并保证信息传递的完整性、正确性及唯一性。做到在一个模型修改后，其他相关模型数据随之调整。做到各阶段模型可以互相借用，不用二次建模。

（7）配合工程实例验证应用效果。

（8）应用全专业 BIM 工具软件完成平台开发。

2.5　BIM 技术在装配式钢结构建筑设计应用中的发展和研究建议

2.5.1　软件研究层面

BIM 软件要针对装配式钢结构建筑设计应用的全生命周期管理，形成一个信息互享导向。也就是说，BIM 软件从装配式钢结构建筑产品设计开始，到产品的生产、建造、运营维护、拆除、信息共享整个链条过程中，从而"形成共同语言"。形成各个分项工程都可以进行设计模型的合并和拆解，避免信息传送出现不通用、不兼容的现象，减少或避免项目过程中设计重复性工作。

BIM 软件研究要以建筑产品为中心,技术数据核心层能够为建设领域的数据模型提供统一的数据架构和建筑信息模型。既然是装配式钢结构建筑,那么就要把控"四化一体"的设计原则,建立设计的标准化、模块化模型。另外,建议设计模型族可以进行网络有偿共享,尤其获得国家优质工程、钢结构金奖等,在装配式钢结构建筑项目上 BIM 技术应用较好的项目,实现版权所有,有偿共享,建立数据分享机制。

2.5.2 信息处理层面

BIM 技术在装配式钢结构建筑设计应用信息处理工作中,随着项目越做越大,资料越用越多,包括在设计对模型文件的编辑等人机互动过程中,不断对模型修改和移动、变换等操作并通过显示器即时显现,对精度和复杂度等要求在不断扩充。解决当前及今后的信息传递和工作效率的问题,解决大数据存储问题,这头等重要。

住房城乡建设部《2016—2020 年建筑业信息化发展纲要》指出:"要全面提高建筑业信息化水平,建筑企业应积极探索'互联网+'形势下管理、生产的新模式,着力增强BIM、大数据、智能化、移动通信、云计算、物联网等信息技术集成应用能力"。那么随着物联网、移动应用技术普及和发展,应做到以下几个方面。

首先,装配式钢结构建筑设计 BIM 技术要依托云计算和大数据等服务端技术实现协同。

其次,要满足钢结构装配式建筑设计的数据和信息,通过 BIM 平台实施搜集和归纳与分析,并支持数据传递和海量数据获取。

再者,要将 BIM 技术数据直接传送到工厂,通过数控机床对构件进行数字化加工,减少或避免设计的二次深化。

解决大体量的集成模型运行吃力,应用软件与运行的图形工作站硬件的匹配问题。在创建、计算、管理、共享和应用海量工程项目基础数据方面,为设计者的应用量身定制可靠性高、性能优异、价格低廉、高效的图形工作站和存储服务器。

建立高效运行 BIM 的应用软件的图形工作站,通过硬件专家或经验丰富的技术工程师在了解行业软件和计算应用特点,给出合理的工作站配置方案,让工作站的性能高效率地发挥出来,使之不再成为建筑设计软件运行的瓶颈和技术上的短板。

2.5.3 装配式钢结构设计在 BIM 模型标准的制定层面

装配式建筑和 BIM 国家标准、行业标准从中央到各级地方对装配式建筑 BIM 激励政策的陆续出台,装配式钢结构 BIM 技术也正朝着纵深方向发展。不仅在装配式建筑工程项目中应不断普及,而且 BIM 技术也与互联网、大数据、云计算、物联网、智能化等技术相结合,成为智慧建造、智慧城市建设、建筑互联网发展不可或缺的技术支撑。但是,仍普遍存在模型信息不兼容、可读性差、可利用率低、交付要求不统一、交付意向不明确等现象。因此,BIM 模型标准的制定要立足解决实际问题,为建筑信息模型提供统一的基准参照,引导和规范交付各方在同一数据体系下工作与交流机制,并实施广泛的数据交换和共享。

BIM 模型标准内容应基于建筑工程全生命期进行 BIM 成果交付的参照标准,包括交付精度及交付成果等。通过对建筑工程各阶段交付模型的构件精细度进行规定,明确建模需求和成果精度，便于交付各方在实践中合理确定模型深度，有助于信息的无损传递，对节约工程成本、提高行业效率有着重要作用。

2.5.4　装配式钢结构设计在 BIM 技术的信息对接层面

随着装配式钢结构和 BIM 技术的不断发展，钢结构建筑的应用范围在不断扩大。应用范围从大规模性、标志性，向中小型项目不断转化。大众化也将被项目实施的各个环节接受。

因此，要真正形成业主、设计、施工、运维、采购、管理等在内的工程全生命周期管理，实现不同技术信息无缝对接，打造装配式钢结构设计的 BIM 信息化体系。要求 BIM 设计模型成果简单易用、BIM 设计平台的业务逻辑与项目管理流程紧密结合，让使用者如同使用微信一样使用 BIM 技术，从设计到图审、从施工到监理、从采购到制作，对整个装配式钢结构项目进行质量、投资进度、安全等方面的管理。

设计技术的切入点需要在 BIM 模型上得到体现，装配式钢结构建筑项目效益要对安全、质量、交期负责，设计 BIM 技术作为统筹，其他设计、施工、运维、采购、管理等过程中形成，让文件同步交付，形成统一结算标准模型，实现模型化一站式并联模式，最大限度发挥绿色建筑设计效应。

课 后 习 题

一、单项选择题

1. 需要满足抗风性能、抗震性能、耐撞击性能、防火性能等安全性能要求，属于那种围护体系（　　）。

 A. 屋面围护体系   B. 外墙围护体系

 C. 内隔墙围护系统   D. 楼板围护系统

2. 按照 BIM 模型的运行阶段不同，从概念设计到竣工设计共划分为几个阶段（　　）。

 A. 3   B. 4

 C. 5   D. 6

3. 当前装配式钢结构建筑设计现状分析特点，不包括以下哪项内容（　　）。

 A. 重结构设计标准，轻建筑设计标准

 B. 重建造技术的变革，轻试验研究工作

 C. 重工程标准，轻产品标准

 D. 设计的标准化程度低、模块化设计应用少

4. 在工程设计、制作、运输、施工、装修、运输等各环节信息互相衔接，体现了装配式钢结构 BIM 的哪项特性（　　）。

 A. 可视化   B. 可协调性

 C. 优化性   D. 输出性

5. 当模型包含项目的大小，形状，位置以及方向等内容时，是处于模型设计的哪个阶段（　　）。

 A. 1.0 阶段   B. 2.0 阶段

C. 3.0 阶段   D. 4.0 阶段

二、多项选择题

1. BIM 技术在装配式钢结构建筑设计阶段的应用，主要包含哪几个阶段（　　）。

A. 方案设计   B. 初步设计

C. 施工图设计   D. 深化设计

2. BIM 在方案初始设计工作中有相当大的优势，主要表现在以下几方面（　　）。

A. 可视化   B. 数据的联动性

C. 数据的可提取性   D. 数据的传递性

E. 集成一体化设计

3. 在进行施工图设计的过程中，利用了 BIM 的哪些优势（　　）。

A. 信息传递   B. 协同设计

C. 图纸输出功能   D. 参数化

E. 自动碰撞检查与纠错

4. 在深化设计阶段，可进行的深化设计内容包括（　　）。

A. 建筑环境深化模拟   B. 钢结构构件深化

C. 预制楼板深化   D. 预制楼梯深化

E. 预埋线盒深化

5. 通常装配式钢结构 BIM 软件可分哪几类（　　）。

A. 模型创建软件   B. 模型应用软件

C. 协同平台软件   D. 监测控制软件

E. 管理平台软件

参考答案

一、单项选择题

1. B　2. C　3. D　4. B　5. B

二、多项选择题

1. ABCD　　2. ABCDE　　3. ABCDE　　4. BCDE　　5. ABC

第3章 装配式钢结构建筑构件生产与 BIM 技术应用

本章导读:

　　装配式钢结构建筑作为一种节能环保的绿色建筑,在国家各项政策的推动实施下,代表着未来建筑行业的发展模式。其构件的加工制造是建筑工业化的重要环节。同时,由于钢构件是组成钢结构建筑的基础,其构件类型、施工工艺、生产技术都与传统构件有着很大的区别,装配式钢构件的质量、成本也与装配式钢结构建筑的质量和成本有着密不可分的关系。并且钢构件生产加工的是建设装配式钢结构建筑的重要内容。所以在进行装配式钢结构项目建设时不仅要对其设计与施工阶段的内容进行科学管理,更要对构件的生产制造进行全面了解与精细化的控制。

　　本章内容主要先介绍装配式钢结构构件生产的基础知识,其次对基于 BIM 技术的装配式钢结构建筑构件的生产制造工作内容做详细讲解,最后简单介绍了 BIM 和 LORA 技术在装配式钢结构构件生产阶段所产生的作用。

本章学习目标:

　　(1) 了解装配式钢结构构件生产。

　　(2) 掌握基于 BIM 技术进行装配式构件生产的流程。

　　(3) 掌握 BIM、LORA 技术在装配式钢结构建筑中发挥的作用。

3.1 装配式钢结构建筑构件生产基础知识

钢结构建筑是一种新型的建筑体系，可打通房地产业、建筑业、冶金业之间的行业界线，集合成为一个新的产业体系。钢结构建筑具有强度高、质量小的特点，能够建设一些跨度大、负荷大的建筑结构；能够标准化生产，劳动者的劳动强度较低，对施工技术的要求也越来越低，因此在其使用过程中能够有效地降低施工成本，缩短建设工期；钢结构建筑具有良好的抗震性能，具有良好的弹性和韧性，不会因为突然增加的重量而断裂，因此钢结构的建筑特点迎合了现代建筑的发展需要；同时，国家开始推行环保建筑、绿色建筑理念，而钢结构建筑恰恰满足了建筑行业的这种发展需要，钢结构建筑即便需要拆除，建筑材料也可以回收再利用，不会产生固体废物污染，有利于实现建筑与自然环境的协调发展。

钢结构建筑的种类主要是大跨度结构、工业厂房、多层和高层建筑、高耸结构、轻型钢结构、钢和混凝土的组合结构等。由于钢结构是构件在工厂完成加工，现场组拼，所以钢结构天然就是装配式建筑。

以钢结构为重要代表的绿色建筑在全寿命周期内贯穿"减量化、再利用、资源化，减量化优先"的循环经济发展原则，最大限度地节约资源、保护环境、减少污染，为人们提供健康、适用、高效的使用空间。装配式钢结构是绿色建筑最有效的方式，已然成为建筑行业的发展趋势。在装配式钢结构应用不多、起步比较晚的住宅领域，紧跟发展潮流，大力发展绿色节能建筑的应用，是建筑行业转型升级的有效途径，也是大势所趋。

3.1.1 装配式钢结构建筑主要结构类型及其传统的加工工艺

1. 装配式钢结构建筑主要结构类型

装配式钢结构建筑结构类型有：钢框架结构体系、钢框架—剪力墙体系、轻钢龙骨住宅体系、钢框架—支撑结构体系、钢框架—核心筒结构体系、空间钢结构（网架、管桁架）、特种钢结构（输电塔架等），预应力钢结构，门式刚架等。

框架体系的主要受力构件是框架梁和框架柱，它们共同作用抵抗竖向和水平荷载；框架梁有 I 形、H 形和箱形梁等种类，框架柱有 H 形、空心圆钢管或方钢管柱、方钢管混凝土柱等种类。

钢框架—剪力墙结构体系是以框架为基础，为增强建筑的侧向刚度，防止侧向位移过大，沿其柱网的两个方向布置一定数量的剪力墙的结构体系。

轻钢龙骨结构体系一般应用于 2~3 层的低层钢结构住宅和别墅。制作轻钢龙骨的材料一般分为两类：一类是冷弯薄壁型钢，一般由双 C 或四 C 槽钢构成梁柱，自重约为普通钢结构的 33%~50%，另一类是热轧型钢，一般是间距在 1.2m~2.0m 的轧制矩形钢或 H 型钢制成钢柱，H 型钢制成钢梁。

钢框架—支撑结构体系，是在框架体系的部分框架柱之间设置横向型钢支撑，形成支撑框架的结构体系。其中的钢框架主要承受竖向荷载，钢支撑则承担水平荷载，形成双重抗侧力的结构体系。

钢框架—核心筒结构体系是以钢框架为基础，近中心部位通过现浇混凝土墙体或密排框架柱围成封闭核心筒的结构体系。

2. 装配式钢结构住宅主要类型构件的传统的加工工艺

装配式构件类型很多，这里重点介绍一下装配式钢结构住宅构件的加工工艺 H 型柱梁、箱型柱梁、方管二次加工柱、剪力墙、钢板墙、钢楼梯等。

（1）H 型柱梁加工工艺流程

1）材料选用：

① 钢材材质

工程所用材质以深化图纸为准。

② 焊接材料

根据母材的化学成分、力学性能、焊接性能并结合工件的结构特点和使用条件综合考虑，选用焊接材料及焊剂等。

2）下料、坡口加工要求：

① 加工余量

首先对规则 H 型钢的余量加设时，规则 H 型钢主材翼板、腹板采用火焰直条切割下料，长度方向加设 30mm 余量，宽度方向不加设余量。而对于异形 H 型钢的余量加设有两种情况：a. 当异形 H 型钢长度 $L \leqslant 2000mm$ 时，长度、宽度方向均不加设余量，依据深化图进行数控下料；

b. 当异形 H 型钢长度 $L \geqslant 2000mm$ 时，长度方向加设 30mm 余量，宽度方向不加设余量，此余量在深化零件图中体现，而后采用数控进行下料。此外对于加劲板、牛腿配件等零件应采用数控切割下料。

② 套料要求

a. 拼接长度

H 型钢翼板、腹板的最小长度应在 600mm 以上，同一零件中接头的数量不超过 2 个。

b. 拼接位置

H 型钢主材拼接焊缝之间应错开 200mm 以上，与内部加劲板、牛腿位置错开 200mm 以上。

c. 热轧型钢的套料

热轧 H 型钢采用按规范、设计要求对接。

③ 切割下料

a. 零件切割下料后，应将割渣去除，切割面质量要求（表 3.1.1-1）。

切割表面质量要求　　　　　　　　　　　　　　　表 3.1.1-1

割痕深度	缺口深度	切割面垂直度		
100μmRz 以下	0.5mm 以下	$t \leqslant 20mm$	$e \leqslant 1mm$	
		$t > 20mm$	$e \leqslant t/20mm$ 且不大于 2.0mm	

b. 对于尺寸超差的部件，采取有效措施进行修正或矫正，在质量人员确定合格后方可转下一工序。

c. 孔的加工。

吊装耳板的螺丝连接孔采用数控钻床进行钻孔。

④坡口加工

a. 零件图中注明需机械（铣切）加工，采用坡口铣边机进行下料。未有此要求的采用半自动火焰切割下料。

b. 切割坡口质量要求如表 3.1.1-2 所示。对于坡口面割痕或缺口尺寸超标位置，采用打磨的方式进行平滑过渡，未经允许不许随意补焊。

切割坡口质量要求 表 3.1.1-2

割痕深度	缺口深度	切割氧化渣
200μmRz 以下	1.0mm 以下	清理干净

⑤ 钢板对接

a. 钢板对接焊缝为全熔透一级焊缝。对接焊缝余高应控制在 3mm 以内。

b. 对接焊缝依据焊缝标识及工艺要求进行坡口加工，坡口形式如图 3.1.1-1 所示。

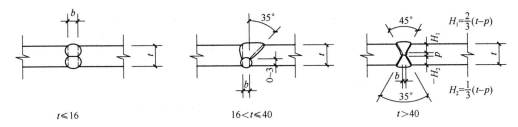

备注：$b=0\sim2$、$p=2\sim4$，均采用背面清根的方式焊接.

图 3.1.1-1 坡口形式

c. 对接焊缝采用气保焊打底，清根后采用埋弧焊进行中间层焊接和盖面，保证焊缝成型外观质量。

d. 钢板对接时，按要求加设引弧板，气保焊引弧长度不小于 30mm，埋弧焊不小于 50mm。

e. 引弧板采用火焰切割下料，预留 3mm 余量打磨处理，禁止采用锤击的方式。

3）H 型钢的焊缝要求：

① 焊缝形式

a. 钢板对接焊缝为全熔透一级焊缝，H 型钢主体焊缝要求：

当 H 型钢腹板厚度 $t\leqslant20$ 时，H 型钢主体焊缝为双面角焊缝，焊脚高度为 $0.8t$。当 H 型钢腹板厚度 $t>20$ 时，H 型钢主体焊缝为部分熔透焊缝。

b. H 型钢牛腿焊缝要求：

H 型钢主体焊缝：当腹板 $t\leqslant20$mm 时，H 型钢主体焊缝为双面角焊缝；当 $t>20$mm 时，主体焊缝为部分熔透；

H 型钢腹板与钢梁腹板之间的焊缝：当腹板 $t\leqslant20$mm 时，H 型钢腹板与腹板之间的焊缝为双面角焊缝；当 $t>20$mm 时，与腹板之间的焊缝为部分熔透；

H 型钢牛腿翼板与钢梁主体（翼板及腹板）之间的焊缝为全熔透焊缝，如图 3.1.1-2 所示。

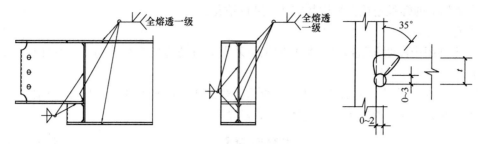

图 3.1.1-2 H 型钢牛腿与钢梁焊缝形式

c. 内部加劲板、连接板焊缝要求。

（a）折弯处加劲板

钢梁折弯处加劲板与钢梁翼板之间的焊缝为全熔透焊缝；折弯处翼板对接焊缝为全熔透，如图 3.1.1-3 所示。

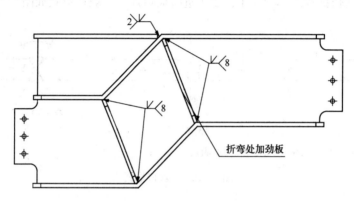

图 3.1.1-3 钢梁弯折处加劲板

（b）吊装用的加劲板

如图 3.1.1-4 所示，吊装连接耳板对应的加劲板为全熔透焊缝；加宽翼板的连接板与翼板间的焊缝为全熔透。

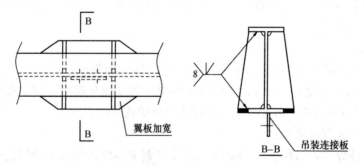

图 3.1.1-4 吊装用加劲板

牛腿翼板对应的加劲板与钢梁之间的焊缝为全熔透焊缝；图纸中特殊标识的加劲板焊缝以图纸标识为准，其他未注明加劲板为部分熔透焊缝，$t \leqslant 20mm$ 时采用角焊缝。

（c）吊装耳板焊缝要求为部分熔透；安装耳板为双面角焊缝。

(d) 栓钉采用栓钉机焊接。

(e) 安装现场端头坡口以深化图纸相应大样为准，其中坡口方向以图纸垫板位置确定。

② 常规焊缝要求

a. 所有角焊缝焊脚尺寸以深化图标识的焊脚高度为准，仅在焊脚高度未说明的情况下焊脚尺寸以《钢结构焊接规范》GB 50661—2001 相关要求为依据。

b. 对接焊缝、角接焊缝余高应控制在 0～3mm 以内，焊缝渐进过渡至母材。

c. 严禁在构件上随意引弧，临时支撑清除后，须对焊接部位打磨处理，避免打磨过度而伤及母材。

（a）定位焊

定位焊缝尺寸和间距的推荐尺寸如表 3.1.1-3 所示。

定位焊缝尺寸和间距 表 3.1.1-3

定位焊缝长度	定位焊缝间距	焊脚大小	备注
40～60	300	≤6	焊脚尺寸≤坡口深1/3

（b）预热

厚度≥40mm 的钢板，焊接前需进行预热，预热温度如下：

60≥t>40　　　　　　　预热温度 80～100℃

80≥t>60　　　　　　　预热温度 100～120℃

t>80　　　　　　　　　预热温度 140～160℃

预热区：

预热区域在焊缝两侧，每侧宽度均应大于焊件厚度的 2 倍且不应小于 100mm。预热温度的测量应在距焊道 50mm 处进行。

引弧板：

T 形接头、对接接头、十字接头应按要求加设引弧板。

垫板事宜：

外露焊缝位置不允许加设垫板焊接。如需加设，应在焊后刨除。

4）H 型钢构件的加工制作

① 坡口加工

依据图纸及工艺要求，对需要坡口加工的腹板及其他零件进行火焰坡口加工，加工完毕后将割渣、周边 50mm 浮锈等清除干净。

② 组立简易流程

规则钢梁采用组立机进行组立，而后采用矫平机进行矫正，简易示意图如图 3.1.1-5

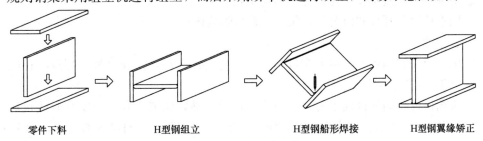

零件下料　　　　　H型钢组立　　　　　H型钢船形焊接　　　　　H型钢翼缘矫正

图 3.1.1-5 组立流程

所示。矫正完成后，对截面高度、截面对角线、中心位置等关键尺寸进行复查。

③ 焊接

埋弧焊采用船型焊接，焊接顺序如图 3.1.1-6 所示。

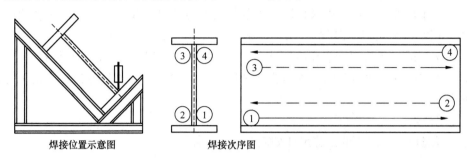

焊接位置示意图　　　　焊接次序图

图 3.1.1-6　H 型钢船型焊接顺序

注：部分熔透焊缝，可先气保焊打底，而后小车埋弧焊或转流水线门焊设备进行施焊。

④ 起拱要求

一般钢梁等起拱以设计图纸为准。

⑤ 矫正

H 型钢翼板角变形采用矫正机进行校正，当超出设备能力范围时，采用人工火焰矫正。

扭曲、旁弯变形采用火焰矫正。

钢梁不允许下挠，当存在起拱要求时，采用火焰起拱。

所有尺寸检查合格后，方可转入大组立。

5）整体装配

① H 型钢梁装配前，应首先确认 H 型钢的主体已检测合格，局部的补修及弯扭变形均已符合标准要求。对不合格部件严禁用于组装，必须交原工序修整合格后方可组装。

② 将 H 型钢构件放置在装配平台上，以设备孔及小端头为基准，根据各部件在图纸上的位置尺寸，画出中心线、栓钉位置线，加强板位置线、两端下料位置线及高强螺丝孔位置线及牛腿位置线（图 3.1.1-7）。

③ 按画线位置装焊牛腿（牛腿在地面小拼，组焊并尺寸检验合格后方可进行大组立）、加劲板及其余零部件，确定合格后进行定位焊。

④ 对加劲板及牛腿进行整体施焊，合格后进行火焰矫正。

⑤ 依据所画位置线，对两端进行定长下料，并采用磁力钻进行高强螺栓孔钻孔（规则 H 型钢梁，可在流水线预先钻孔，提高钻孔效率）。

⑥ 依据栓钉所画尺寸位置线，采用栓钉机焊接栓钉。

6）注意事项

① 吊运时，挂钩要不直接夹在母材上，避免出现夹痕，伤及母材。翻身时在底部加设枕木，防止磕伤、碰伤。

② 两端位置现场坡口加工时，应在火焰调整合适，轨道线画好并安装好轨道后，方可加工，避免出现割痕。如出现割痕，深度小于 1mm 以下采用打磨平滑过渡，大于 1mm 禁止自行补焊，由工艺人员确定整修方案。

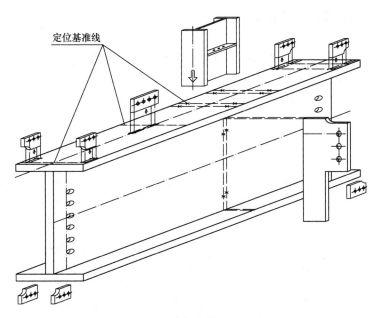

图 3.1.1-7 构件整体装配示意图

③ 构件发现场前，应将钢板表面割渣，毛刺、油污清除干净。

7）无损探伤要求

所有熔透焊缝进行 100％UT 探伤。

8）钢构件的除锈及涂装要求

① 钢结构表面采用抛丸（喷砂）除锈处理，除锈等级应达到《涂覆涂料前钢材表面处理 表面清洁度的目视评定 第 1 部分：未涂覆过的钢材表面和全面清除原有涂层后的钢材表面的锈蚀等级和处理等级》GB/T 8923.1－2011 中的规定。

钢结构在进行涂装前，必须将构件表面的毛刺、铁锈、氧化皮、油污及附着物彻底清除干净，采用喷砂、抛丸等方法彻底除锈。

② 摩擦面处理

高强螺栓面摩擦面抗滑移系数按照设计要求进行选择，设计未说明的按照《钢结构高强度螺栓连接技术规程》JGJ 82－2011 的相关要求选择。

摩擦面表面应平整，不允许有飞边、毛刺、焊接飞溅物、焊疤、氧化铁皮、污垢等。

③ 不涂装部位

a. 高强螺栓摩擦面（孔周边 100mm）不涂装；

b. 箱体内部；

c. 与现场焊接部位 100mm 范围不涂装；

d. 钢梁上表面铺设压型钢板，上翼板上表面不涂装；

e. 楼梯上表面铺设混凝土，楼梯平台及楼梯踏步上表面不涂装（如需涂装，将以清单下发）。

（2）箱型柱梁加工基本工艺流程

1）材料选用

① 钢材材质

工程所用材质以设计图纸为准。

② 焊接材料

根据母材的化学成分、力学性能、焊接性能并结合工件的结构特点和使用条件综合考虑，选用焊接材料及焊剂等。

2）下料、坡口加工要求

① 加工余量

a. 箱体主材翼板、腹板采用直条火焰切割下料，长度方向加设 30mm 余量，宽度方向不加设余量。

b. 单板（牛腿板）主体板采用数控切割下料，长度方向及宽度方向各加 5mm 余量。其中带消防孔的主板余量加放如图 3.1.1-8 所示，宽度方向加设 6mm，高度方向加设 15mm。

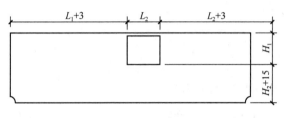

图 3.1.1-8　主板下料余量

c. 异型板件采用数控下料，深化按工艺加设制作余量，余量体现在深化零件图中。

② 套料要求

a. 拼接长度

箱体主体翼板、腹板的最小长度应在 600mm 以上，同一零件中接头的数量不超过 2 个。

b. 拼接位置

箱体主材因原材料板尺寸限制无法整体下料时，仅允许在高度方向进行拼接，宽度方向不允许拼接套料（即与高度平行方向不允许出现图纸以外的钢板拼接缝）。同时箱体翼板、腹板拼接焊缝之间应错开 300mm 以上，与内部加劲板、牛腿位置错开 200mm 以上。

③ 切割下料

a. 零件切割下料后，应将割渣去除，切割面质量要求如表 3.1.1-2 所示。

b. 对于尺寸超差的部件，采取有效措施进行修正或矫正，在质量人员确定合格后方可转下一工序。

c. 孔的加工

吊装耳板的螺丝连接孔采用数控钻床进行钻孔。

主体表面泄水孔采用磁力钻进行钻孔，禁止采用手工火焰开孔。

柱顶封板及内隔板上的透气孔，由班组加工合格后，转装配工序制作。

④ 坡口加工

a. 零件图中注明需机械（铣切）加工，采用坡口铣边机进行下料。未有此要求的采用半自动火焰切割下料。

b. 切割坡口质量要求如表 3.1.1-2 所示。对于坡口面割痕或缺口尺寸超标位置，采用打磨的方式进行平滑过渡，未经允许不许随意补焊。

c. 柱顶有夹板条的结构的箱体，夹板条预先开设坡口，坡口方式采用火焰切割或机加工的方式。柱顶夹板条端头大样如图 3.1.1-9 所示。

⑤ 钢板对接

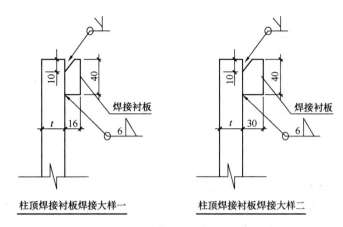

图 3.1.1-9　柱顶夹板端头大样

a. 钢板对接焊缝为全熔透一级焊缝。对接焊缝余高应控制在 3mm 以内。

b. 对接焊缝依据焊缝标识及工艺要求进行坡口加工，坡口形式如图 3.1.1-10 所示。

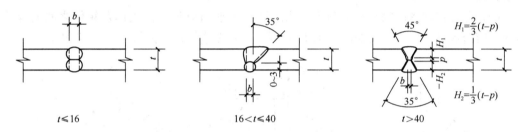

备注：$b=0\sim2$、$p=2\sim4$，均采用背面清根的方式焊接.

图 3.1.1-10　对接钢板坡口形式

c. 对接焊缝采用气保焊打底，清根后采用埋弧焊进行中间层焊接和盖面，保证焊缝成型外观质量。

d. 钢板对接时，按要求加设引弧板，气保焊引弧长度不小于 30mm，埋弧焊不小于 50mm。

e. 引弧板采用火焰切割下料，预留 3mm 余量打磨处理，禁止采用锤击的方式。

3）焊缝要求

① 焊缝形式

a. 钢板对接焊缝为全熔透一级焊缝。

b. 剪力墙箱体主体焊缝全熔透焊缝，坡口形式如图 3.1.1-11 所示。

c. 单板与箱体之间焊缝为全熔透焊缝，坡口形式如图 3.1.1-12 所示。

d. 箱体内隔板焊缝要求。

（a）栓钉加密区内隔板：此区域箱体水平内隔板与箱体之间的焊缝为四面全熔透。端头位置采用四面气体保护焊焊接，中间位置采用电渣焊加气体保护焊形式，坡口形式如图 3.1.1-13 所示。

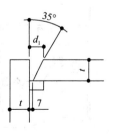

图 3.1.1-11　箱体主体焊缝坡口形式

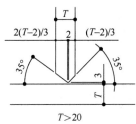
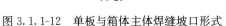
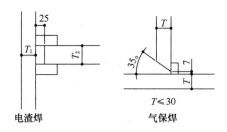

图 3.1.1-12　单板与箱体主体焊缝坡口形式　　　图 3.1.1-13　箱体内隔板焊缝坡口形式

（b）非栓钉加密区内隔板：此区域箱体水平内隔板与箱体之间的焊缝为四面部分熔透。采用气体保护焊加电渣焊（在难以气体保护焊焊接时采用）组合的焊接方式进行施工，其中气体保护焊的坡口形式如图 3.1.1-14 所示。

e. 箱体表面加劲板焊缝要求。

（a）栓钉加密区的水平隔板：此区域的水平隔板与单板主体之间及箱体之间的焊缝为全熔透焊缝，坡口形式如图 3.1.1-15 所示。

（b）非栓钉加密区的水平加劲板：此区域的水平隔板与单板主体及箱体之间的焊缝为部分熔透焊缝；坡口形式如图 3.1.1-16 所示（此焊缝仅允许根部 4mm 不熔透）。

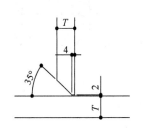
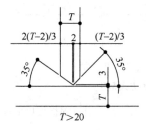
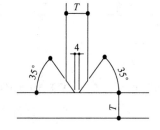

图 3.1.1-14　气体保护焊　　　图 3.1.1-15　全熔透焊缝　　　图 3.1.1-16　部分熔透
　　　坡口形式　　　　　　　　　坡口形式　　　　　　　　焊缝坡口形式

（c）竖向加劲板焊缝要求：竖向加劲板与箱体主体之间的焊缝为部分熔透，坡口形式如图 3.1.1-16 所示，此焊缝仅允许根部 4mm 不熔透，现场将抽查焊缝熔深。

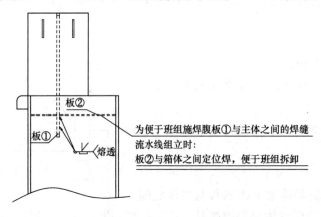

图 3.1.1-17　节点样式图

f. H 型钢柱主体腹板与箱体之间为全熔透焊缝，为便于组立腹板：（a）与箱体之间的焊缝进行施焊，流水线制作时，仅对水平板；（b）进行定位焊，便于班组拆卸如图 3.1.1-17 所示。

g. 吊装耳板与主体间为全熔透焊缝；安装耳板与主体之间焊缝为部分熔透。

h. 埋件与主体之间的焊缝为角焊缝，焊脚大小以图纸标识为准。钢筋与埋件板之间的塞焊大样（图 3.1.1-18）。

i. 栓钉采用栓钉机焊接。

② 常规焊缝要求

a. 所有角焊缝焊脚尺寸以深化图标识的焊脚高度为准，仅在焊脚高度未说明的情况下焊脚尺寸为 $0.8t$。

b. 对接焊缝、角接焊缝的焊缝余高应控制在 3mm 以内，焊缝渐进过渡至母材。

c. 所有图纸中体现的内隔板 R 角和其余配件的 R 角，当 $R \geqslant 35\text{mm}$ 时采用包角焊的方式进行围焊，确保焊缝质量（现涉及的 R 角规格主要为 $R=45\text{mm}$ 与 $R=50\text{mm}$）。

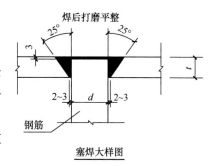

图 3.1.1-18 塞焊大样图

d. 严禁在构件上随意引弧，临时支撑清除后，须对焊接部位打磨处理，避免打磨过度而伤及母材；

e. 定位焊缝尺寸和间距的推荐尺寸需满足如表 3.1.1-3 所示的要求。

f. 预热要求：

（a）厚度 $\geqslant 40\text{mm}$ 的钢板，焊接前需进行预热，预热温度如下：

$60 \geqslant t > 40$	预热温度 80～100℃
$80 \geqslant t > 60$	预热温度 100～120℃
$t > 80$	预热温度 140～160℃

（b）预热区域在焊缝两侧，每侧宽度均应大于焊件厚度的 2 倍且不应小于 100mm。预热温度的测量应在距焊道 50mm 处进行。

g. 引弧板：

T 形接头、对接接头、十字接头应按要求加设引弧板。

h. 外露焊缝位置不允许加设垫板焊接。如需加设，应在焊后刨除。

4）箱体的加工制作

① 隔板的组立及坡口加工：

a. 电渣焊隔板的坡口加工：在坡口加工前，检查零件工程属性及尺寸，合格后采用火焰切割机进行坡口，坡口形式如图 3.1.1-19 所示。

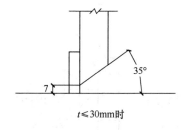

$t \leqslant 30\text{mm}$ 时

图 3.1.1-19 电渣焊隔板坡口形式

b. 坡口加工完毕并检查合格后，开始组装电渣焊隔板并进行定位焊接，定位焊焊缝长度为 40mm，间距为 450mm，焊脚高度为 7mm。

② 箱体腹板的坡口加工：

在箱体组立前，按图纸要求的坡口形式，采用半自动火焰切割机对翼板、腹板进行坡口加工，坡口形式如图 3.1.1-20 所示。

以下翼板为组立基准，组立前，在翼板上划好端铣位置线（柱顶预留 5mm 端铣余量）、中心线、腹板位置线、隔板位置线。其中隔板位置线，应延伸至板厚位置，便于后期寻找端头制作基准和进行电渣焊孔位置画线（图 3.1.1-21）。

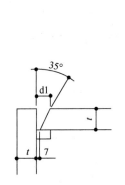

图 3.1.1-20　箱体腹板坡口形式

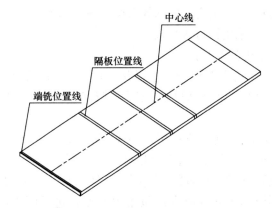

图 3.1.1-21　组立基准线划线定位

③ 箱体组立流程

a. 在开好坡口的腹板上装配焊接衬板。

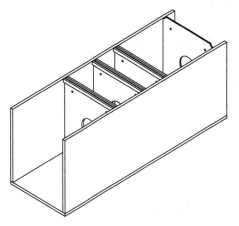

图 3.1.1-22　成形样式

b. 以下翼板为基准装配内隔板。

c. 进行 U 型组立，装配两侧腹板。尺寸合格后对内部焊缝进行焊接，UT 检测合格后，进行隐蔽检查（图 3.1.1-22）。

d. 装配上翼板，高度方向预留 3～5mm 焊接收缩余量。装配柱顶夹板条并焊接，装配大样如图 3.1.1-23 所示。箱体端头未有工艺隔板及封板，为保证截面尺寸精度，应加设临时支撑，防止焊缝变形。

④ 箱体的焊接

a. 箱体主焊缝焊接。

检查前道工序，合格后对箱体主焊缝进行

气保焊打底焊接及埋弧焊焊接，如图 3.1.1-24 所示。

施焊前按工艺要求对主材进行预热。如中途停止施焊，应加设保温棉保温。焊道温度降至预热温度之下时，应按要求重新预热。

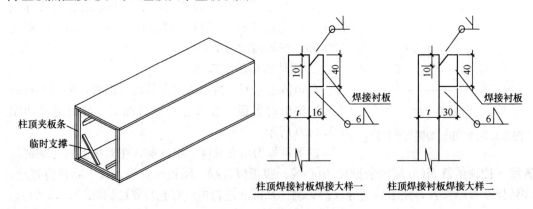

图 3.1.1-23　装配大样

b. 电渣焊的焊接。

箱体主焊缝焊接完毕后，转电渣焊工序进行钻孔（电渣焊孔及透气孔）及电渣焊焊接。

为保证外观，电渣焊完毕后，进行埋弧焊。

⑤ 柱顶端铣

a. 铣削前的箱体须经弯扭矫正合格（图3.1.1-25）。

b. 检查合格后，对箱型柱上端面进行铣削加工，粗糙度要求 12.5，垂直度要求 0.5mm。

c. 铣削完毕后，对铣平端面垂直度利用大角尺进行检测，同时对铣削范围利用直尺检测。

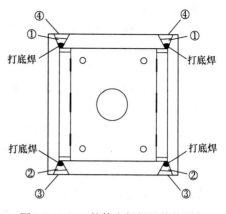

图 3.1.1-24　箱体主焊焊缝焊接顺序

5）整体装配

① 根据构件结构形式，搭设适宜构件整拼的组装平台（胎架）。为保证构件精度，组装平台的表面应平整，平整度控制在±2mm。调整设备采用水准仪。

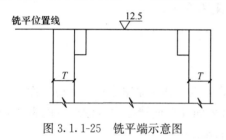

图 3.1.1-25　铣平端示意图

② 单板预先装配

a. 以单板（牛腿板）本体上端面为基准，划出水平隔板及竖向隔板位置线。

b. 装配水平加劲板及竖向加劲板，尺寸合格并垂直后进行定位焊。

c. 采用气体保护焊进行加劲板焊接。焊接方式采用横焊，从中间往两侧多层多道焊接。

d. 单板（牛腿板）矫正合格后方可进行整体拼接（图 3.1.1-26）。

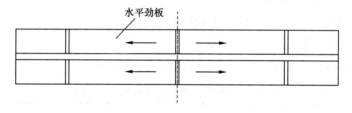

图 3.1.1-26　单板（牛腿板）预先装配

③ 整体拼装

a. 将箱体及单板（牛腿板）按图纸尺寸要求放置于胎架上，确定尺寸合格后进行定位焊。其中每道主体焊缝间加设 2～3mm 余量。

b. 整体焊接，焊缝采用多层多道焊。

c. 整体进行校正，合格安装其他配件。

④ 现场坡口

a. 在单板安装完毕后，箱体两侧存在无法半自动切割现场坡口的情况，要求箱体现场坡口必须按照端头大样要求预先开设。

b. 单板（牛腿板）现场坡口，在预加焊接收缩余量、矫正余量的情况，预先开设现场坡口和施焊坡口。宽度方向每道主体焊缝加设 2～3mm 余量，高度方向加设 2～3mm

焊接和矫正余量。

注：单板（牛腿板）下料时主体宽度和高度各加设了 5mm 余量。

6）注意事项

① 柱子制作时，以负公差进行验收，偏差范围为 $-3\sim0$mm。

② 整体装配时，应以铣平面为基准，确保证柱顶端面平齐。打磨应平滑过渡，避免打磨过多伤及母材。

③ 吊运时，挂钩不直接夹在母材，避免出现夹痕，伤及母材。

④ 柱底现场坡口加工时，将火焰调整合适，轨道线画好并安装好轨道后，方可加工，避免出现割痕。如出现割横，深度小于 1mm 以下采用打磨平滑过渡，大于 1mm 禁止自行补焊，由工艺人员确定整修方案。

⑤ 整体拼装时，应注意焊接变形的控制。避免出现鼓包、小波浪变形，致使现场拼装时错边。同时应注意焊接收缩余量的加放，保证宽度方向尺寸精度。

⑥ 构件发现场前，应将箱体内杂物清除。同时将钢板表面割渣，毛刺、油污清除干净。

⑦ 翻身时，底板应加设枕木，避免碰伤母材和碰坏栓钉。

7）工程中箱型柱的无损探伤要求：

所有熔透焊缝进行 100％UT 探伤。

8）钢构件的除锈及涂装要求：

钢结构表面采用抛丸（喷砂）除锈处理，除锈等级应达到《涂覆涂料前钢材表面处理 表面清洁度的目视评定 第 1 部分：未涂覆过的钢材表面和全面清除原有涂层后的钢材表面的锈蚀等级和处理等级》GB/T 8923.1-2011 中的规定。

其中非涂装面（埋入混凝土部位）要求表面不得存在可见油脂，无附着不牢的氧化皮、铁锈、涂料涂层及其他杂物。

（3）方管二次加工柱加工基本流程及检验要求

1）方矩形钢管二次切割、坡口检验

方矩形钢管二次切割、坡口检验标准如表 3.1.1-4 所示。

方矩形钢管切割、坡口的允许偏差（mm）　　　　表 3.1.1-4

项目	允许偏差	备注	测量方法
长度	±2.0	自检比例 100％	钢卷尺
切割面与柱段的垂直度	±2.0	自检比例 100％	钢卷尺、钢角尺
切割面表面质量	表面打磨平整，无大于 1mm 的凹坑	自检比例 100％	目测
坡口角度大小	±5°	自检比例 100％	模板
坡口钝边	±1	自检比例 100％	目测

2）衬条组装、外隔板组装及焊接

① 如采用工装对衬条及外隔板组装，首先应按工艺文件对工装的精度要求进行检查，其次对所组装的部件在巡查时进行抽查。衬条及外隔板组装的允许偏差如表 3.1.1-5 所示。

衬条及外隔板组装允许偏差（mm）　　　　　　　　　表 3.1.1-5

项目	允许偏差	备注
外隔板组装间距	±2.0	测量四个面的偏差，只允许偏差都为正或都为负，余量按工艺要求放
外隔板与柱段的垂直度	±1.0	余量按工艺要求放
组装后部件总长	±2.0	余量按工艺要求放

② 焊缝质量检验。

外隔板与柱连接的焊缝外观质量应至少符合二级焊缝的要求，其内部质量应进行 100％的超声波探伤，其结果应至少符合 GB 11345—2013 B Ⅲ级要求。

3）柱段总组装

柱段总组装后的外形尺寸应符合如表 3.1.1-6 所示的要求。

柱段总组装后的外形尺寸（mm）　　　　　　　　　表 3.1.1-6

项目	允许偏差	备注
组装后柱段总长	±3.0	抽查 10％，余量按工艺要求放
楼层间距离的偏差	±3.0	抽查 10％，余量按工艺要求放
组装后柱扭曲	$h/250$ 且不大于 5.0	抽查 10％，余量按工艺要求放
组装后柱弯曲	$H/1500$ 且不大于 5.0	抽查 10％，余量按工艺要求放

4）柱段总装后焊接检验

① 焊接检验

外隔板与柱连接的焊缝外观质量应至少符合二级焊缝的要求，其内部质量应进行 100％的超声波探伤，其结果应至少符合 GB 11345—2013 B Ⅲ级要求。

② 外形尺寸检验如表 3.1.1-7 所示。

柱段总装焊后检验　　　　　　　　　表 3.1.1-7

项目	允许偏差	备注	程度
总装后柱扭曲	$h/250$ 且不大于 5.0	目测，焊后应进行 100％检验	重要
总装后柱弯曲	$H/1500$ 且不大于 5.0	目测，焊后应进行 100％检验	重要

③ 柱段焊后端铣后检验如表 3.1.1-8 所示。

端铣后检验　　　　　　　　　表 3.1.1-8

项目	允许偏差	备注
铣平面对轴线的垂直度	1/1500	重要
外观	—	目测平面度
总长测量	±3.0	100％测量
柱下端衬条伸出长度	±2.0	10％目测

④ 连接板检验，如表 3.1.1-9 所示。

连接板检验　　　　　　　　　表 3.1.1-9

项目	允许偏差	检验方法
连接板最上端的安装孔与楼层梁面（柱上外隔板上面）的距离	±1.5	全检，用钢卷尺测量

续表

项目	允许偏差	检验方法
连接板与柱中心线距离的偏差	±2.0	全检，用钢卷尺测量
连接板与柱身的垂直度	1.5	目测
连接板端孔到柱轴线的距离	±3.0	用钢尺测量端孔到柱边距离加柱此处截面偏差的一半。挑一个节点，测量所有连接板孔位置，其余目测

5）柱底板组装、柱底加劲板组装、焊接

柱底板组装、柱底加劲板组装位置尺寸允许偏差如表 3.1.1-10 所示。

柱底板组装、柱底加劲板尺寸允许偏差（mm）　　　表 3.1.1-10

项目	允许偏差	备注
组装后柱总长	±3.0	100%测量，余量按工艺放
柱底板与柱的垂直度	$H/250$ 且≤5.0	抽检 70%
柱底孔中心线与柱轴线的偏差	3.0	同一规格抽检 70%
柱底加劲板与柱轴线距离的偏差	2.0	自检，检验员目测

（4）钢板墙、剪力墙加工基本流程

以一箱型剪力墙为例，其加工流程如下。

1）材料选用

① 钢材材质

工程所用材质以深化图纸为准。

② 焊接材料

根据焊原材选用使用的焊接材料及焊剂等。

2）下料、坡口加工要求

① 加工余量

a. 箱型剪力墙主材翼板、腹板采用直条火焰切割下料，长度方向加设 9mm 余量（图 3.1.1-27），宽度方向不加设余量（柱顶＋5 端铣余量、＋4 焊接收缩及矫正余量，共＋9）。

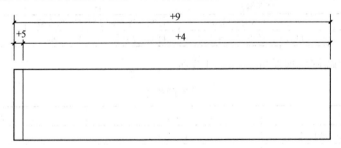

图 3.1.1-27　加工余量

b. 箱型剪力墙内隔板、牛腿配件等零件采用数控切割下料。

c. 异型板件采用数控下料，深化按工艺加设制作余量，余量在深化零件图中体现。

② 套料要求

a. 拼接长度

翼板、腹板的最小对接长度应在 600mm 以上，同一零件中接头的数量不超过 2 个。首批构件尽量不出现套料拼接缝。

b. 拼接位置

箱型剪力墙主材因原材料板尺寸限制无法整体下料时，仅允许在高度方向进行拼接，宽度方向不允许拼接套料（即与高度平行方向不允许出现图纸以外的钢板拼接缝）。同时，拼接焊缝之间应错开 500mm 以上，以内部加劲板、牛腿位置错开 200mm 以上。

③ 切割下料

a. 零件切割下料后，应将割渣去除，切割面质量要求如表 3.1.1-2 所示。

b. 对于尺寸超差的部件，采取有效措施进行修正或矫正，在质量人员确定合格后方可转下一工序。

④ 孔的加工

吊装耳板的螺栓连接孔采用数控钻床进行钻孔。

主体表面泄水孔采用磁力座进行钻孔，禁止采用手工火焰开孔。

柱顶封板及内隔板上的透气孔，由班组加工合格后，转装配工序制作（图 3.1.1-28）。

⑤ 坡口加工

a. 零件图中注明需机械（铣切）加工，采用坡口铣边机进行下料。未有此要求的采用半自动火焰切割下料。

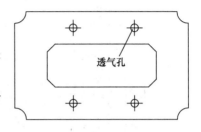

图 3.1.1-28 孔的加工

b. 切割坡口质量要求如表 3.1.1-2。对于坡口面割痕或缺口尺寸超标位置，采用打磨的方式进行平滑过渡，未经允许不许随意补焊。

⑥ 钢板对接

a. 钢板对接焊缝为全熔透一级焊缝。对接焊缝余高应控制在 3mm 以内。

b. 对接焊缝依据焊缝标识及工艺要求进行坡口加工，坡口形式如图 3.1.1-29 所示。

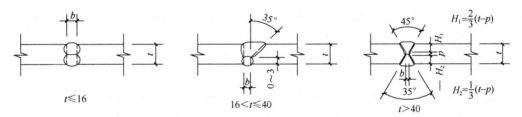

备注：$b=0\sim2$、$p=2\sim4$，均采用背面清根的方式焊接。

图 3.1.1-29 钢板对接坡口形式

c. 对接焊缝采用气保焊打底，清根后采用埋弧焊进行中间层焊接和盖面，保证焊缝成型外观质量。

d. 钢板对接时，按要求加设引弧板，气保焊引弧长度不小于 30mm，埋弧焊不小于 50mm。

e. 引弧板采用火焰切割下料，预留 3mm 余量打磨处理，禁止采用锤击的方式。

3）箱型剪力墙构件制作流程（图 3.1.1-30）。

4）箱型剪力墙的整体制作方案

① 拆分、制作方式

为方便剪力墙主体焊缝的施焊和便于结构拆分使部分区域能上流水线组焊，减轻人工组立、焊接工作量，提高制作速率，将剪力墙中间主体翼板伸出，对腹板进行了分段，使

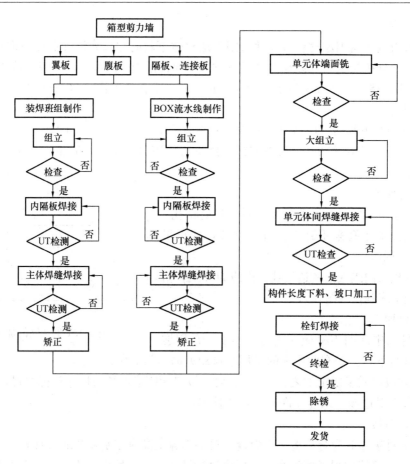

图 3.1.1-30　剪力墙构件制作流程

剪力墙拆分为几个独立箱体和板件拼接的单元体。采用箱体流水线制作，然后转班组整体拼装的方式进行剪力墙的加工，如图 3.1.1-31 所示。

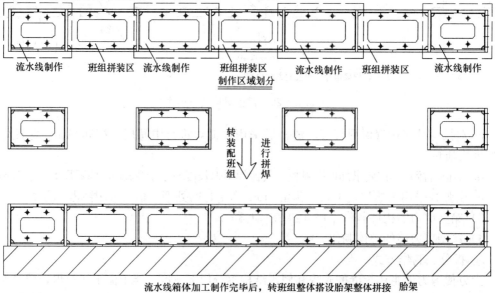

图 3.1.1-31　箱型剪力墙主体施焊方式示意图

② 具体制作区域划分示意图

剪力墙施焊区域有不同结构类型，制作区域划分如图 3.1.1-32 所示；其中深化根据区域划分情况，对流水线的制作位置出具箱体组立图。

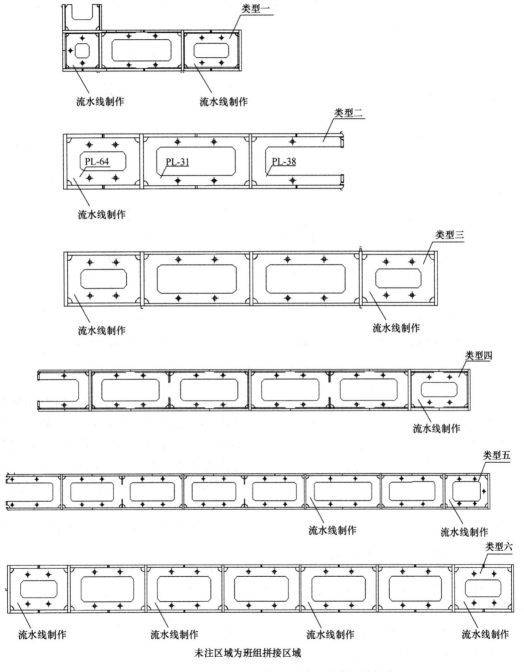

图 3.1.1-32　箱型剪力墙施焊不同类型制作区域划分

5）剪力墙的焊缝要求

剪力墙的焊缝要求较高，除牛腿翼板上的现场安装连接板为角焊缝外，其余位置均为全熔透焊缝。其中剪力墙主体焊缝为丁字接头，易发生层状撕裂，为加工制作难点，班组应严格按照工艺要求开设坡口进行焊接。具体焊缝要求如下：

① 焊缝形式

剪力墙面板（箱体）主体焊缝全熔透焊缝，并为丁字接头，要严格按规定坡口形式施焊，防止层状撕裂坡口。坡口形式如图 3.1.1-33 所示。

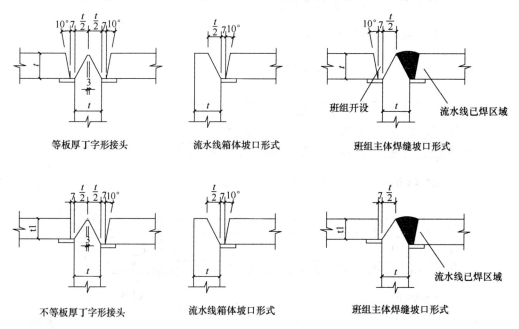

图 3.1.1-33 丁字形接头坡口形式

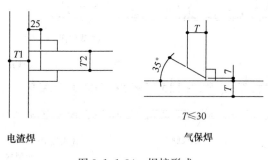

图 3.1.1-34 焊接形式

a. 该典型箱型剪力墙结构内部所有隔板为构造隔板，要求四面全熔透。其中两侧箱体截面较小，人孔宽度较小，内部隔板采用电渣焊加气体保护焊形式，其余位置采用四面气体保护焊接。坡口形式如图 3.1.1-34 所示。

柱顶封板也为受力型构造隔板，四面熔透。

b. 牛腿主体焊缝为全熔透焊缝。

牛腿主体翼板及腹板与剪力墙之间的焊缝为全熔透焊缝；坡口形式如图 3.1.1-35 所示。

② 劲板"板①"的焊缝坡口形式如图 3.1.1-36 所示。

③ 栓钉采用栓钉机焊接。

常规焊缝要求。

a. 所有角焊缝焊脚尺寸以深化图标识的焊脚高度为准，仅在焊脚高度未说明的情况下焊脚尺寸为 0.8t。

b. 对接焊缝、角接焊缝的焊缝余高应控制在 3mm 以内，焊缝渐进过渡至母材。

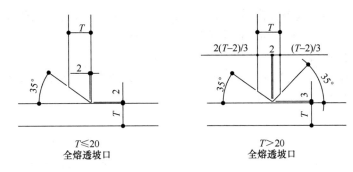

图 3.1.1-35 牛腿主体翼板及腹板与剪力墙坡口形式

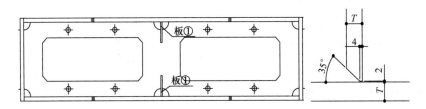

图 3.1.1-36 劲板的焊缝坡口形式

c. 严禁在构件上随意引弧，临时支撑清除后，须对焊接部位打磨处理，避免打磨过度而伤及母材。

（a）定位焊：

定位焊缝尺寸和间距的推荐尺寸需满足如表 3.1.1-3 所示的要求。

（b）预热：

厚度≥40mm 的钢板，焊接前需进行预热，预热温度如下：

60≥t>40   预热温度 80～100℃

80≥t>60   预热温度 100～120℃

t>80   预热温度 140～160℃

预热区。

预热区域在焊缝两侧，每侧宽度均应大于焊件厚度的 2 倍且不应小于 100mm。预热温度的测量应在距焊道 50mm 处进行。

（c）引弧板

T 形接头、对接接头、十字接头应按要求加设引弧板。

（d）垫板事宜

外露焊缝位置不允许加设垫板焊接。如需加设，应在焊后刨除。

6）箱体的加工制作

拆分的箱体由深化出流水线组立图，流水线组焊合格后转班组制作。此部分以有电渣焊的箱体为例，未采用电渣焊的箱体，钻入箱体内部采用气体保护焊焊接或者塞焊焊接。

① 隔板的组立及坡口加工

a. 电渣焊隔板的坡口加工：在坡口加工前，检查零件工程属性及尺寸，合格后采用火焰切割机进行坡口，坡口形式如图 3.1.1-37 所示。

b. 坡口加工完毕并检查合格后，开始组装电渣焊隔板并进行定位焊接，定位焊焊缝（b）长度为 40mm，间距为 450mm，焊脚高度为 7mm。

② 箱体腹板的坡口加工

在箱体组立前，按图纸要求的坡口形式，采用半自动火焰切割机对翼板、腹板进行坡口加工，坡口形式如图 3.1.1-38 所示。

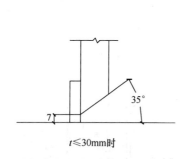

图 3.1.1-37　电渣焊隔板的坡口形式

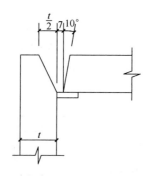

图 3.1.1-38　箱体腹板的坡口形式

③ 画线

以下翼板为组立基准，组立前，在翼板上划好端铣位置线（柱顶预留 5mm 端铣余量）、中心线、腹板位置线、隔板位置线。其中隔板位置线，应延伸至板厚位置，便于后期寻找端头制作基准和进行电渣焊孔位置画线（图 3.1.1-39）。

④ 箱体组立流程

a. 在开好坡口的腹板上装配焊接衬板。

b. 以下翼板为基准装配内隔板（为保证柱顶平面，端头封板由制作工序人员组立）。

c. 进行 U 形组立，装配两侧腹板（图 3.1.1-40）。尺寸合格后对内部焊缝进行焊接，UT 检测合格后，报监理隐蔽检查。

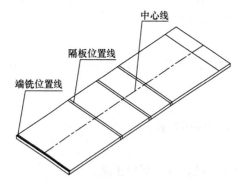

图 3.1.1-39　组立基准线画线定位

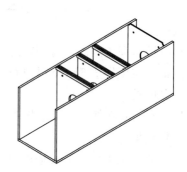

图 3.1.1-40　U 型组立样式

d. 装配上翼板，高度方向预留 6mm 焊接收缩余量。端头未有工艺隔板及封板，为保证截面尺寸精度，应加设临时支撑，焊缝焊接变形（图 3.1.1-41）。

⑤ 箱体的焊接

a. 箱体主焊缝焊接。

66

检查箱体拼装尺寸，其中箱体截面高度加设 6mm 收缩余量，合格后对箱体主焊缝进行气保焊打底焊接及埋弧焊焊接，焊接顺序如图 3.1.1-42 所示。焊前应按工艺要求对主材进行预热，焊后采用保温棉进行保温。

施焊前班组应工艺要求对主材进行预热。如中途停止施焊，焊道温度降至预热温度之下时，应按要求重新预热。

b. 电渣焊的焊接。

箱体主焊缝焊接完毕后，转电渣焊工序进行钻孔（电渣焊孔及透气孔）及电渣焊焊接。

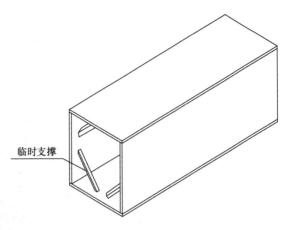

图 3.1.1-41　加设临时支撑位置

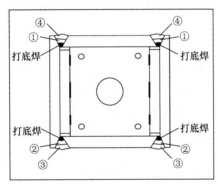

图 3.1.1-42　箱体焊接顺序及焊后保温示意图

为保证外观，电渣焊完毕后，进行埋弧焊。

⑥ 柱顶端铣

a. 铣削前的箱体须经弯扭矫正合格（图 3.1.1-43）。

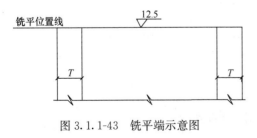

图 3.1.1-43　铣平端示意图

b. 检查合格后，对箱型柱上端面进行铣削加工，粗糙度要求 12.5，垂直度要求 0.5mm。

c. 铣削完毕后，对铣平端面垂直度利用大角尺进行检测，同时对铣削范围利用直尺检测。

7）整体装配

① 根据构件结构形式，搭设适宜构件整拼的组装平台（胎架）。为保证构件精度，组装平台的表面应平整，平整度控制在±2mm。调整设备采用水准仪。完毕后在胎架上划出构件整体拼装位置线，两箱体间加设 5mm 收缩余量。

② 若端铣设备加工能力有限，剪力墙柱不能整体端铣。采用柱顶封板先不装，箱体、和散件单元板先铣平，然后以铣平面为基准进行装配，最后装焊封板，将焊缝打磨平整的

方式来保证整体平面精度的制作方式。

因此在整体拼装前，先装主材板转入端铣班组进行端面铣平，为保证精度，应先划出铣平基准线（图 3.1.1-44）。

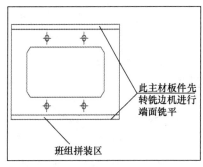

图 3.1.1-44　整体装配前端面铣平示意图

类型一结构形式截面宽度为 3700mm 左右，在设备加工极限左右，如确定能加工后，此类型采用整体端铣的方式。

③ 整体拼接。

a. 在胎架上画出箱体装配位置线，位置线间应加设焊接收缩余量，保证宽度尺寸精度（图 3.1.1-45）。

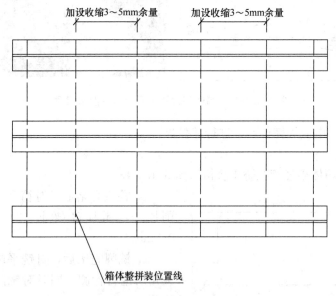

图 3.1.1-45　箱体整体拼装

b. 箱体与面板 U 型装配，核查面板平面度，平面检查采用拉线的方式，如图 3.1.1-46所示，在确定面板对接无错边后，进行定位焊；装配内隔板。进行内隔板焊接时，未装面板侧应加设临时支撑进行约束，减少焊接变形。盖板前隐蔽检查。

c. 装配上侧面板。确定尺寸合格，上表面平齐，无错边后，进行定位焊（图3.1.1-47）。

d. 对主体焊缝进行气体保护焊打底。焊前应要求进行预热。打底从中间往两侧进行焊接（图 3.1.1-48）。

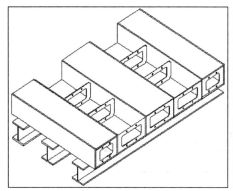

图 3.1.1-46 拉线检查平面度

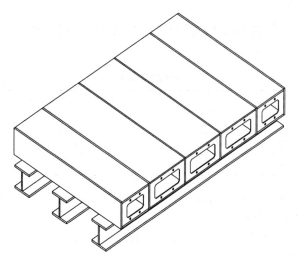

图 3.1.1-47 完成后样式

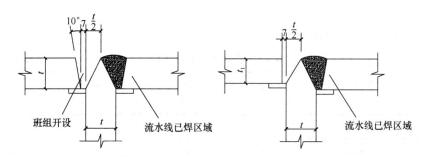

图 3.1.1-48 节点样式

e. 钻入箱体，焊接内隔板。

f. 采用小车埋弧焊，进行主体焊缝的施焊。施焊时，应注意层间温度的控制。施焊时，采用从中间到两边，两人对称施焊的方式。避免一侧焊缝直接焊接到底。尽量多次翻身，在焊接到 1/2 焊道时，翻身焊另一侧。

g. 对柱顶焊缝进行打磨，打磨时应注意控制磨削量，避免打磨过渡。

h. 按端头大样要求进行柱底下料。

i. 画栓钉位置线，进行栓钉焊接。

8）箱型剪力墙的焊接

① 焊工

从事焊接施工的焊工根据其从事的焊接方法取得专门的焊工证者，如表 3.1.1-11 所示。

焊接作业人员要求　　　　　　　　　　　　　　　　表 3.1.1-11

焊接方法	资　格
实心焊丝气体保护焊 GMAW	有从专有的焊工证人员
埋弧焊 SAW	

② 预热、保温

a. 焊接区域应根据钢材的材质以及板厚进行预热，预热温度应符合如表 3.1.1-12 所示的规定。

预热温度要求　　　　　　　　　　　　　　　　　　表 3.1.1-12

钢材种类	焊接方法	连接处较厚的板厚（mm）				
		$t<25$	$25{\leqslant}t<40$	$40<t{\leqslant}60$	$60<t{\leqslant}80$	$80<t$
Q345B	GMAW	不预热	60℃	80℃	100℃	140℃
Q345B-Z25	SAW	不预热	60℃	80℃	100℃	140℃

b. 当板厚大于 40mm 时应进行保温处理（具体参照焊接工艺评定试验，如无预热保温要求时，可不预热和保温）。

c. 层间温度控制：层间温度应控制在最低预热值至 250℃。

③ 焊接工艺参数

焊接时应根据焊接工艺评定确认的焊接方法、焊接材料以及焊接位置选择相应的焊接参数。

GMAW 焊接工艺参数范围，如表 3.1.1-13 所示。

GMAW 焊接工艺参数范围　　　　　　　　　　　　表 3.1.1-13

焊接位置	焊丝直径（mm）	焊接电流（A）	电弧电压（V）	焊接速度（cm/min）	热输入（kJ/cm）
平焊	$\phi1.2$	280～320	28～36	25～45	8.2～34.6
横焊	$\phi1.2$	260～300	26～34	25～45	8.6～31.7

SAW 焊接工艺参数范围（焊丝直径 $\phi4.8$mm），如表 3.1.1-14 所示。

SAW 焊接工艺参数范围　　　　　　　　　　　　　表 3.1.1-14

腹板厚（mm）	焊接电流（A）	电弧电压（V）	焊接速度（cm/min）
25	650～700	34～38	30～60
28	700～750	34～38	27～50

腹板厚（mm）	焊接电流（A）	电弧电压（V）	焊接速度（cm/min）
32	700～750	34～38	27～45
36	700～750	36～40	27～40
40	750～800	36～40	25～35
50～100	750～800	36～40	25～35

④ 焊接工艺操作要求

a. 引弧板和引出板的规格。GMAW 厚度不应小于 6mm，长度不小于 60mm，引出长度不小于 25mm、SAW 厚度不应小于 10mm，长度不小于 150，引出长度不小于 100mm。

b. 在焊道中引熄弧时，引熄弧位置应错开 25mm 以上。引弧应采用回焊手法，熄弧应填满弧坑。

c. 焊接时应满足焊接要求中规定的焊缝尺寸要求，焊接时应采用多层多道焊接，严禁宽幅摆动焊接（摆幅宽度限制为 25mm）。

d. 盖面焊接时应充分填满弧坑、焊道（包括引、熄弧板部位）。

e. GMAW 焊接中的电弧终止处的焊坑，在重新起弧前清除焊渣等并确认焊缝无焊接缺陷。

f. 进行多层焊接时，须清除前一道焊缝的焊渣以及焊道内的飞溅、杂物后才能实施下道焊接。并可用捶击的方式减小焊接应力，但打底焊缝及盖面焊缝不可采用锤击。

g. 直线焊接时应注意保持焊接速度均匀，避免焊缝凹凸不平的发生。

h. 反面清根用碳弧气刨实施，碳刨深度要达到露出正面焊道良好的熔敷金属，清根深度尽可能和宽度相近。气刨清根后应清理熔渣并用砂轮打磨修整坡口符合施焊要求。

i. 焊接完成后，焊接部分的焊渣用铲刀或凿子清除，周边的飞溅用铲刀或打磨清除，高强度螺栓摩擦面和需涂刷油漆的表面的飞溅要彻底清理干净。

⑤ 控制焊接变形及焊接残余应力的工艺措施

a. 减小焊缝尺寸。

采用窄间隙焊接，减少焊接热输入量，进行相应的窄间隙焊接工艺评定。

b. 采取合理的焊接顺序。

在焊缝较多的组装条件下，应根据构件形状和焊缝的布置，采取先焊收缩量较大的焊缝，后焊收缩量较小的焊缝；先焊拘束度较大而不能自由收缩的焊缝，后焊拘束度较小而能自由收缩的焊缝的原则。

c. 对构件进行分解施工。

对于大型结构宜采取分部组装焊接，结构各部分分别施工、焊接，矫正合格后总装焊接，具体如下：

（a）对构件施工区域进行划分，按焊接变形大小逐区焊接，每个区域内焊接应力方向单一，降低了焊件刚度，创造了自由收缩的条件。

（b）由于施工区域的缩小，扩大了焊工施焊空间，可以较大范围采用双面坡口，减少了焊缝熔敷金属的填入，进而降低了焊接热输入总量，有利于构件焊接变形矫正与应力释放，各部件总装时，焊接方向单一，自由收缩条件良好，有利于应力控制。

⑥控制层状撕裂产生的工艺措施

层状撕裂是一种不同于一般热裂纹和冷裂纹的特殊裂纹，一般产生于 T 形和十字形角焊接头的热影响区轧层中，有的起源于焊根裂纹，有的起源于板厚中心。在实际制作过程中可以通过以下几方面的措施来控制层状撕裂的出现。

a. 控制焊接拘束度。

（a）火焰切割后进行切割断面粗糙度检查，并对表面硬化组织进行打磨。

（b）提高坡口面的加工精度，并通过打磨处理消除材料表面的微小应力集中点和硬化组织，从根本上杜绝层状撕裂出现的充分条件。

（c）合理改善焊接接头的结构形式，通过坡口形式或连接方式的改善来减少厚度方向的收缩应力。

b. 采用特殊的焊接工艺。

（a）采用合理科学的焊接顺序，尽量减少焊接应力。

（b）预热和保温，尽量减少和释放应力。

（c）提高预热温度，以降低冷却速度，改善接头区组织韧性，但采用的预热温度较高时易使收缩应变增大，在防止层状撕裂的措施中只能作为次要的方法。

（d）采用低强度匹配的焊接材料，使焊缝金属具有低屈服点、高延性。

9）注意事项

① 柱子制作时，以负公差进行验收，偏差范围为 $-3mm \sim 0mm$。

② 整体装配时，应以铣平面为基准，确保柱顶端面平齐。打磨应平滑过渡，避免打磨过多伤及母材。

③ 吊运时，挂钩不要直接夹在母材，避免出现夹痕，伤及母材。

④ 柱底现场坡口加工时，将火焰调整合适，轨道线画好并安装好轨道后，方可加工，避免出现割痕。如出现割横，深度小于 1mm 以下采用打磨平滑过渡，大于 1mm 禁止自行补焊，由工艺人员确定整修方案。

⑤ 整体拼装时，应注意焊接变形的控制。避免出现鼓包、小波浪变形，致使现场拼装时错边。同时应注意焊接收缩余量的加放，保证宽度方向尺寸精度。

⑥ 对于丁字形接头，班组应严格按照工艺要求开设坡口，预热，多层多道焊接，防止层状撕裂。

⑦ 构件发现场前，应将箱体内杂物清除。同时将钢板表面割渣，毛刺、油污清除干净。

⑧ 翻身时，底板应加设枕木，避免碰伤母材和碰坏栓钉。

10）无损探伤要求

所有熔透焊缝进行 100％UT 探伤。

11）钢构件的除锈及涂装要求

钢结构构件应进行抛丸（喷砂）除锈处理，修补时可采用手工机械除锈，除锈等级应达到《涂装前钢材表面锈蚀等级和除锈等级》GB 8923.1—2011 中的 Sa2.5 级或者及时要求。

其中非涂装面（埋入混凝土部位）要求表面不得存在可见油脂，无附着不牢的氧化皮、铁锈、涂料涂层及其他杂物。

（5）钢梯加工流程

1）材料选用

① 钢材材质

工程所用材质以深化图纸为准。

② 焊接材料

根据焊原材选用使用的焊接材料及焊剂等。

2）下料、坡口加工要求

① 加工余量

a. 翼板采用直条切割下料，在现场拼接端长度方向加放 30mm 余量，有折弯要求的翼板要求深化在零件图体现此余量。

b. 腹板采用数控切割机下料，在现场拼接端长度方向加放 30mm 余量，异形腹板余量加放要求在深化零件图中体现。

② 套料要求

a. 箱体。翼板拼接长度不应小于 2 倍板宽，腹板拼接长度应在 600mm 以上，翼板、腹板对接焊缝位置应错开 500mm 以上并且应与加劲板错开 200mm 以上。

b. H 型钢。翼板对接长度应不小于翼板宽的 2 倍且不小于 600mm，腹板的最小长度应在 600mm 以上，翼板拼接焊缝与腹板拼接焊缝需错开 200mm 以上，且翼板、腹板的拼接焊缝应与加劲板错开 200mm 以上。

③ 坡口加工

箱型构件主体焊缝坡口采用半自动火焰切割机进行加工（坡口大小参见本工艺中的"焊缝要求"），坡口加工完毕后，必须对坡口面及附近 50mm 范围进行打磨，清除氧化渣及氧化皮等杂物。

3）楼梯踏步板、平台、箱体焊缝、H 型钢焊缝要求

① 楼梯箱体的焊缝要求

a. 对接焊缝为全熔透一级焊缝。

b. 箱体主体焊缝为全熔透焊缝，主体焊缝采用药芯焊丝进行盖面，焊后进行 100％UT 探伤，坡口形式如图 3.1.1-49 所示。

c. 箱体内隔板与箱体之间为三面角焊缝，与上翼板不焊。

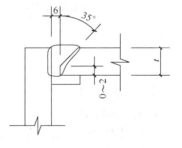

图 3.1.1-49 坡口形式

d. 连接耳板与箱体的焊缝为双面角焊缝。

② 楼梯形 H 型钢的焊缝要求

a. 楼梯形 H 型钢主体焊缝为角焊缝。

b. 加劲板与 H 型钢的焊缝为角焊缝。

③ 楼梯踏步的焊缝要求（图 3.1.1-50）

a. 楼梯三角板与楼梯踏步板为双面角焊缝，焊脚高度为 8mm。

b. 圆钢与楼梯踏步板间为断续焊，焊 20mm 断 200mm。

c. 楼梯踏步板之间的焊缝为角焊缝，反面满焊，正面间断角焊缝，焊 50mm 间断 200mm，焊脚高度为 8mm。

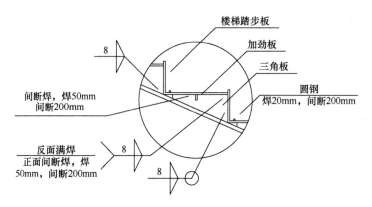

图 3.1.1-50　楼梯踏步焊缝节点样式

d. 楼梯踏步板背面加劲板与踏步板之间的焊缝为双面间断角焊缝，焊 50mm 间断 200mm，焊脚高度为 6mm。

e. 踏步板与箱体的焊缝为双面角焊缝，焊脚高度为 8mm。

④ 楼梯平台的焊缝要求

平台背面加劲板与平台板之间的焊缝为双面间断角焊缝，焊 50mm 间断 200mm，焊脚高度为 6mm（图 3.1.1-51）。

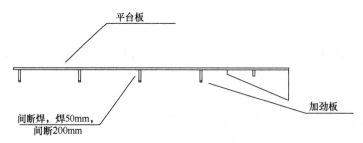

图 3.1.1-51　平台加劲板样式

注：未注明焊脚高度为 0.8T。

⑤ 楼梯的装配

a. 箱体的装配

（a）根据构件结构形式，按照图纸要求，在组装平台上放地样线，根据地样线，采用 H 型钢搭设胎架，如图 3.1.1-52 所示。

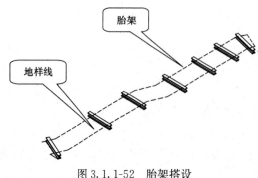

图 3.1.1-52　胎架搭设

（b）在箱体主材翼板及腹板上画出隔板位置线、中心线、腹板位置线等其他装配线。

（c）将下腹板吊至胎架平台上，使腹板边沿与地样线重合，如图 3.1.1-53 所示。

（d）装配内隔板，使内隔板与隔板位置线重合，确定垂直后进行定位焊接，如图 3.1.1-54 所示。

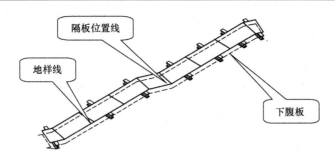

图 3.1.1-53　隔板位置

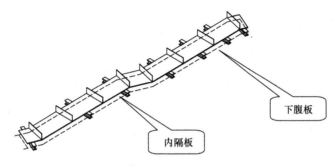

图 3.1.1-54　放置内隔板

（e）装配下翼板，时腹板与下翼板上所划得腹板位置线重合，确定垂直后进行定位焊接，焊接内隔板与腹板及下翼板间焊缝，如图 3.1.1-55 所示。

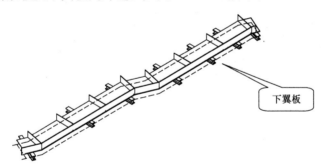

图 3.1.1-55　放置下翼板

（f）装配另一侧腹板，确保所画腹板位置线与腹板边沿重合且确认尺寸合格后进行定位焊，然后焊接内隔板与上腹板之间的焊缝，注意隐蔽报检，如图 3.1.1-56 所示。

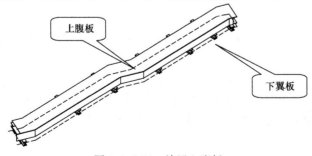

图 3.1.1-56　放置上腹板

（g）装配上翼板（上翼板与内隔板的焊缝不焊），确定尺寸合格后，进行定位焊。最后进行主焊缝焊接，主体焊缝采用药芯焊丝进行盖面，如图 3.1.1-57 所示。

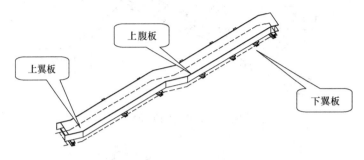

图 3.1.1-57　放置上翼板

b. 楼梯的整体装配

（a）根据构件图，放地样线，搭设胎架进行整体拼装。首先将箱体在胎架上进行拼装，检查尺寸合格后进行点焊固定。为了减小楼梯的变形，班组应在箱体之间架设支撑，每段楼梯至少 3 处，如图 3.1.1-58 所示。

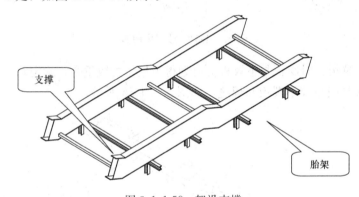

图 3.1.1-58　架设支撑

（b）根据构件图依次装配楼梯踏步板、平台板、圆钢、加劲板等附件，然后进行焊接。

3.1.2　装配式钢结构建筑构件车间生产技术工艺

1. 深化设计

深化设计是以建筑设计和结构设计施工图为依据，向建筑施工制造加工单位提供用于加工和安装施工的图纸资料。钢结构制作企业在接到项目后的第一要务就是通过 3D 实体建模进行深化设计。钢结构 BIM 三维实体建模出图进行深化设计的过程，其本质就是进行电脑预拼装、实现"所见即所得"的过程。首先，所有的杆件、节点连接、螺栓焊缝、混凝土梁柱等信息都通过三维实体建模进入整体模型，该三维实体模型与以后实际建造的建筑完全一致；其次，所有加工详图（包括布置图、构件图、零件图等）均是利用三视图原理投影生成，图纸中所有尺寸，包括杆件长度、断面尺寸、杆件相交角度等均是从三维实体模型上直接投影产生的。

（1）深化设计流程

　　三维实体建模出图进行深化设计的过程，基本可分为四个阶段，每一个深化设计阶段都将有人员参与实施过程控制，由校对人员审核通过后，公司总工进行批准后才能出图，并进行下一阶段的工作。

　　第一阶段，根据结构施工图建立轴线布置和搭建杆件实体模型。导入 AutoCAD 中的单线布置，并进行相应的校核和检查，保证两套软件设计出来的构件数据理论上完全吻合，从而确保了构件定位和拼装的精度。创建轴线系统及创建、选定工程中所要用到的截面类型、几何参数。

　　第二阶段，根据设计院图纸对模型中的杆件连接节点、构造、加工和安装工艺细节进行安装和处理。在整体模型建立后，需要对每个节点进行装配，结合工厂制作条件、运输条件，考虑现场拼装、安装方案及土建条件。

　　第三阶段，对搭建的模型进行"碰撞校核"，并由审核人员进行整体校核、审查。所有连接节点装配完成之后，运用"碰撞校核"功能进行所有细微的碰撞校核，以检查出设计人员在建模过程中的误差，这一功能执行后能自动列出所有结构上存在碰撞的情况，以便设计人员去核实更正，通过多次执行，最终消除一切详图的设计误差。

　　第四阶段，基于 3D 实体模型的设计出图。运用建模软件的图纸功能自动产生图纸，并对图纸进行必要的调整，同时产生供加工和安装的辅助数据（如材料清单、构件清单、油漆面积等）。节点装配完成之后，根据设计准则中编号原则对构件及节点进行编号，编号后就可以产生布置图、构件图、零件图等，并根据设计准则修改图纸类别、图幅大小、出图比例等。

　　所有加工详图（包括布置图、构件图、零件图等）均是利用三视图原理投影、剖面生成深化图纸，图纸上的所有尺寸，包括杆件长度、断面尺寸、杆件相交角度均是在杆件模型上直接投影产生的。由此完成的钢结构深化图在理论上是没有误差的，可以保证钢构件精度达到理想状态。

　　通过 3D 建模的前三个阶段，可以清楚地看到钢结构深化设计的过程就是参数化建模的过程，输入的参数作为函数自变量（包括杆件的尺寸、材质、坐标点、螺栓、焊缝形式、成本等）及通过一系列函数计算而成的信息和模型一起被存储起来，形成了模型数据库集，而第四个阶段正是通过数据库集的输出形成的结果。可视化的模型和可结构化的参数数据库，构成了钢结构 BIM，可以通过变更参数的方式方便地修改杆件的属性，也可以通过输出一系列标准格式（如 IFC、XML、IGS、DSTV 等），与其他专业的 BIM 进行协同，更为重要的是上述数据成为钢结构制作企业生产和管理的数据源，用于深化设计流程（图 3.1.2-1）。

　　（2）参数化节点建模

　　参数化设计包括参数化图元和参数化修改引擎，所有图元都是以构件的形式出现，这些构件之间的不同，是通过参数反映出来的，参数保存了图元作为数字化模型的所有信息。参数化模型由赋予模型的参数控制，不管通过什么方式，对参数进行修改，则共用此参数的模型或表均全部自动随之变动，人工参与大大提高了工作效率和工作质量。参数化设计的另一个重点就是数据，尤其是对项目做优化的时候，必须以数据作为优化的依据。

　　（3）图纸设计

　　深化设计图纸包括设计说明、布置图、构件图、零件图及各类清单。钢柱及钢梁构件

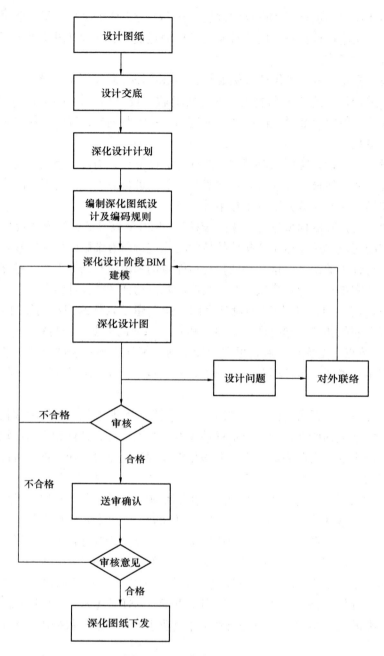

图 3.1.2-1 深化设计流程

图表达的内容较多，包括每个零件装配定位信息、焊缝形式及等级、零件尺寸、零件材料表等，每一项内容都需要技术人员精心、细心地编制，都需要有丰富的技术经验作为基础，技术人员设计出来的图纸必须满足工厂制作和现场安装的需要，确保图纸的准确性、完整性、适用性和可行性。

（4）材料排版

利用 Tekla 自身优势进行材料排版，为材料采购和工厂数控下料提供了有力的技术支持，有效控制了材料损耗。

（5）数字化信息技术

在进行三维建模的同时将现场焊缝、工厂焊缝建入模型中，每一条焊缝有一个独立的编号，可直接生成焊接地图及焊缝报表，Tekla 提供先进的数字化制造平台为高效率的工厂制作提供了技术支持，同时为焊接质量控制和检测提供了简单直观的数据资料。

2. 技术交底

钢结构加工制作技术交底在钢结构加工制作中具有非常重要的作用及地位，因为它关乎钢结构加工的质量，是保证构件加工质量的主要手段，而且技术交底工作不是表面形式，更不是一次性就能完成的，它始终伴随着钢结构加工的所有工序。随着国家信息化技术的推广与发展，BIM 技术作为建筑信息化技术的可视化优势，以钢结构加工工艺平台为基础，对技术交底的内容以三维模型和漫游的方式进行直观展示，能够帮助管理人员、班组长、技术工人能够更好地领会技术的关键点，在加工生产前就可以提前发现并解决施工过程中可能出现的问题，保证加工的质量。

（1）工艺可视化交底

工艺可视化交底主要是指对钢结构加工工艺建立三维模型，通过对模型进行一系列的操作，实现模型的信息化以及动态漫游模拟，工艺可视化交底的两大特点：一是三维静态模型展示，二是三维动态漫游模拟。

（2）3D 静态模型管理

利用 Revit 相关 BIM 软件搭建钢结构加工工艺的 3D 模型，从钢结构加工设备入手，对一些主要设备进行模型的创建，包括钢结构构件加工制作的前道工序、后道工序整个加工流程，将其加工设备建模成型纳入到平台之中，在模型内部将其基本信息输入其中，这样就可以形成一个三维信息化模型，然后每一道工序都安排一位虚拟管理人员，将管理人员与钢结构一系列加工规范结合起来，人们可以通过点击等操作查看相关的制作要求和规范，实现加工制作的虚拟化、信息化管理。

（3）3D 动态模拟技术交底

通过 3D 静态模型管理，我们实现了模型的信息化，将现实中的钢结构加工工厂搬到计算机中来，但是计算机中的工厂并没有运作起来，3D 动态模拟做的就是让计算机中的钢结构工厂运作起来。通过 BIM 相关漫游模拟软件，如 Navisworks、lumion 等对信息化模型进行漫游模拟，让钢结构加工工艺，如切割、焊接、组装等都以动画的形式展现出来，通过这个功能，工人可以更清晰直观地学习和规范各加工工艺，更好地保证钢结构构件的加工质量。

3. BIM 技术在装配式钢结构建筑生产车间管理的应用

车间管理的目的是实现对车间各种资源（包括人、财、物）的精细化管理，BIM 技术的引入，其被结构化所体现的产品、工程物料属性和附加其上的进度和成本信息的量化描述特征，作为信息的源头，对后续物料采购、物料库存、加工工艺、产品质量和产品进度乃至成本核算等资源的管理起到举足轻重的作用。

钢结构制作在产业链中所处的位置，决定了其无法避免地具有"三边"的特性，即"边设计""边制作""边更改"，尤其在完成国内工程时，特征更加明显。

在传统钢结构制作管理中，往往用纸面、传真、邮件等方式完成企业内部，或设计单位与制作单位之间的图纸和信息传递，效率受到很大的影响，有时更会在传递时产生信息失真或是丢失；同样，企业内部为更好地完成生产组织，必须依靠手工分拣、手工摘料和人工输入等来完成图、料信息源的收集，继而完成材料采购清单、构件清单、零件清单、下料加工清单、工艺路线卡、手工排版等信息的收集和计算，现在看来，这一切显得冗长繁琐且数据不精确，也成为后续工作变更的因素之一。

进入 20 世纪 90 年代中期，随着 StruckCad、TeklaSrtucture（原名 Xsteel）等三维钢结构深化设计软件的使用和 BIM 技术的引入，使信息源的收集变得简单和精确，只需对模型输出信息稍加整理，导入到某种特定系统的数据图档管理系统保存起来，进行统一管理，即可形成企业管理的信息源头，这个系统名为 PDM 系统（产品数据库管理系统）（图 3.1.2-2）。

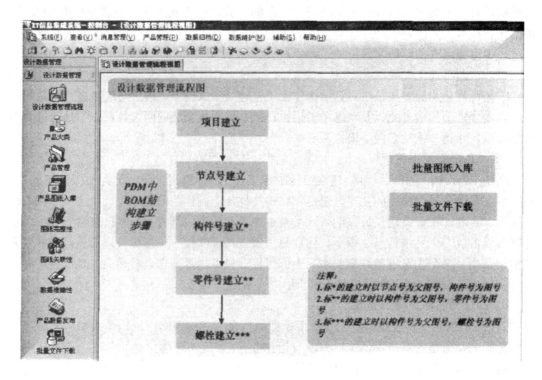

图 3.1.2-2 PDM 信息源的收集流程

PDM 系统对工程属性（如工程编号、工程名称、设计者等）、图档属性（如设计批次、图纸编号）、构件属性（如编号、名称、外形尺寸、数量、重量等）、零件属性（编号、名称、截面、尺寸、材质、数量、重量等）和变更信息进行结构化存储（图 3.1.2-3），并对模型、图纸和文档与结构化数据进行关联性存储，形成深化设计、工艺技术、采购部门、生产单位、销售和财务等管理部门间可共享、协同的统一平台（图 3.1.2-4～图 3.1.2-6）。

BIM 和 PDM 系统，与项目管理（PM）系统、企业资源计划（ERP）系统和生产制造执行（EMS）系统，构成钢结构制造企业紧密集成、高效、精准的企业管理平台（图 3.1.2-7）。

（1）BIM 在生产制作过程中应用的数据信息

BIM 技术的引入，使钢结构加工制造流程变得简单，BIM 模型输出各种信息除了能

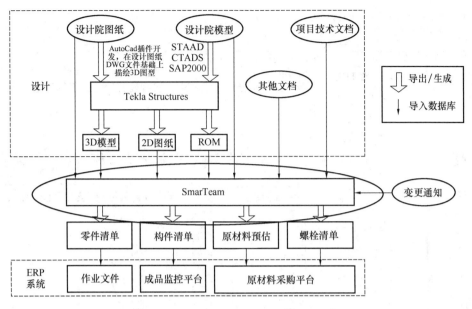

图 3.1.2-3　钢结构 BIM 和周边系统的关系

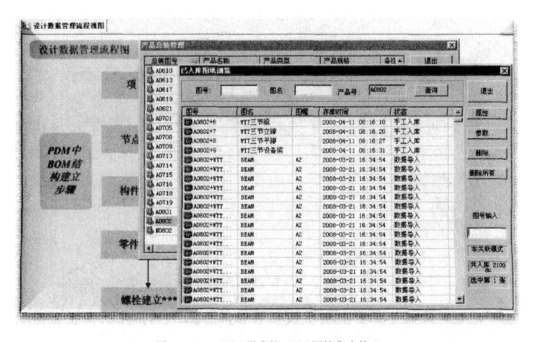

图 3.1.2-4　BIM 形成的 PDM 图档集中管理

快速生成加工清单、工艺路径设定（结合设备状况）等进行有效组织外，在异性板材料自动套料、数控切割机自动焊接、油漆喷涂等加工工序中的作用显得尤为显著。

BIM 模型产生的各类数据格式的文件信息有以下几种。

1）CNC：机床 C 代码使用格式。

2）DSTV：数控加工设备使用的中性文件。

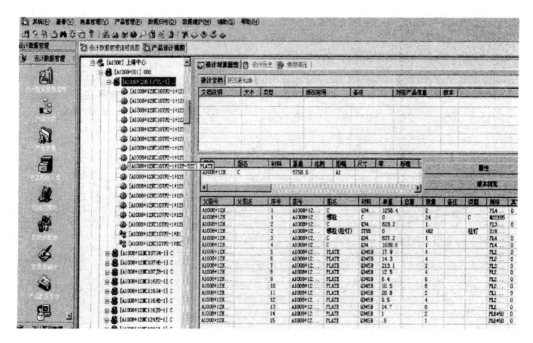

图 3.1.2-5　BIM 形成的 PDM 结构化数据

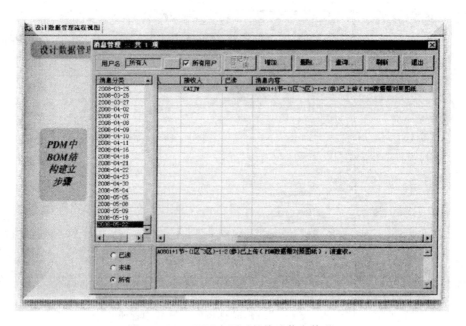

图 3.1.2-6　BIM 变更后的快速信息传递

3）SDNF：基于文件的钢结构软件数据交换格式。

4）CIS/2：基于数据库技术的钢结构软件数据交换格式。

5）IFC：建筑产品数据表达与交换的国际标准，是建筑工程软件交换和共享信息基础。

6）XML：为互联网的数据交换而设计的数据交换格式，因特网发布模型以供查看。

7）IGES 和 STEP：产品模型数据交换标准，适合于制造业几何图形的数据格式。

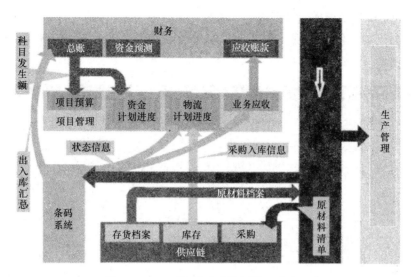

图 3.1.2-7　BIM 在企业资源管理中应用

这些信息在自动化生产中起到极大的作用，以下分别从生产组织管理、零件自动套料切割和机器人焊接三个方面进行阐述。

（2）BIM 数据和生产组织管理

在传统的钢结构加工过程中，绝大部分企业通过手工管理图纸、清单、工艺卡片和工作指令来组织构件和零件的加工，但在整个组织管理中，往往对车间各工位、各设备的实时加工情况很难获取准确的信息，以至于经常处于被动地计划调整过程中，为此建立一个适用于钢结构加工的数字化生产管理平台显得尤为重要。

数字化生产管理系统的建立将打破原有层层下达指令、层层反馈进度的阻止模式，通过扁平化、一体化的生产协同信息平台（包括模板化的工艺流程、初始化的设备属性、人员情况等），有序地将加工指令信息直接下达到工位，并在工位完成加工工序后，及时将信息反馈到平台。

这一数字化系统源于 BIM 输出的初始数据信息。

1）初始数据形成

深化设计 BIM 模型可输出以 godata_assy3.rpt 为报表模板的 XSR 格式的清单文件、NC 文件（DSTV 格式）的数控数据文件或 dwg 图纸文件（图 3.1.2-8）。

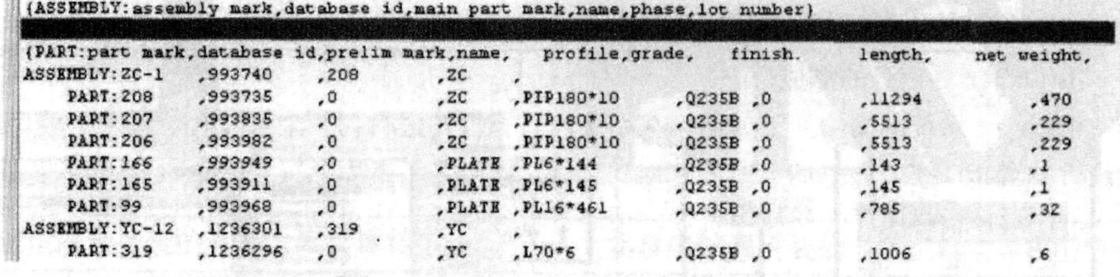

```
报告
Tekla Structures - GO DATA assembly file, v 2.0
godata_link        ,11/09/2011,23:42:59

{ASSEMBLY:assembly mark,database id,main part mark,name,phase,lot number}
{PART:part mark,database id,prelim mark,name,   profile,grade,   finish,   length,   net weight,}
ASSEMBLY:ZC-1   ,993740   ,208   ,ZC ,
    PART:208   ,993735   ,0   ,ZC   ,PIP180*10   ,Q235B ,0   ,11294   ,470
    PART:207   ,993835   ,0   ,ZC   ,PIP180*10   ,Q235B ,0   ,5513   ,229
    PART:206   ,993982   ,0   ,ZC   ,PIP180*10   ,Q235B ,0   ,5513   ,229
    PART:166   ,993949   ,0   ,PLATE ,PL6*144   ,Q235B ,0   ,143   ,1
    PART:165   ,993911   ,0   ,PLATE ,PL6*145   ,Q235B ,0   ,145   ,1
    PART:99   ,993968   ,0   ,PLATE ,PL16*461   ,Q235B ,0   ,785   ,32
ASSEMBLY:YC-12   ,1236301   ,319   ,YC ,
    PART:319   ,1236296   ,0   ,YC   ,L70*6   ,Q235B ,0   ,1006   ,6
```

图 3.1.2-8　godata_assy3.rpt 文件

生产管理系统提供标准的数据借口，方便将上述 XSR 文件清单导入系统中，形成初步的系统加工清单，包括图纸、构件清单和零件清单等，为后续的工作做好准备（图3.1.2-9、图 3.1.2-10）。

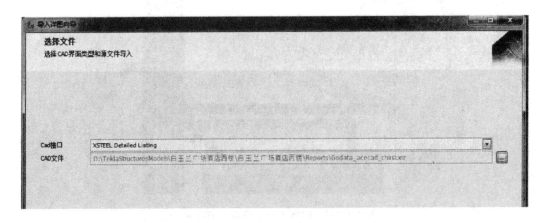

图 3.1.2-9　系统接口

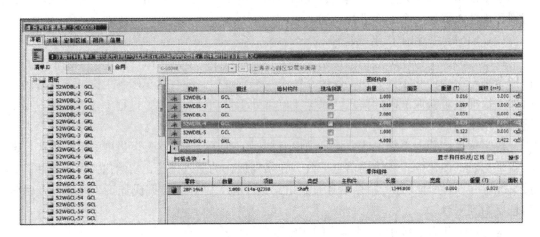

图 3.1.2-10　系统加工清单

2）工艺流程规划和选定

工艺流程规划是组织生产的基础，由熟悉工艺和设备的人员事先根据实际工艺流程和设备布置，在系统中编制和设定好各种结构形式的工艺流程以及每一个流程的参数配置和优先设备指定，如直线切割流程、轮廓切割流程、制孔流程、组立流程和装配流程等，为工艺路径的选定做好准备（图 3.1.2-12、图 3.1.2-13）。

① 细部工艺信息的形成

根据导入系统的初始加工数据，在系统内对零件图进行切割余量、孔位尺寸、坡口位置进行编辑和标注，形成加工工艺数据和文件。同时，结合库存提供的钢材原料，将所有的零件图形按板材厚度、材质等特性的不同进行分类，形成可下料切割的排版图和数控数据（图 3.1.2-11～图 3.1.2-13）。

② 工艺路径自动规划和控制指令下达

图 3.1.2-11　套料

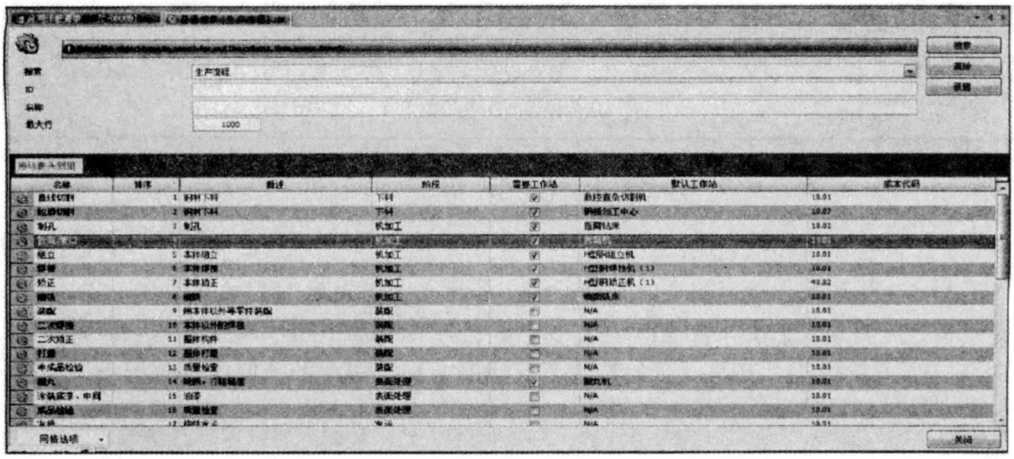

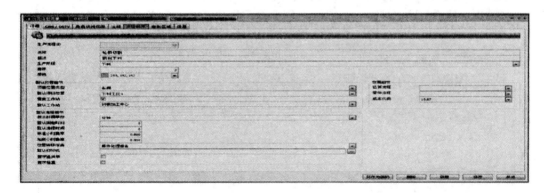

图 3.1.2-12　各种结构形式的工艺流程列单

图 3.1.2-13　轮廓切割的工艺流程参数设定

生产管理系统内预设加工设备参数、加工工艺路径以及工时定额，工艺人员只需将工艺清单数据在预设在生产管理系统中的工艺路径进行自动匹配，并根据车间反馈所形成的工位负载，进行局部调整，快速形成下料切割和焊接拼装等工艺路线，并创建工作指令，下达到车间各工位进行加工。

　　系统同时结合车间工位或设备的负载反馈信息，快速将指令下发到系统指定的各工位和设备边的终段计算机，各工位根据获得的加工信息，及时进行加工，当然，在这之前，仓库人员已经根据生产计划，获得了材料准备信息（图 3.1.2-14）。

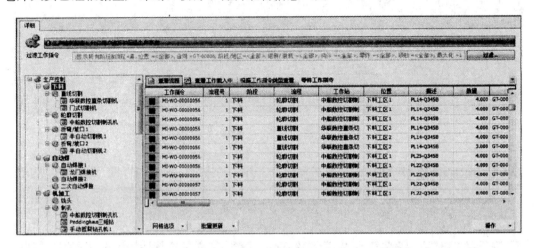

图 3.1.2-14　生产指令发布

　　（3）车间控制台和信息反馈

　　在每一个生产流程指定的工位或设备边，都建立了计算机控制台（图 3.1.2-15），一旦生产指令流转到该工位和设备，计算机将及时得到待加工的指令，生产人员在计算机上选中该构件（或零件），按下【开始】状态或【停止】按钮，系统便能及时记录下该构件的过程状态。这使得生产管理人员能够及时了解整体生产状况，并根据实际情况，及时进行调整。

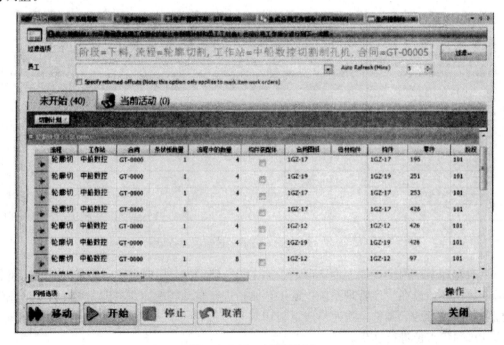

图 3.1.2-15　车间控制台

以上描述了钢结构数字化生产管理的关键步骤，通过对 BIM 数据的有效再利用，确保了生产组织管理能够有效、有序地展开。

但是，如果将 BIM 输出的零部件信息进行专业的数字化处理，形成与数控设备可通信的 CAM 信息，并完成自动化零部件加工的过程，可减少因人工干预而形成的效率低和误差增多，并将对降低人工成本、提高产品质量起到根本性的作用（图 3.1.2-16）。

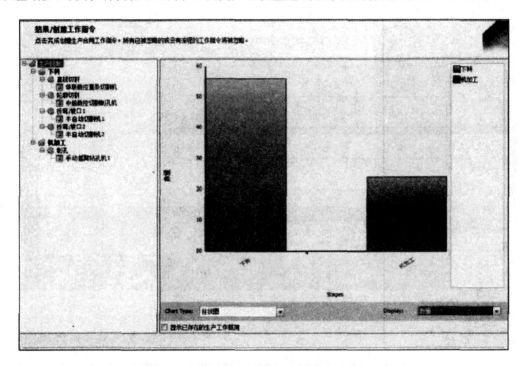

图 3.1.2-16 车间加工负载

（4）零部件加工自动化

1）数控信息的形成过程

钢结构零部件加工是整个加工过程的开始，包括型钢和板材的切割、钻孔、坡口切割等工序，通常称为前道工序。以往，设备操作人员需要在数控设备上输入指令，才能启动设备进行切割。有些通过设备制造商自带的套料软件，输出该设备特有的 CAM 数据，通过 U 盘或网络传递给设备接口进行加工。

在 BIM 出现前，令套料人员经常困惑地是对零件信息（尤其是异性板材信息）的准备，他们需要从 2D 图纸中将零件一个个地截取出来，复制到套料系统中，再根据工艺要求进行加工余量处理和手工排版等工作，直至生成设备能够识别的 CAM 数据。

BIM 的出现改变了这一状况，BIM 能够方便地输出 NC 数控数据文件（使用 DSTV 格式创建），数据文件包含了所有关于这个零件的长度、开孔位置、斜度、开槽和切割等的坐标信息，以便设备能够识别。以下是以从 BIM 中输出一个型钢 NC 数据的案例（图 3.1.2-17、图 3.1.2-18），一些数控设备可以方便地读取这个 NC（DSTV 格式）原始文件，对型钢进行冲孔、钻孔和切割。

2）异形板材自动套料和数控加工

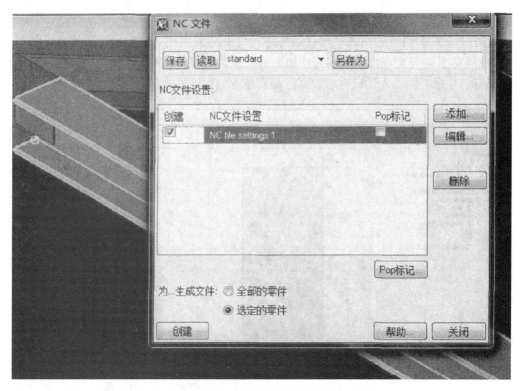

图 3.1.2-17　从 BIM 中输出数控数据

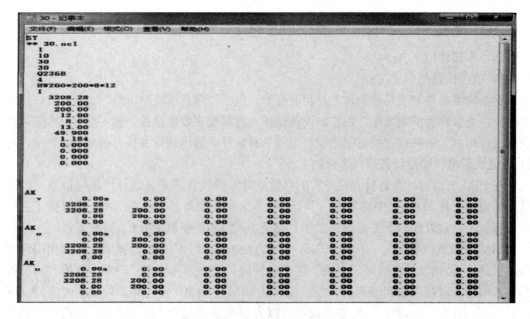

图 3.1.2-18　数控加工数据预览

对于异形板材切割、钻孔等加工需要另加入一个套料的动作，以便提高板材的利用率。目前一些自动套料排版软件，可将 BIM 输出的 NC 文件夹中的多个 NC 文件进行批量转入，为前期数据输入节省大量的时间，并保证所有输入数据的准确性（图 3.1.2-19）。同时，在获取 NC 文件的零件信息后，将输入的所有零件按钢板厚度不同、材质不同自动进行套料分类，完成每组零件的套料任务，大大减少了人为进行钢板厚度和材质分组的工作，实现了多种钢板厚度、多种材质的零件同时批量进行套料的功能。当所有零件作业文件完成之后，只需简单按下套料系统中"自动套料"按钮，完成对所有零件的套筒（图 3.1.2-20）。

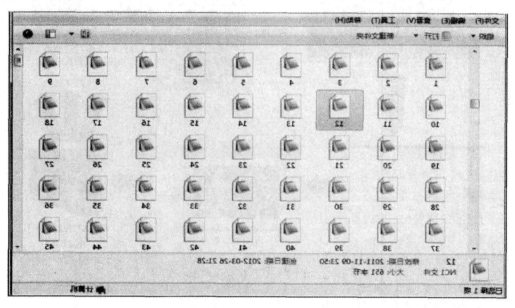

图 3.1.2-19　NC 数据文件夹

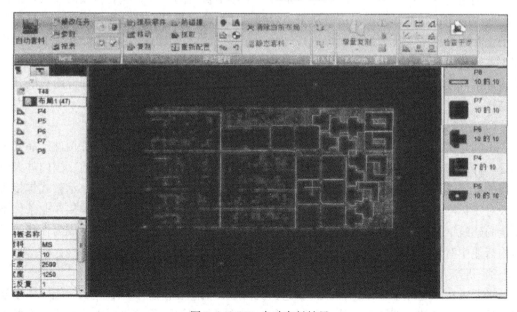

图 3.1.2-20　自动套料结果

对于一些设备来说，一些设备制造商有他们自己的转译程序，需要把上述套料结果文件经过特定的程序进行翻译处理，转换成设备特定的 CAM 格式后，才能完成这个加工动作。为此，可以在自动套料系统平台上开发一些后置转译程序，集成这些数控设备的指令程序，即可方便地输出套料结果的数控 CAM 指令，继而驱动数控设备完成对异性板零件的切割和钻孔等（图 3.1.2-21）。

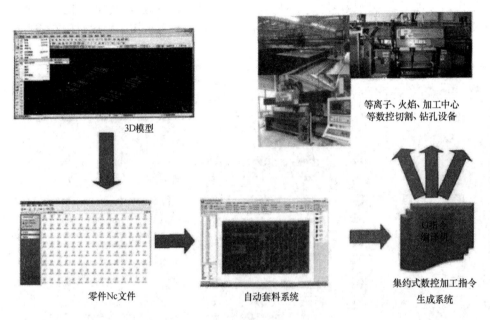

图 3.1.2-21　异性板材数控加工流程

（5）钢结构机器人焊接的应用

在钢结构制作过程中，装配和焊接是整个工序中重要的一环。随着科技的发展，钢结构企业中的焊接制造工艺正经历着从手工焊到自动焊的过渡，一部分焊接工艺已经被一些自动化专用设备所替代（如埋弧焊机），但绝大部分焊接工作仍然停留在传统的手工操作和人工经验上。随着人工成本的不断上涨和业主对产品质量要求的不断提高，近两年，钢结构焊接自动化、智能化的呼声也越来越高，各机器人制造商、系统集成商等纷纷展开对钢结构，尤其是对建筑钢结构制作领域中焊接机器人的应用研究。

1）钢结构机器人焊接的特点

不同建筑的设计多样性，决定了其结构形式的复杂性和非重复性，每件构件产品几乎都是单件制作，且标准化程度较低，焊缝形式和轨迹呈现单件多样性。目前，国内外大量应用的焊接机器人系统，从整体上看基本都属于示教再现型的焊接机器人。示教式焊接机器人对于标准化程度高且批量生产的产品显示出明显的优势；但其对于像焊接作业条件不稳定的建筑钢结构产品，缺乏"柔性"和适应性，表现出明显的缺点，这也成为在建筑钢结构行业中对焊接机器人应用和研究的一个难点。

2）机器人焊接仿真技术

机器人技术是综合了计算机、控制论、机构学、信息和传感技术、人工智能、仿生学等多学科而形成的高新技术。从目前国内外研究的现状来看，焊接机器人技术研究主要集中在焊缝跟踪技术、离线编程与路径规划技术、多机器人协调控制技术、专用弧焊电源技术、焊接机器人系统仿真技术、机器人用焊接工艺方法等方面。钢结构焊接轨迹单件多样性的特点，示教再现型机器人已不能满足需求，取而代之的是离线编程与路径规划技术以及系统仿真技术可作为主要解决方案。

机器人在研制、设计和试验过程中，经常需要对其进行运动学、动力学性能分析以及轨迹规划设计，而机器人又是多自由度、多连杆空间机构，其运动学和动力学问题十分复杂，计算难度很大。若将机械手作为仿真对象，运用计算机图形技术和机器人学理论在计算机中形成几何图形，并用动画显示，然后对机器人的机构设计、运动学正反解分析、操作臂控制以及实际工作环境中的障碍避让和碰撞干涉等诸多问题进行模拟仿真，就可以解决研发过程中出现的问题（图 3.1.2-22）。

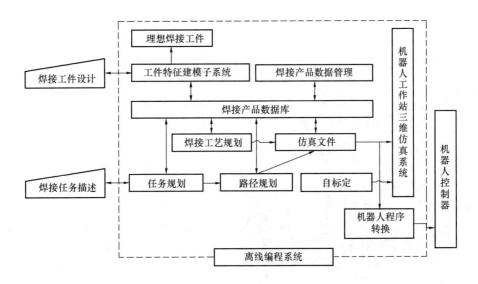

图 3.1.2-22　弧焊机器人离线编程和仿真技术原理图

钢结构 BIM 可输出 IGES 和 STEP 格式的文件。其中，IGES 初始化图形交换规范是基于 CAD&CAM（电脑辅助设计 & 电脑辅助制造系统）不同电脑系统之间的通用 ANSI 信息交换标准，可重点支持以下模型的交换：二维线框模型、三维线框模型、三维表面模型、三维实体模型、技术图样模型；STEP（产品模型数据交互规范）是国际标准化组织制定的描述整个产品生命周期内产品信息的标准，是一个正在完善中的"产品数据模型交换标准"，它提供了一种不依赖具体系统的中性机制，旨在实现产品数据的交换和共享。

因此，通过 IGES 和 STEP 等格式，可方便地将钢结构 BIM 与机器人三维仿真系统连接起来，结合机器人焊接工艺数据库等，完成焊接机器人的"前端数字化"——离线编程系统，最终解决钢结构机器人焊接的问题（图 3.1.2-23、图 3.1.2-24）。

随着国内外在焊接机器人领域科研力度的不断加强，同时，随着国内钢结构行业对焊接机器人优势的不断了解和尝试应用，钢结构制造业将在不远的将来真正走上"自动化"的局面。

（6）钢结构在构件检验和预拼装中的应用

目前，在国内大多数的钢结构加工企业中，普遍采用钢卷尺、直角尺、拉线、放样吊

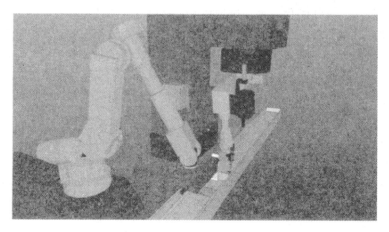

图 3.1.2-23 BIM 输出格式与机器人仿真

图 3.1.2-24 机器人实体仿真

线和检验模板等传统方法来检验钢构件是否符合设计的要求。对于复杂的钢构件除了前面介绍的一些方法还要将实物进行预拼装，再次检验构件每个接口之间的配合情况判断是否满足设计要求。而如今的钢结构造型已经变得十分复杂，如高层建筑的避难层桁架构件、雨篷网壳结构和顶冠造型；又如，各种场馆的空间大跨度立体桁架构件和巨型的高架桥梁等，给钢构件的检验增添了许多难度。采用现有的检测手段不但需要大片的预拼装场地，检测过程繁琐，测量时间长，检测费用高，且检测精度低，已经无法满足现在钢结构加工制造技术的需要。

（7）BIM 平台的成品构件管理

搭建基于 BIM 的构件管理平台，从 BIM 模型中提取预制构件编码及材料用量信息，可以对构件的实时状态进行查询，加强生产过程管控，优化物流管理，进行物流信息的追踪。利用 BIM 技术的自动统计功能和加工图功能，实现工厂精细化生产。RFID 及二维码集成了各种相关的利益相关者、信息数据流以及最先进的建筑技术，协同缓解预制生产、物流和现场结构组装三个阶段的工作，而实时获取的数据具有可见性和可追溯性，保证不同模式的最终用户可以监督施工状态和实时进展。

（8）BIM 数据和生产材料管理

1）原材料管理

将计划文件导入过程控制管理软件中，根据报价调整预算，再进行预配料以及平衡库存，列出采购清单，进行采购、验收、编码等具体工作，其流程如图 3.1.2-25 所示。

2）余料管理

余料管理是排料优化板块的延续，也是钢结构加工工艺平台的核心模块之一，余料产生不可避免，即使是再好的排样优化软件也会产生余料，因此如何有效管理并合理利用余料也是企业现在研究的重点和关键，本文以钢结构加工工艺平台为基础，讨论余料管理模块，实现余料管理的信息化和智能化，其管理模块如图 3.1.2-26 所示。

（9）质量控制

质量控制主要是全面贯彻质量管理的思想，进行施工质量目标的事前准备工作、事中关键控制点和事后检查控制的系统过程，该控制过程主要是按照 PDCA（Plan、Do、Check、Action）的循环原理通过计划、实施、检查、处理的步骤展开控制。目前，施工过程中对施工质量的控制主要是事前先召开方案讨论会议，然后在事中由专业技术人员和管理人员在现场进行跟踪式管

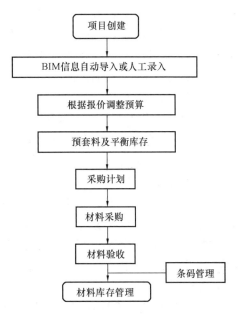

图 3.1.2-25　原材料管理流程

理，而运用 BIM 碰撞检测等技术则是先建立模型对重点部位进行预测，再以模型为导向进行事中管理，最后再次进行事后排除检查。

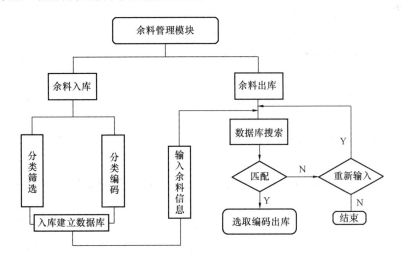

图 3.1.2-26　余料管理模块

1）三维模型展示工序流程。每个工程通过建立的 BIM 模型可以很清楚地展示每一个施工质量控制重点。针对该工程班组的专业化水平不是很高的特点，BIM 可视化技术在施工班组进行技术交底时，表现出极大的优势。例如，同查看含有建筑术语的二维图和照样板施工的传统方法相比，施工班组通过三维模型，可以快速了解隐藏信息，特别是对细节问题如钢筋的放置、钢节点和网架节点的处理、管线布置等信息的处理上表现优越。

2）构件的碰撞检查。通过搭建的 BIM 信息平台，利用 MEP 的碰撞检测技术，有效

检测结构节点位置，协调好空间位置，达到提前解决冲突的目的，做好事前控制。

3）二维出图以及参数化设置。在处理饰面、洞口、泛水、幕墙和构件安装等细部时，可事先将上述构件的图元属性先调为精细模式，再进行隔离图元操作，生成二维剖面图，替代查阅各类图集，在加快速度的同时也保证了质量。同时，根据参数设置也可以很方便地修改尺寸大小及位置。

4）高集成化方便信息查询和搜集。BIM 技术具有高集成化的特点，其建立的模型实质为一个庞大的数据库，在进行质量检查时可以随时调用模型，查看各个构件，例如预埋件位置查询，起到对整个工程逐一排查的作用，事后控制极为方便。

（10）安全管理

安全控制就是在施工全过程中始终坚持"安全第一，预防为主"的方针，以防安全事故的发生。传统进行安全控制的方法很难用可视化的效果进行演示，其标准规范和注意事项只能在施工班组交底和安全工作会议上讲解，并没有完全结合现场的实际工况。采用 BIM 技术可视化等特点，用不同颜色标注施工中各空间位置，展现危险与安全区域，真正做到提前控制。

1）碰撞检测技术检查安全问题。利用碰撞检测技术可模拟加工过程中设备的运行，例如行车作业范围是否与钢结构加工设备突出部位发生碰撞，构件工装位置、吊装、焊接等操作人员所占位置模拟是否合理，构件转运是否方便等。

2）施工空间安全管理。对每个现场施工作业人员来讲，安全空间都是有限的，特别是在各分包单位材料、机械设备等的摆放以及每个施工队的施工作业面都存在大量的交叉空间。在加工过程中 BIM 技术对"构件堆放区""物料堆放区"等地方进行了危险空间区域的划分，提前做好施工部署，保证了每个人员的安全和施工的有序进行。

3）制定并优化应急预案。该工程首次利用 BIM 技术制定和优化了五项应急子预案，包括作业人员的安全出入口、机械和设备的运行路线、消防路线、紧急疏散路线、救护路线，同时通过 BIM 模型中生成的 3D 动画来同工人沟通，达到了很好的效果。

3.2 基于 BIM 技术的装配式钢结构建筑构件的生产制造

在信息技术和自动化程度日益发展的今天，手工加工技术已日显疲态，逐步被甩在了 20 世纪，取而代之的是数字加工技术。

BIM 技术在钢结构深化设计应用起到了直观、便捷、高效、准确的作用，但是 BIM 模型的应用远不止这些，其在 3D 模型的建立过程中所产生的信息，对后续加工中的作用更为显现，通过对这些数据的采集、加工、快速推送和应用，可确保信息流转的高效、有序、精细和可控。

3.2.1 基于 BIM 技术的图纸会审

图纸会审是指工程各参建单位（建设单位、监理单位、施工单位、各种设备厂家）在收到设计院施工图设计文件后，对图纸进行全面细致的熟悉，审查出施工图中存在的问题及不合理情况并提交设计院进行处理的一项重要活动。图纸会审由建设单位负责组织并记录（也可请监理单位代为组织）。认真做好图纸会审，检查图纸是否符合相关条文规定，是否满足施工要求，施工工艺与设计要求是否矛盾，以及各专业之间是否冲突，对于减少施工图中的差错、完善设计、提高工程质量和保证施工顺利进行都有重要意义。图纸会审在一定程度上影响着工程的进度、质量、成本等，做好图纸会审这项工作，图纸中的一些问题就能及时解决，可以提高施工质量，缩短施工工期，进而节约施工成本。应用 BIM 的三维可视化辅助图纸会审，形象直观。通过图纸会审可以使各参建单位特别是施工单位熟悉设计图纸、领会设计意图、掌握工程特点及难点，找出需要解决的技术难题并拟定解决方案，从而将因设计缺陷而存在的问题消灭在施工之前。

1. 基于 BIM 的图纸会审实施要点

传统的图纸会审主要是通过各专业人员通过熟悉图纸，发现图纸中的问题，业主汇总相关图纸问题，并召集监理、设计单位以及项目经理部项目经理、生产经理、商务经理、技术员、施工员、预算员、质检员等相关人员一起对图纸进行审查，针对图纸中出现的问题进行商讨修改，最后形成会审纪要。BIM 技术在图纸会审阶段，可以快速、便捷、高精度地发现问题。假如靠传统方式去审图，不仅消耗大量人力和物力，且不能快速准确地发现问题，况且一旦有问题遗漏，肯定会造成施工阶段的返工，严重影响工程质量和工期。

2. 基于 BIM 的图纸会审实施要点

（1）在发现图纸问题阶段，各专业人员进行相应的熟悉图纸，在熟悉图纸的过程中，发现部分图纸问题，在熟悉图纸之后，相关专业人员开始依据施工图纸创建施工图设计模型，在创建模型的过程中，发现图纸中隐藏的问题，并将问题进行汇总，在完成模型创建之后通过软件的碰撞检查功能，进行专业内以及各专业间的碰撞检查，发现图纸中的设计问题，这项工作与深化设计工作可以合并进行。

（2）在多方会审过程中，将三维模型作为多方会审的沟通媒介，在多方会审前将图纸中出现的问题在三维模型中进行标记，会审时，对问题进行逐个的评审并提出修改意见，可以大大地提高沟通效率。

（3）在进行会审交底过程中，通过三维模型就会审的相关结果进行交底，向各参与方展示图纸中某些问题的修改结果。

3. 基于 BIM 的图纸会审的优势和不足

（1）优势。基于 BIM 的图纸会审有着不可忽视的优势。首先，基于 BIM 的图纸会审会发现传统二维图纸会审所难以发现的许多问题，传统的图纸会审都是在二维图纸中进行图纸审查，难以发现空间上的问题，基于 BIM 的图纸会审是在三维模型中进行的，各工程构件之间的空间关系一目了然，通过软件的碰撞检查功能进行检查，可以很直观地发现图纸不合理的地方。其次，基于 BIM 的图纸会审通过在三维模型中进行漫游审查，以第三人的视角对模型内部进行查看，发现净空设置等问题以及设备、管道、管配件的安装、操作、维修所必需空间的预留问题。

（2）不足。基于 BIM 的图纸会审对人员和电脑要求较高，这也是基于 BIM 的图纸会审实施的一个难题。一方面，基于 BIM 的图纸会审要求配置较高的硬件设备和具备相应素质的 BIM 专业人才；另一方面，创建三维模型要求有充裕的时间，如果建模人员素质不达标，或者时间比较紧张，则采用基于 BIM 的图纸会审难度较大，因为准确反映图纸信息的三维模型是基于 BIM 的图纸会审的基础，若建模人员素质不够或者时间紧张导致三维模型不达标，无法实现图纸会审的目的。

装配式钢结构建筑往往结构复杂，造型多样，功能性齐全，通过 BIM 技术对各专业之间进行碰撞检查，发现构件"打架"，例如，幕墙龙骨与钢结构压型钢板之间的碰撞；幕墙龙骨和结构梁的碰撞；钢结构桁架和土建构件之间的碰撞等一系列碰撞问题。运用 BIM 技术在建模阶段，可以发现图纸不一致、不合理等错误，生成问题报告。利用问题报告，结合模型，施工单位与设计单位的可视化的图纸会审，实现了快速、高效率地办公，减轻工作强度；全面精细化的建模，保证了 BIM 审图的全面度和精细度。

靠传统的图纸会审，很难发现各专业之间的碰撞，而且钢结构构件和幕墙玻璃嵌板，均为在工厂预制，现场安装，构件之间的碰撞、冲突，造成了返工，在一定程度上浪费材料和人工，影响工期。利用 BIM 技术，在图纸会审阶段解决这次碰撞，节省人力物力，避免返工，提高建筑物的美观性，方便业主日后使用。图纸会审阶段是项目成功的关键。而基于 BIM 技术的图纸会审，可以更为直观、细致、综合地理解和认识施工图纸，更多预见性地解决施工图纸中存在的问题，提高施工图纸的准确性和全面性。

3.2.2　基于 BIM 技术的深化设计

装配式钢结构建筑在深化设计时要考虑整体钢结构的建模准确度、完整性；重点在于因构件分段定位，要进行接口设计，焊缝收缩量量化补偿；图纸还要与现场焊接的配合，如坡口方向、连接板设计等。钢混结构钢筋布置复杂，钢结构与混凝土钢筋需要组合建模，这是装配式钢结构建筑深化设计的难点。

Tekla BIM Sight 是 Tekla 为建造行业提供的专业的建筑信息建模程序，可以将不同专业所建造的三维模型通过此软件合并在一个模型中，以达到审核模型和检查碰撞的作用，从而达到优化施工流程的目的。整个项目中的碰撞问题在发生之前就能预先确定，事前进行解决，节省事后的工程签证，缩短工程工期，同时也可在三维模型的基础上做到较为精准的成本核算。在现场施工中，也可使用该软件做到层层过滤、剖面剪切、透视观察模型的室内结构形式。该软件有强大的兼容性能，通过各专业的模型合并，在现场更直观、更迅速地了解重点位置的施工情况。

Tekla Structures 软件作为三维 BIM 设计软件，不仅可以生成项目中所需要的各种图纸及报表，还可以将模型信息与其他软件实现共享，减少设计过程中的工作量及错误发生的概率；Tekla Struc-tures 软件可以贯穿整个结构设计及建造过程，利用软件间的接口可以实现将计算模型导入到 TeklaStructures 软件中进行详细设计图纸的生成、节点的创建、加工设计图纸及各种报表的生成、结构模型深化完成后还可以将其导入到其他三维软件中与其他专业模型做碰撞校核等功能。

BIM 技术深化设计流程：

（1）运用 Tekla 软件建立轴线。仔细审阅设计图纸，按图纸要求运用 Tekla 在模型中建立统一的轴网；根据构件规格在软件中建立规格库；定义构件前缀号，以便软件在自动编号时能合理地区分各构件，使工厂加工和现场安装更为合理方便，更省时省工。

（2）精确建模阶段，Tekla3D 模型包含了设计、制造、安装的全部需求，所有的图面与报告完全整合在模型中产生一致的输出文件，与以前的设计系统相比，Tekla 可以获得更高的效率与更好的结果，让设计者可以在更短的时间内做出更正确的设计。根据施工图、构件运输条件、现场安装条件及工艺等方面对各构件进行合理分段、对节点进行人工装配。

（3）模型校核阶段，装配式钢结构建筑各构件交错连接，结构复杂，如果到施工现场才发现安装困难，无论是运回工厂返工或者是现场调整修改都会造成工期延误，也会因人工及材料的浪费导致工程成本的增加。通过 Tekla 软件本身包含的碰撞检测功能，可以更为方便快捷地检测出碰撞对象的位置，由专人对模型的准确性、节点的合理性及加工工艺等各方面进行校核；运用软件中的校核功能对整体模型进行校核，防止构件之间相互碰撞。

（4）构件编号阶段，模型校核后，通过 Tekla 软件的编号功能对模型中的构件进行编号，软件将根据预先设置的构件名称进行编号归并，把同一种规格的构件编号统一编为一类，把相同的构件合并编号，编号的归类和合并更有利于工厂对构件的批量加工，从而减少工厂的加工时间。

（5）构件出图阶段，通过模型 Tekla 能够自动对模型中的构件、节点自动生成初步零件图、构件图以及施工布置图；然后对图纸中的尺寸标注、焊缝标注、构件方向定位及图纸排版等方面进行修改调整，力求深化图纸准确、简洁、清楚、美观。由于所有信息都存储在模型内，且与模型紧密关联，因此当工程发生设计变更时，只需对模型进行修改，各种与之关联的图纸文件和数据文件均会相应地自动更新，很好地解决了工程多次变更版本所带来的一系列难题。

3.2.3 工艺方案

1. 工艺方案的积累、材料排版和优化

基于 BIM 模型与信息技术软件结合形成数字化制造技术的生产流程。钢结构详图设计和制造软件中使用的信息是给予高精度、高协调、高一致的建筑信息模型的数字设计数据，这些数据完全能够在相关的建筑活动中共享。

BIM 技术的引入，加工车间可以把 BIM 模型输出各类数据格式信息（包括 CIS/2、CNC、DSTV 格式信息、DXF、DGN、和 DWG 等图形文件），加工车间将这些数据信息和文件导入到生产管理软件中，对这些数据信息和文件导入到数控机床系统中，最后利用数控机床进行构件的切割、钻孔、焊接等。基于此，大大降低了加工车间对构件详图的需求量，节省时间且在加工的过程中错误率将会降到最低。

基于套料排版类软件。我们可将不同格式文件输入到套料排版软件，可自动整理构件的形状、尺寸以及特性信息。然后软件将输入的所有零件属性按照其不同的板材规格、不同的材质进行自动的套料分组，完成每组零件的自动套料任务，这就减少了人为区分板材规格（厚度）和材质进行分组的工作，实现了多种板材规格（厚度）、多种材质的零件同时批量地进行套料的功能，从而提高了自动化程度和工作的效率。

在对构件进行套料排版后，软件将自动生成 Excel 格式的项目排版零件统计，输出的信息包括图形、面积、数量和切割距离等详细统计数据，自动生成每个原材料板的利用率和废料的百分比以及重量信息等。

2. 族库的建立

参数化设计是 BIM 技术的核心特征之一。利用 BIM 软件的参数化规则体系可以进行部品模型的创建，改变了传统的设计方法与设计理念。在项目的初步设计之前，进行建筑方案分析的时候，将项目分解成单独、可变换的单元模块。根据工程的实际需要，有针对性地对不同功能的单元模块进行优化与组合，精确设计出各种用途的新组合。轻钢结构装配式建筑中的钢柱、钢梁、龙骨隔墙、门窗系统等，都是 BIM 模型的元素体现，这些元素本身都是小的系统。

　　Revit 软件是当前应用相对广泛的一款 BIM 建模软件。Revit 的建模方式是将建筑构件按照类型划分成最小单元的"族"，通过"组装"不同的"族"来创建三维建筑信息模型。"族"是 Revit 软件独特的理念，它包括构件的几何信息（尺寸、形状、面积等）和非几何信息（材质、材料供应商等），而 Revit 的"族"单元可以细化到梁、柱、板等建筑构件。可见，Revit 的"族"的理念为构建轻钢结构装配式建筑的部品信息模型提供了技术基础。首先利用 Revit 的"族"创建部品的几何模型，根据轻钢结构装配式建筑全过程需要的信息录入到部品模型中，接着利用不同的部品模型搭建轻钢结构装配式建筑的建筑模型。

　　按照住宅部品的标准化、模块化设计，利用 Revit 软件创建项目所需的族，建立形成完善的构件库，例如预制钢梁、钢楼板、钢柱、钢楼梯、龙骨隔墙等。Revit 中的族分为可载入族、系统族和内建族。其中可载入族又称为构件族，它包括结构框架梁、结构柱、门、窗等构件，构件族文件是独立的文件，可以独立编辑并可以在不同项目中重复使用。例如，依据钢梁的设计图纸进行钢梁族文件参数化创建，根据不同钢梁的尺寸信息，直接在已创建好的钢梁族文件的尺寸参数上修改，可以快速直接地生成新的钢梁族文件。根据预制钢柱尺寸的不同，对已经建好的预制钢柱族的尺寸进行修改，又会生成新的预制钢柱族。

3.2.4　技术交底

　　技术交底是使施工人员对工程特点、技术质量要求、施工方法与措施和安全等方面有较为详细了解的必要措施，以便于科学地组织施工，安全文明生产。

1. 传统技术交底的缺陷

　　传统的项目管理中的技术交底通常以文字描述为主，施工管理人员以口头讲授的方式对工人进行交底。这样的交底方式存在较大弊端，不同的管理人员对同一道工序有着不同的理解，口头传授的方式也五花八门，工人在理解时存在较大困难，尤其对于一些抽象的技术术语，工人更是摸不着头脑，交流过程中容易出现理解错误的情况。工人一旦理解错误，就存在较大风险的质量和安全隐患，对钢结构构架的加工制作极为不利。在关键部位及复杂工艺工序等均采用 BIM 技术进行建模，然后对模型进行反复模拟，找出最优方案，最后利用三维可视化实时模拟对工人进行技术交底。例如，在钢结构工程中，业主对构件质量要求较高。因此，采用 BIM 技术对钢结构工程进行建模，每一钢构件所具备的元素都可以实现可视化。

2. 基于 BIM 的复杂节点的技术交底

　　应用 BIM 技术，在车间加工前的技术交底会上可以实现三维技术交底。即使用 3D 模型对复杂构件进行构件展示，尤其是对于箱型构件、复杂构件以及特别节点（其构件由多个细小零件组成或根据平面图纸无法展示构件的全部信息的节点），进行单个构件的立体展示以及其各零件间的组装过程，将构件组装方式立体地展示给车间加工技术工人，3D展示将减少构件焊接错误率，同时也会让车间加工技术工人与办公室人员的信息传递达到快速、准确的效果。也可以依据信息模型确定所焊接零件的实际安装位置和构件的主要性能加深对图纸深化了解，最终提高合格构件的标准率，满足各单位对构件细致化加工的目的。

通过 BIM 技术对复杂节点进行加工工序优化、模拟并指导现场加工生产具有重要意义。模型优化完成后，组织各工段长和生产班组工人召开交底会议，通过可视化模拟演示来对工人进行技术交底。通过这样的方式交底，形象、直观、具体化，工人会更容易理解，交底的内容也会进行得更为彻底，关键技术更容易掌控，既保证了构件质量，又避免了构件加工过程中容易出现的问题进而导致返工和窝工等情况的发生。

3. 基于 BIM 技术交底的目的

（1）通过三维能真实再现构件加工过程，将每个加工细节通过三维软件展现出来，提高了构件生产人员的工作效率，使构件加工变得更加简单，能有效地将加工技术通过三维模型传递给构件生产人员。

（2）如果是成型的建筑物在施工时出现了问题，会造成很大的损失，在采用构件三维模型后，就可以避免加工错误，一旦出现问题也可以及时解决。如果是建成后出现问题，也可以根据模型定位技术找到事故的位置并及时解决。

（3）能保证构件加工质量，在有了构件三维模型的帮助，能确保构件加工计划有序地执行，也可以避免一些危险事故发生，保证构件生产的安全性。如果出现问题，可以及时进行修改和调整。

4. 基于 BIM 技术交底的前景

按分部分项的原则，把单个项目或单个部件的二维图，利用现有的平台转换成三维实体模型，用直观的三维实体模型向工人进行交底，工人一目了然。

随着社会文明的不断进步，建筑行业已开始向低能耗、低污染、高质量、高品位的方向发展。传统的设计方法、施工工艺、技术方案、项目管理模式已严重不适应建筑行业发展的需要。BIM 技术的不断创新和广泛应用为建筑行业的发展奠定了坚实的基础，开创了一个崭新的平台，尤其是在钢结构行业。因此，现阶段用 BIM 进行技术交底，是建筑行业应用 BIM 技术的最佳突破口。BIM 在钢构件生产加工领域应用的地方越来越多，纵观 BIM 的发展，未来建筑信息化模型的发展趋势必将越来越好，会为构件生产带来方便与快捷。

3.2.5　构件加工

在构件生产过程中，BIM 技术可以提供技术支持。通过深化阶段得到的构件生产详图可用于指导构件生产，其三维数据信息可以录入生产设备中，实现自动化生成，并为构件质量提供保障。将 RFID 和二维码技术应用于构件中，并通过手持读写器将构件的位置、材料、生产时间、属性等信息录入建筑信息模型中，实现对构件的管理。BIM 技术还可对构件的生产进行控制，提前编写好构件的生产计划、运输计划、材料购进计划等，保证构件有序进行生产，并控制库存量。

1. 材料工程量统计利用

BIM 模型的材料信息，可以计算所需的各类部品及零构件的数量。我们可以将 Revit 的明细表导入到 Excel 软件中，整理构件的形状、尺寸以及特性信息。然后利用 Excel 软件将输入的所有零件属性按照其不同的建筑部品规格、不同的材质进行分组统计，这就减少了人为区分建筑部品规格（厚度、种类等）和材质进行分组的工作，实现了多种板材规格、多种材质的零件同时批量统计。Excel 表输出的信息包括图形、面积、数量和切割距离等详细统计数据，自动生成每个原材料板的利用率和废料的百分比以及重量信息等。

2. 三维模型指导加工

基于 BIM 软件可以快速通过调取构件模型的三维视图以及相应的参数尺寸，可以用于指导相关构件的加工生产。也可形成钢构件加工图与施工详图，可以保证钢构件满足加工与施工安装的要求，保证能够严格按照钢结构结构图进行安装。钢结构的加工图与安装详图将直接影响构件的生产加工、现场拼装，进而影响施工的质量与成本造价。

深化设计阶段钢结构模型可以准确地表达轻钢结构支撑体系中大量的构件链接节点。相关的钢构件加工厂可以免去人工进行节点绘制与统计的工作，提高钢构件加工精度与效率，大大减少了人为错误发生的概率。只要保证钢结构模型建模过程的正确性，就能保证由其生成的构件详图的准确性，减少现场安装的错误，降低项目的成本费用。

3. 构件详细信息查询

Revit 软件对项目图纸实行分类，其中包括材料报表、构件生产加工图、施工装配图和后续施工等相关详图。同时 Revit 软件能够输出 .nwc 格式文件，此文件包含钢构件的外观尺寸、几何数据和材料特性等数据信息，把导出的 .nwc 文件导入到 Navisworks 时能够实现施工过程的模拟，预先进行对施工方案的验证。通过利用 BIM 技术对钢结构节点进行深化，节省原材，并且钢结构定位快捷准确，安装方便，有效提升了安装拼接的工作效率从而降低了项目实施成本。基于 BIM 的材料管理通过建立材料 BIM 模型数据库，使项目各参与方都可以进行数据的查询和分析，为项目部材料管理和决策提供数据支撑。当装配式钢结构建筑出现工程变更的时候，基于 BIM 模型可以进行动态维护，及时将变更的材料数量及时准确地统计出来，便于相关部品材料的采购与加工生产。在部品出厂阶段将 BIM 技术与 RFID 技术结合应用，可以保证建筑部品的质量与信息传递的完整性，基于 BIM 模型通过相关设备选择相应的部品构件或构件组生成二维码信息，在部品运输阶段与施工阶段可以通过构件上的二维码，获取相应的部品模型信息，有利于构件的信息查询。

3.2.6　构件预拼装

目前，在国内大多数装配式钢结构工程中，加工车间普遍采用钢卷尺、直角尺、拉线、吊线、放样检验模版等传统手段来检验钢构件是否符合设计的要求。对于复杂的钢构件除了前面介绍的一些方法还要将进行实物预拼装，再次检验构件每个接口之间的配合情况判断是否满足设计要求。而如今的钢结构造型已经变得十分复杂，如高层建筑的避难层桁架构件、雨篷网壳结构和顶冠造型；又如各种场馆的空间大跨度立体桁架构件和巨型的高架桥梁等，给钢构件的检验增添了许多难度。采用现有的检测手段不但需要大片的预拼装场地，检测过程繁琐，测量时间长，检测费用高，而且检测精度低，已经无法满足现在钢结构加工制造技术的需要。

现在，有一种计算机模拟实物构件进行检验和预拼装的方法正在悄然兴起，在一些重大项目中得到应用，起到了意想不到的效果。这种方法的基本思路是：采用钢结构 BIM 模型（以下简称理论模型），选择合适的测量位置，并予以编号形成单一构件的测量图用于实物测量（如采用全站仪进行测量），然后将构件实测数据输入三维设计软件形成实测的三维模型（以下简称实测模型），与原始理论模型进行比对，检验构件是否满足设计的要求。然后将合格的构件实测模型导入整体模型中进行构件之间各接口的匹配分析，起到构件实物预拼装的效果，保证最终构件完全符合现场安装的要求，确保现场施工顺利进行。此类方法可以获取实物构件的三维数据信息，不但能够用于检验单个构件，而且能够模拟复杂构件安装后的真实情况；既方便实物构件数据信息的存储，还可以提供给现场，作为真实安装的参考依据。

3.2.7 基于 BIM 技术的数字化加工

BIM 技术的引入，使钢结构构件加工工艺流程变得简单，BIM 模型输出的各类信息除了能快速生成加工清单、工艺路径设定等进行有效组织生产外，在异形板材自动套料、数控切割及自动化焊接、油漆喷涂等加工工序中的作用显得尤为显著。以下是通过 BIM 模型产生的各类数据格式的文件信息：

(1) CNC：机床 G 代码使用格式；

(2) DSTV：数控加工设备使用的中性文件；

(3) SDNF：基于文件的钢结构软件数据交换格式；

(4) CIS/2：基于数据库技术的钢结构软件数据交换格式；

(5) IFC：建筑产品数据表达与交换的国际标准，是建筑工程软件交换和共享信息基础；

(6) XML：为互联网的数据交换而设计的数据交换格式，在因特网发布模型以供查看；

(7) IGES 和 STEP：产品模型数据交换标准，适用于制造业几何图形的数据形式。

BIM 的出现能够方便地输出 NC 数控数据文件（使用 DSTV 格式创建），数据文件包含了所有关于这个零件的长度、开孔位置、斜度、开槽和切割等的坐标信息，以便设备能够识别。对于异形板材的切割、钻孔等加工需要另外加入一个套料的动作，以便提高板材的利用率。目前一些自动套料排版软件，可将 BIM 输出的 NC 文件夹中的多个 NC 文件进行批量转入，为前期数据输入节省大量的时间，并保证所有输入数据的准确性。同时，在获取 NC 文件的零件信息后，将输入的所有零件按钢板厚度不同、材质不同自动进行套料分类，完成每组零件的套料任务，大大减少了人为进行钢板厚度和材质分组的工作，实现了多种钢板厚度、多种材质的零件同时批量进行套料的功能。

机器人技术是综合了计算机、控制论、机构学、信息和传感技术、人工智能、仿生学等多学科而形成的高新技术。钢结构焊接轨迹单件多样性的特点，示教再现型机器人已不能满足需求，取而代之的是离线编程与路径规划技术以及系统仿真技术可作为主要解决方案。机器人在研制、设计和试验过程中，经常需要对其进行运动学、动力学性能分析以及轨迹规划设计，而机器人又是多自由度、多连杆空间机构，其运动学和动力学问题十分复杂，计算难度很大。因此，通过 IGES 和 STEP 等格式，可方便地将钢结构 BIM 与机器人三维仿真系统连接起来，结合机器人焊接工艺数据库等，完成焊接机器人的"前端数字化"—离线编程系统，最终解决钢结构机器人焊接的问题。

3.3　BIM、LORA 等技术在装配式钢结构构件生产中的作用

BIM、LORA 等技术应用在装配式钢结构构件数字化加工过程中，通过产品工序化管理，将以批量为单位的图纸和模型信息、材质信息、进度信息转化为以工序为单位的数字化加工信息，通过生产过程信息的实时添加和补充完善，使其在信息化管理平台中可视化展现，从而实现装配式钢结构构件数字化加工。装配式钢结构工程基本产品单元是钢构件，钢构件的加工生产具有全过程的可追溯性，以及明确划分工序的流水作业特点。随着社会生产力的发展，钢结构制作厂不断引进新设备，对已有设备不断改造及生产管理方式的变革，使之具备了与生产力相适应的数字化加工条件和能力。

基于 BIM、LORA 技术钢结构数字化加工，从事生产制造的工程技术员可以直接从 BIM 模型中获取数字化加工信息，同时将数字化加工的成果反馈到 BIM 模型中，提高数据处理的效率和质量。

3.3.1　装配式钢结构构件数字化加工

装配式钢结构构件数字化加工的 BIM 应用的基本原则主要有以下几个方面：

（1）BIM、LORA 技术需要与钢结构制作厂的实际生产力水平相适应。不同的制作厂在产能、设备、管理模式等方面各不相同，具备的数字化加工条件与能力也不相同，采用手工、半自动化、自动化等不同的加工方式，需要从 BIM 模型中提取不同深度的数据信息。

（2）装配式钢结构的生产应具有明确划分工序的流水作业特点，实现加工过程的数字化应从管理模式上进行变革。加工工序的过程管理是将加工过程的数据采集和加工管理重心下移到以工序为单位的操作层，将从 BIM 模型中提取的数字化加工信息转化为具体的工序信息，同时，将加工结果反馈到 BIM 模型中。

（3）装配式钢结构数字化加工应从人员、设备、方法、资源等多个方面综合考虑。从 BIM 模型中提取的数字化信息，还需与其他资源进行整合，才能实现数字化加工与 BIM 技术的强强联合。

3.3.2　装配式钢结构数字化加工

装配式钢结构数字化加工，依托于生产工位的数字化，应用 BIM、LORA 技术可以整合加工过程中多个部门的数据信息，实现协同作业与信息共享。

在钢结构数字化加工过程中，BIMI 技术应用会涉及制造厂的成本管理、生产管理、物资管理、技术管理、质量管理、制作车间等多个部门。实现钢结构数字化加工，需要从 BIM 模型中提取加工用的数据信息。根据制作厂产能、设备、管理模式等条件，数据输入时需要考虑：

（1）装配式钢结构数字化加工所需数据的编码应与实际管理模式相适应。针对不同的

数字化加工设备和管控方法，所需的数据格式与类型也不相同。

（2）装配式钢结构数字化加工数据输入时，应做到以工序管理为基本落脚点，将数据采集和加工管理重心放在工序管理上. 从 BIM 模型中获取加工数据，通过数据传输发送到各个工序，每个工序又将加工的结果反馈到 BIM 模型中。

课 后 习 题

一、单项选择题

1. 以钢框架为基础，近中心部位通过现浇混凝土墙体或密排框架柱围成封闭核心筒的结构体系，属于装配式钢结构的以下哪种种体系（　　）。

A. 钢框架—核心筒结构体系　　　　　B. 钢框架—支撑结构体系

C. 钢框架—剪力墙结构体系　　　　　D. 轻钢龙骨住宅体系

2. 在进行规则的 H 型钢加工的时候，在长度方向应留出多少余量（　　）。

A. 10mm　　　　　　　　　　　　　B. 20mm

C. 30mm　　　　　　　　　　　　　D. 40mm

3. 钢板对接焊缝为全熔透一级焊缝，对接焊缝余高应控制在以内（　　）。

A. 2mm　　　　　　　　　　　　　 B. 3mm

C. 4mm　　　　　　　　　　　　　 D. 5mm

4. 以下哪种特性不属于钢结构制作在产业链中的"三边"特性（　　）。

A. 边设计　　　　　　　　　　　　 B. 边制作

C. 边交底　　　　　　　　　　　　 D. 边更改

二、多项选择题

1. 以下内容属于装配式钢结构建筑结构类型的是（　　）。

A. 钢框架结构体系　　　　　　　　 B. 钢框架—剪力墙体系

C. 轻钢龙骨住宅体系　　　　　　　 D. 钢框架—支撑结构体系

E. 钢框架—核心筒结构体系

2. 以下哪些内容属于装配式钢结构构件生产过程中的深化设计流程（　　）。

A. 根据结构施工图建立轴线布置和搭建杆件实体模型

B. 根据设计院图纸对模型中的杆件连接节点、构造、加工和安装工艺细节进行安装和处理

C. 对搭建的模型进行"碰撞校核"，并由审核人员进行整体校核、审查

D. 基于 3D 实体模型的设计出图

3. 基于 BIM 技术的钢结构加工制作技术交底包含以下哪几种形式（　　）。

A. 工艺可视化交底　　　　　　　　 B. 深化施工图交底

C. 3D 静态模型管理　　　　　　　　D. 3D 动态模拟技术交底

E. 节点施工方案图纸交底

4. 在介绍建立装配式钢结构构件族库的时候，提到可使用 Revit 进行建立模型，其中 Revit 中的族分为（　　）。

A. 外建族　　　　　　　　　　　　 B. 可载入族

C. 系统族　　　　　　　　　　　　 D. 内建族

E. 自开发族

5. 采用 BIM 技术进行构件化加工，可以实现以下哪些功能(　　)。

A. 工程量统计　　　　　　　　　　　　B. 三维可视化指导

C. 构件信息查询　　　　　　　　　　　D. 钢结构节点深化

E. 人员架构创建

参考答案

一、单项选择题

1. A　　2. C　　3. B　　4. C

二、多项选择题

1. ABCDE　　2. ABCD　　3. ACD　　4. BCD　　5. ABCD

第 4 章 装配式钢结构建筑施工与 BIM 技术应用

本章导读:

  随着综合国力的提升,人民物质文化方面的需求也逐步提高。为了满足人们日益增长的物质、文化需求,各地政府也开始兴建相关的基础设施,如大型的体育场馆、影剧院、展览中心等。对于这些大型的体育场馆建筑及大型公共设施建筑,为了满足建筑功能的需要,此类建筑要具有开阔的空间、可靠的承载力,甚至有些建筑还需要其兼具便捷的施工和美观的造型。而装配式的大跨空间钢结构正好可以满足此类项目的上述需求。同时,为了保证此类建筑的顺利竣工,引入 BIM 技术对其施工阶段这一重要环节进行辅助管理与控制。

  本章内容主要以装配式大跨度空间钢结构为例,介绍装配式钢结构的施工方法、装配式钢结构施工管理的重点、BIM 技术在装配式钢结构建筑施工阶段的应用以及 BIM 技术在装配式钢结构建筑在施工阶段存在的问题与发展方向。

本章学习目标:

  (1) 掌握大跨空间装配式钢结构的常用施工方法。

  (2) 掌握 BIM 技术在装配式钢结构项目中的应用内容。

  (3) 了解装配式钢结构项目建设的各方可以利用 BIM 技术进行哪些工作。

4.1　装配式钢结构施工方法

随着大跨度空间钢结构的类型及建筑材料的不断发展，空间钢结构施工工艺也在不断地发生变化。大跨度空间钢结构施工安装方法与其结构类型息息相关，空间钢结构的结构类型有时会限制其施工安装工艺的选择。所以不同类型的结构要采用与之相匹配的安装工艺。而有时同一项目的钢结构施工又会有多种方案可供选择，例如同一钢屋盖会有多种施工安装方法，只有选择出最佳施工安装方案才能有效保证工程施工质量及工期，保障施工人员安全，节约施工成本。通过使用最优化的施工工艺方案才能更好地为诸如火车站房、机场航站楼、会展中心等具有独特造型的建筑安全、高效建设提供技术支持。大跨度空间钢结构基本安装方法有高空散装法、分段吊装法、高空滑移法、整体吊装法、整体提升法、整体顶升法，还有基于新型安装理念提出的安装工艺。

4.1.1　钢结构的分步式安装

1. 高空散装

（1）传统施工方法

通常，高空散装法分为满堂脚手架法和悬挑法两种类型。依据相应的设计图纸，将结构杆件及节点进行拼接，直接在设计位置将构件组成整体。满堂脚手架法是指通过设置脚手架作支撑，结构杆件、节点或小拼单元在支撑架上进行拼装，螺栓球节点网壳或网架常采用此方法进行施工；悬挑法是指先将结构进行合理划分，预先在地面完成小拼单元的拼接，再利用起吊设备将其吊至高空设计位置拼装成型的工艺，安装阶段仅需使用小型起重设备而无须设置脚手架进行支撑，悬挑法根据安装顺序又可划分成内扩法及外扩法。

单一杆件或节点重量轻，安装技术要求低，无须使用重型起重设施。采用满堂脚手架法进行安装时需设置大量脚手架作支撑，增加施工成本，散装作业量多，安装精度难以保证，影响下部土建结构施工，需与土建工程协调施工。纯粹使用高空散装法进行安装的工程项目较少，常与其他施工工艺结合完成安装。

（2）BIM 技术辅助实施

对于高空散装式的钢结构构件，其节点构件众多，采用满堂脚手架法施工会占用大量的工作面，会对施工进度造成一定的影响，同时安装过程构件的运输量也比较大。为了使高空散装式的钢结构项目能更快更好地完成，可以事先利用 BIM 技术进行项目的平面布置及上下料运输规划，制定合理的方案辅助工程实施。

1）现场平面布置

利用 BIM 软件建立详细的生产区模型，真实模拟施工现场工作区及周边的环境，包括材料所占区域，周边临建，脚手架搭设区域，交通道路状况等因素。利用建立的周边三维模型，使现场施工人员进一步了解现场的工作区域的区位及周边的环境情况。同时对项目设施、道路交通有更为直观的感受，既可以在施工进场前有一个宏观的把控，也能为后续工程的实施提供依据。并且利用三维的方式进行现场平面布置，可以对工作空间进行优化与模拟，将原本浪费的空间进行调整，使后续施工更加顺畅。

2）材料堆放区域规划

事先进行场地情况分析，利用三维模型展现施工现场布置，划分功能区域，同时将构件的运输路线及构件运量以动态的方式展示。对现场工作区域进行合理规划，保证钢结构材料的合理摆放和及时取用，同时方便构件的管理，且对施工现场的安全生产能有进一步的提升。对钢结构构件的运送路线进行规划，还能提高现场人员的工作效率，同时充分利用起吊设备，节省能源，建立的模型也可随着施工的进程进行快速地调整与变更，保证了整个施工阶段的需要。生产区规划如图 4.1.1-1 所示。

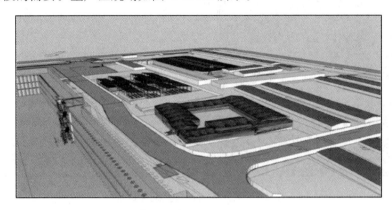

图 4.1.1-1　生产区规划

2. 分段吊装法

（1）传统施工方法

钢结构的分段吊装法根据结构杆件特点及起吊设备能力来划分主体结构区段，之后再使用吊装机械将在地面拼装成型的各区段单元吊装至指定高度，最后焊接总拼成型的施工方法。其依据划分单元形状分为分块吊装和分条吊装两种类型。沿跨度较长方向将结构分割成条状区段即为分条吊装法；若沿纵横两向划分结构成若干个块状单元则为分块吊装法。对结构进行划分时，应注意保证分块单元或分条单元具有足够的刚度和几何不变性，否则应采用临时杆件进行加固处理。条（块）单元在地面完成拼装，高空作业量大大减小，安装精度及质量得以保证，且由于无须搭设脚手架，施工经济性良好，充分利用起重设备，加快施工进程；但此方法对辅助支撑结构的临时支撑胎架要求较高，施工前应分析该支撑胎架的承载力，保证其稳定性。分段吊装法适用于划分区段后的单元刚度、受力特性改变量小的钢结构安装。

（2）BIM 技术辅助实施

对于分段吊装的钢结构构件，由于在地面进行构件的分段拼装，再采用起吊机械将进行提升并安装。在进行此种方式的钢结构项目实施时，可以利用 BIM 技术对钢结构区段进行三维扫描，利用扫描直接获取钢结构各区段的实时数据，直观展示各区段构件的起吊高度、空间位置等数据，确保施工过程的顺利。

1）构件的预拼装

采用 BIM 技术中的三维扫描技术对钢构件及各区段的连接节点部位进行三维扫描，将生成点云数据在计算机上进行预拼装。使钢结构构件在进入施工现场前能保证节点连接。对于大体量的区段，进行安装时也是需要确保安装的精度，以确保安装工作能够顺利完成。进行各区段的预拼装处理时需要现场有一定工作空间来架设扫描仪器，从而获取各区段的钢结构点云模型。某国际会展中心钢结构点云模型及配准报告如图 4.1.1-2 所示。

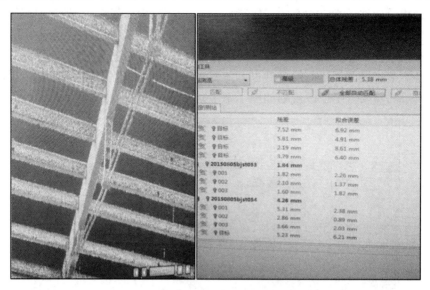

图 4.1.1-2　点云模型及配准报告

2）钢结构构件安装检测

采用三维扫描技术对施工现场进行三维扫描，能快速获取施工现场的点云数据模型，将获取的点云模型进行"切片"或直接与建立的 BIM 模型进行比对。校核现场构件的安装误差，从而及时采取措施进行调整。同时，利用三维扫描的方式对已安装的钢结构进行检测以获取构件的真实状态，并根据真实数据找到与设计时的构件偏差，然后利用相应的分析软件如 Midas/Anasys 等对结构关键节点位置处的偏差进行修正及调整，使之与现实状态一致。这样，建立的计算模型能够更加准确地反映项目的实际结构状态。

3. 高空滑移

（1）传统施工方法

钢结构高空滑移法施工，是在预先设置好的滑轨上放置划分完毕的条状单元，之后对条状单元施加牵引力，使其单条或逐条滑移至安装位置，再焊接成整体。条状单元可选择在高空拼装平台处组装成型或选择在地面上完成条状单元拼装，再由吊装机械吊至初始滑移位置。根据不同滑移方式可分单条滑移法和逐条滑移法两种类型，将各个条状单元一条一条地从一端滑移至另一端，之后焊接各高空条状单元即为单条滑移法；而在第一个条状单元滑移一定距离后，连接第二个条状单元，将已对接好的第一、二条状单元共同滑移一定距离后再连接上第三个条状单元，一直循环至接上最后一个条状单元则为逐条滑移法。根据滑移对象的不同可分胎架滑移法和主体滑移法两种类型，在拼装胎架底部设置滑轨时，每拼装完一个条状单元，滑移拼装胎架至下一设计位置进行拼接即为胎架滑移法；拼装胎架位置固定，滑移拼装单元至设计位置再完成组拼则为主体滑移法。

此方法安装无须使用大型起重机械，可对条状单元进行施工侧向稳定性模拟，尽量减小条状单元的轴线对接误差。高空滑移法适用于平面体系较为规整的结构、采用周边简支或点支撑与周边支撑相结合进行支撑的结构和狭窄的施工工程。

（2）BIM 技术辅助实施

钢结构项目使用高空滑移法时，由于其是以架空的方式进行作业，故可以与下部土建工程进行立体交互型施工。为了能够更好地进行立体式作业，寻找最优的施工方案、给施工项目管理提供便利，可以基于 BIM 的 4D 施工动态模拟技术对施工过程进行工程辅助，为施工进度及安全的管理提供依据。同时，为保证立体式施工的安全还可利用 BIM 模型进行钢结构安装的安全防护设施模拟。增强现场安全保障，确保项目安全实施。

1）4D 施工模拟

当前建筑工程项目管理中经常用于表示进度计划的甘特图，由于专业性强，可视化程度低，无法清晰描述施工进度以及各种复杂关系，难以准确表达工程施工的动态变化过程。采用高空滑移的方式进行钢结构使用，可以利用已建的 BIM 模型直接进行时间参数的添加与控制，按照相应的工程规划进度制作 Excel 或 Project 进度文件，提前细化施工模型，并转化格式，方便导入模拟软件，关联以排好的 Excel 或 Project 文件，在 Excel 或 Project 文件中，添加实际工程时间，按周模拟施工进度情况，应对延后和提前的情况。利用 4D 模拟的方式还能方便现场人员直观了解现场进度情况，便于现场技术人员及时修改方案和组织抽调人力，最大限度避免工程进度延误，用以辅助更好地安排后续工作。直观展示工程的进度情况，分析影响进度的因素，协调各专业，制定应对措施，以缩短工期、降低成本、提高质量。某施工进度展示如图 4.1.1-3 所示。

图 4.1.1-3　施工进度展示

2）施工现场安全防护设施施工模拟

建立施工现场上下层工作区的设施模型与结构模型，以空间的方式显示实际的工作区域，直观展示有安全防护设施和没有安全防护位置。利用可视化方式，提前发现现场的各类潜在的危险源。在三维的交互式虚拟环境中进行真实时间模拟，并基于可进行各类影响施工安全的模拟分析。BIM 允许项目参与者直观地评估现场条件和识别风险，将工程安全问题更紧密地和建造计划进行连接，从而提高员工安全系数。同时，利用明细统计功能还可对安全防护设施使用数量进行快速统计。以量化的方式展示安全防护实施的建设情况，优化防护方案。安全防护及危险源示意图如图 4.1.1-4 所示。

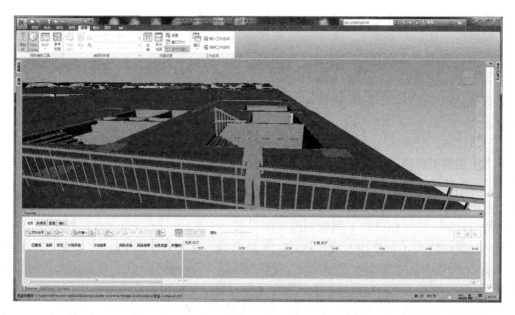

图 4.1.1-4　安全防护及危险源

4.1.2　钢结构的整体式安装

1. 整体吊装法

（1）传统施工方法

在地面胎架将各部分结构拼装成整体结构，再利用大型起重机械将其吊装到设计位置并安装固定的施工工艺。整体吊装法有就地与柱错位总拼与场外总拼两种总拼方式。采用拔杆吊装结构至高空后，控制起重设备的平移或转动后再下调结构，使其正确就位即为就地与柱错位总拼。就地与柱错位总拼需断开梁柱间连接，影响上部土建工程施工进度，拖延工期。若采用履带吊、塔吊等设备进行安装则为场外总拼，此总拼方法可与土建工程实现立体交叉平行作业。与高空散装法、分段吊装法相比，整体吊装法高空作业量最小，焊接质量好、安装精度高、施工安全性良好、施工成本相对较低；不足之处在于须采用起重能力较高的机械进行吊装安装，起重设备停机处的地基承载力应满足承载要求，此安装方法对起重机械操作人员技术水平提出较高要求，适用于刚度较大的重型空间钢结构的安装。

（2）BIM 技术辅助实施

利用整体吊装法进行钢结构安装，其是在地面对钢结构构件进行整体拼装然后使用起吊机械将整体钢结构进行提升。在进行此种方式的钢结构项目实施时，为保证结构的安全实施可以利用工艺模拟，以可视化的方式展示结构的吊装过程和提升工艺，并对工程的重点难点进行方案比选与优化，使工程能够顺利地进行。

1）钢结构整体吊装工艺模拟

利用深化好的 BIM 模型，并配合钢结构施工步骤，可以以动画的方式模拟展示钢结构项目在安装时的过程。配合虚拟现实技术，可以模拟构件安装步骤，以交互性更强的方式进行现场技术交底。在进行专家论证时可视化的方式也能最直观地反映工艺实施过程的问题，从而帮助工艺的完善。采用工艺模拟还能进一步明确钢结构构件的吊装工艺及施工方法，形象反应整体的施工过程。某钢结构提升吊装点定位如图 4.1.1-5 所示。

2）设备安装模拟仿真演示

对项目的重要设施和相关机具进行建模，根据施工工艺出具工艺动画，模拟设备安装方法，并形成常用工法库。按照预先是施工进度，演示各设备安装的进度情况。重要位置优先进行冲突检测，为后续设备的顺利安装提供保障。直观展示现场设备、提前确立实施方案和各区实施位置及优先次序，反应设备的进度情况。

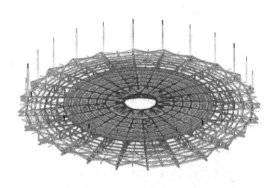

图 4.1.1-5　吊装点位定位

2. 整体提升法

（1）传统施工方法

在地面投影处设置拼装胎架，在其上完成提升单元的拼装，在主体结构柱或临时支撑架顶部安装液压提升器，通过设置钢绞线完成了液压提升器与提升结构的连接，控制液压提升系统逐步提升整体结构。整体提升法可分为单独提升法、升滑结合法以及升梁法。利用安装在结构柱或临时支撑架顶端的液压提升设备来完成被拼装结构的整体提升即为单独提升法；若结构设有圈梁或主梁，将拼装结构放置于圈梁或主梁构件之上后同时提升至设计高度即为升梁法。与整体吊装法类似，整体提升法也具有高空作业量少、拼装精度高、施工安全性好等优点，且可以将在地面或最有利高度上完成部分工程（如屋面板、防水层、采暖通风及电气设备）的安装，再统一提升节约施工成本。整体提升法的专业操作性要求高，注意保证提升同步性，有必要对提升支撑架进行施工验算，保证其稳定性。

（2）BIM 技术辅助实施

利用整体提升法进行钢结构安装，对钢结构进行整体提升。在进行此种方式的钢结构项目实施时，可以利用 BIM 技术对结构进行定位控制和漫游展示。以三维化和可视化的方式展示结构的提升过程。

1）构件的精确定位

具体应用方法：

① 根据设计图纸，创建各类项目的使用族文件，可以配合利用参数化功能来改变其设计参数；

② 建立准确的钢结构构件定位轴线和各个预制构件的定位轴线，按照定位轴线，以拾取的方式将各组库中的构件组装进来；

③ 配合激光测距及定位装置可以将模型的定位轴线、尺寸边界准确地定位出来。

2）漫游仿真展示

基于相应的建筑、结构模型，利用施工模拟软件、漫游软件制作各个专业的整体漫游动画及整体漫游动画（图 4.1.1-6）。以全局的方式展示项目的建造过程和成型后的样式。通过将 BIM 模型为载体，将空间信息与时间信息直观表达。不仅可以精确地反映整个钢结构项目的施工过程，还能够实时追踪当前的进度状态，分析影响进度的因素，协调各专业，制定应对措施，以缩短工期、降低成本、提高质量。

图 4.1.1-6　结构漫游动画

3. 整体顶升法

（1）传统施工方法

与整体提升法相反，整体顶升法是指先在地面拼装胎架上完成结构拼装，再利用起重设备（大吨位千斤顶）将结构整体顶升至预定标高的安装工艺。通过在主体结构支撑柱处设置导轨，有效预防了结构在顶升过程偏转现象的发生，再采用千斤顶倾斜支顶或水平向千斤顶支顶进行纠偏。应综合考虑结构类型以及施工条件，选用四肢钢柱或劲性钢筋混凝土柱作为支撑柱，顶升过程中，每根柱子都承载了很大的集中荷载，相应的起重设备也会受到较大的负荷，考虑安全因素常对其额定负荷能力进行折减。整体顶升法可将屋面板、檩条、吊顶以及通风电气设备等部分工程在顶升前全部安装完毕，再随着结构统一顶升至安装位置，节约施工成本。若采用双肢或四肢格构柱作为导向支撑柱时，应验算导向柱在顶升过程中的稳定性，必要时可采取临时措施进行加固，且应考虑各顶升点的同步性问题。三门峡南站候车大厅屋盖采用整体顶升法进行安装。

（2）BIM 技术辅助实施

利用 BIM 技术实施钢结构施工时还可以利用三维的方式，配合虚拟现实技术、远程可视监测技术对构件和结构的安装进行辅助。通过数字化平台的方式进一步提升钢结构施工的质量，缩短建造时间，提高建造的安全性。

通过 BIM 技术、二次开发技术在数据库基础上对各专业软件的功能进行开发，将施工方所关心的项目信息内置到平台中，并且可以以交互性更强的方式设置漫游，使用户可以自主操控导游，在平台构筑的三维场景中自由的进行浏览，查看用户所关注建筑的各个部位，方便管理人员对项目进行全局掌控。同时也能使甲方对项目的进度、质量、安全有直观和及时地了解。利用平台可按用户需求提供相应的管理模块，将本项目施工中的重点，难点进行科学管理。若甲方和施工方对项目管理上有其他方面的侧重，或对项目管理中的某一点有更特别的关注，同时利用模型轻量化技术减小模型几何部分的体积保留模型本身的参数从而保证数据的完整性，并实现网页直接浏览项目信息及三维模型，达到远程可视化管理项目的目的。

4.2　装配式钢结构施工管理

4.2.1　项目各参与方提出对 BIM 管理方面的需求

1. 政府对装配式钢结构 BIM 管理

政府在 BIM 应用发展中，起着至关重要的奠基和引领作用。我国政府从"十一五"开始，就大力支持建筑信息化发展。从 863 项目到国家自然科学基金项目，无不体现着政府对该技术应用的重视。因为 BIM 技术发展，最终必将导致建筑电子政务的使用，从而将政务信息和建筑模型信息以一种高效的方式联系起来。政府推进 BIM 应用通常从以下几点着手。

（1）法制层面：组织制定 BIM 应用相关法律法规，比如拟定 BIM 应用项目的收费规定，从而在法制层面对其进行定位、定性。

（2）规划层面：组织编制 BIM 应用详细性或实施性发展规划，从规划层面引领 BIM 应用发展方向。

（3）标准层面：组织编制 BIM 应用技术导则、规定或规范，比如适当改变传统的设计交付方式（甚至可考虑以 3D 的 BIM 模型直接作为某些阶段设计成果载体交付），出台新版制图标准等。

（4）项目层面：将建立数字城市模型作为城市管理手段之一，引领城市建设信息化、数字化，从而催生大量建筑信息模型（BIM）；可强制（或建议）某些大型政府投资建设项目使用 BIM 设计建造；对使用 BIM 的项目予以审批优先或提速；对 BIM 应用项目在投标方面予以适当加分等。

（5）激励层面：以课题委托、评比评优等不同方式，扶持或激励国内从事 BIM 研发的科研院所、大专院校、行业组织或软件厂商或工程建设重要企事业单位，以不同角度、不同层面、不同方式，来共推 BIM 应用发展。

2. 业主方在装配式钢结构 BIM 项目中管理与应用

业主方在进行装配式钢结构项目实施前应先明确，使用 BIM 技术要达到什么目的，只有目的明确，利用 BIM 技术才能更好地辅助项目管理。业主方在使用 BIM 技术时可着重从以下几点入手。

（1）招标方面

在装配式钢结构实施前业主方可利用 BIM 技术辅助进行招标管理，其主要体现在以下几个方面：

1）展示与共享，利用 BIM 模型的可视化功能能够让投标方深入了解招标方所提出的条件，避免信息孤岛的产生，保证数据的共通共享及可追溯性；

2）经济指标的控制，控制经济指标的精确性与准确性，避免建筑面积与限高的造假；

3）整合招标文件，整合所有招标文件，量化各项指标，对比论证各投标人的总价、综合单价及单价构成的合理性；

4）评标管理，基于 BIM 技术能够记录评标过程并生成数据库，对操作员的操作进行实时的监督，评标过程可事后查询，最大限度地减少暗箱操作、虚假招标、权钱交易，有利于规范市场秩序、防止权力寻租与腐败，有效推动招标投标工作的公开化、法制化，使得招投标工作更加公正、透明；

5）无纸化招标，实现无纸化招投标，从而节约大量纸张和装订费用，真正做到绿色低碳环保；

6）削减招标成本，可实现招投标的跨区域、低成本、高效率、更透明、现代化，大幅度削减招标人投标人力成本。

（2）设计方面

在进行装配式钢结构设计管理方面，业主方可利用BIM技术辅助实施以下几个方面内容：

1）协同工作，基于BIM的协同设计平台，能够让业主与各专业工程参与者实时观测数据更新，以最短时间了解现场情况；

2）图纸检查，BIM团队的专业工程师能够协助业主检查项目图纸的错漏碰缺，达到更新和修改的最低化；

3）周边环境模拟，对工程周边环境进行模拟，对拟建造工程进行性能分析，如舒适度、空气流动性、噪声云图等指标，对于城市规划及项目规划意义重大；

4）复杂建筑曲面的建立，在面对复杂建筑时，在项目方案设计阶段应用BIM软件也可以达到建筑曲面的离散。

（3）工程量统计方面

对于装配式钢结构建筑的工程量的计算是工程造价中比较繁琐和复杂的部分。利用BIM技术辅助工程量测算，能大大减轻预算人员的工作强度。同时BIM技术提供的参数更改技术能够将针对建筑设计或文档任何部分所做的更改自动反应到其他位置，从而可以帮助工程师们提高工作效率、协同效率以及工作质量。BIM技术具有强大的信息集成能力和三维可视化图形展示能力，利用BIM技术建立起的三维模型可以极尽全面地加入工程建设的所有信息。根据模型能够自动生成符合国家工程量清单计价规范标准的工程量清单及报表，快速统计和查询各专业工程量，对材料计划、使用做精细化控制，避免材料浪费。

（4）施工方面

对于装配式钢结构建筑而言，在这一阶段业主对项目管理的核心任务是现场施工产品的保证、资金使用的计划与审核，以及竣工验收。对于业主方而言对现场目标的控制、承包商的管理、设计者的管理、合同管理手续办理、项目内部及周边管理协调等问题也是管理的重中之重。急需一个专业的平台来提供各个方面庞大的信息和各个方面人员的管理。利用BIM技术正好可以解决此类工程问题。

利用BIM辅助业主进行施工管理优势主要体现在以下几个方面：

1）验证总包施工计划的合理性，优化施工顺序；

2）使用3D和4D模型明确分包商的工作范围，管理协调交叉，施工过程监控，可视化通报进度；

3）对项目中所需的土建、机电、幕墙和精装修所需要的材料进行监控，保证业主项目中成本的控制；

4）在工程验收阶段，利用3D扫描仪扫描工程完成面的信息，与模型参照对比来检验工程质量。

（5）物业管理方面

在建筑物使用寿命期间，建筑物结构设施（如墙、楼板、屋顶等）和设备设施（如设备、管道等）都需要不断得到维护。一个成功的维护方案将提高建筑物性能，降低能耗和修理费用，进而降低总体维护成本。BIM 模型结合运营维护管理系统可以充分发挥空间定位和数据记录的优势，合理制定维护计划，分配专人专项维护工作，以降低建筑物在使用过程中出现突发状况的概率。BIM 辅助业主进行物业管理主要体现在以下几个方面：

1）设备信息的三维标注，可在设备管道上直接标注名称规格、型号，三维标注跟随模型移动、旋转；

2）属性查询，在设备上右击鼠标，可以显示设备部具体规格、参数、厂家；

3）外部链接，在设备上点击，可一一调出有关设备的其他格式文件，如维修状况、仪表数值；

4）隐蔽工程，工程结束后，各种管道可视性降低，给设备维护、工程维修或二次装饰工程带来一定难度，BIM 清晰记录各种隐蔽工程，避免错误施工的发生；

5）模拟监控，物业对一些净空高度、结构有特殊要求，BIM 提前解决各种要求，并能生成 VR 文件，可以让客户互动阅览。

（6）空间管理方面

装配式钢结构建筑也会涉及空间管理的内容，其是业主为节省空间成本、有效利用空间、为最终用户提供良好工作生活环境而对建筑空间所做的管理。利用 BIM 技术可以帮助管理团队记录空间的使用情况，处理最终用户要求空间变更的请求，分析现有空间的使用情况，合理分配建筑物空间，确保空间资源的最大利用率。基于 BIM 的房间管理，如图 4.2.1-1 所示。

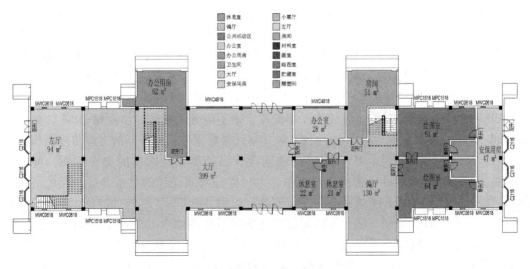

图 4.2.1-1　房间管理

3. 设计方在装配式钢结构 BIM 项目中的管理与应用

设计方是装配式钢结构项目的创造者，是最先了解业主需求的参建方，设计方往往可以通过 BIM 带来更好更突出的设计效果，减少设计错误，利用可视化、参数化的设计方法进行设计会审和专业协同。并且基于三维模型传递和交换设计信息将更加直观、有效，也更有利于各方沟通和理解。设计方应用 BIM 技术能实现的具体问题有以下几点：

（1）三维设计方面

当前，我国建筑设计行业最终交付的设计成果依然以二维图纸为主，生产流程的组织与管理也均围绕着二维图纸的形成来进行。二维设计通过投影线条、制图规则及技术符号表达设计成果，图纸需要人工阅读方能解释其含义。随着日益复杂的建筑功能要求和人类对于美感的追求，设计师们更加渴望驾驭复杂多变、更富美感的自由曲面。而只利用二维图纸通常这类建筑几何形态很难被准确地表达出来。

图 4.2.1-2　三维模型

对于装配式钢结构项目而言另一个问题是：二维设计最常用的是使用浮动和相对定位，目的是想尽办法让各种各样的模块挤在一个平面内，而且结构构件的节点有时会非常复杂，以二维的方式在表现效率方面往往大打折扣。利用 BIM 技术的参数化设计方式，可以极大地简化设计本身的工作量。通过信息的集成，也使得三维设计的设计成品（即三维模型）具备更多的可供读取的信息。对后期的生产（即建筑的也的施工阶段）提供更大的支持。

为后续的构件加工也提供更多便利。BIM 三维立体模型表述如图 4.2.1-2 所示。

（2）协同设计方面

在装配式钢结构项目中利用协同设计的方式可以在不增加设计人员工作负担、不影响设计人员设计思路的情况下，始终帮助设计者理顺设计中的每一张图纸，记录清楚其各个历史版本和历程，也保证设计图纸不再凌乱；同时也帮助各专业设计人员掌握设计的协作分寸和时机，使得图纸环节的流转及时顺畅，资源共享充分圆满，从此不再有所谓的扯皮推诿；始终帮助设计师们监控设计过程中的每个环节，使得工程进度把握有序，从此工期不再拖延。使用协同设计进行设计工作可以降低设计成本，更快地完成设计。

BIM 技术与协同设计技术是成为互相依赖、密不可分的整体。协同是 BIM 的核心概念，同一构件元素，只需输入一次，各工种共享元素数据并根据不同的专业角度操作该构件元素。从这个意义上说，基于 BIM 的协同设计已经不再是简单的文件参照。可以说 BIM 技术将为未来协同设计提供底层支撑，大幅提升协同设计的技术含量。因此，未来的协同设计，将不再是单纯意义上的设计交流、组织及管理手段，它将与 BIM 融合，成为设计手段本身的一部分。多专业协同设计局部展示如图 4.2.1-3 所示，其真正意义为：在一个完整的组织机构共同来完成一个项目，项目的信息和文档从一开始创建时起，就放置到共享平台上，被项目组的所有成员查看和利用，从而完美实现设计流程上下游专业间的设计交流。

（3）建筑节能设计方面

建设项目的景观可视度、日照、风环境、热环境、声环境等性能指标在开发前期就已经基本确定，但是由于缺少合适的技术手段，一般项目很难有时间和费用对上述各种性能

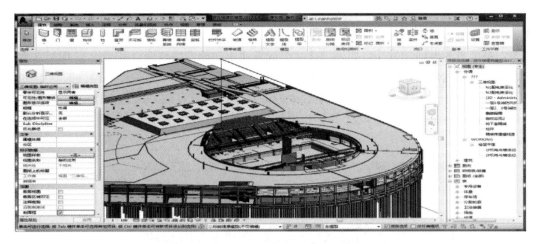

图 4.2.1-3 多专业协同设计

指标进行多方案分析模拟，BIM 技术为建筑性能分析的普及应用提供了可能性。基于
BIM 的建筑性能化分析包含以下内容：

1）室外风环境模拟：改善住宅区域建筑周边人行区域的舒适性，通过调整规划方案
建筑布局、景观绿化布置，改善住区流场分布、减小涡流和滞风现象，提高住区环境质
量；分析大风情况下，哪些区域可能因狭管效应引发安全隐患等。

2）自然采光模拟：分析相关设计方案的室内自然采光效果，通过调整建筑布局、饰
面材料、围护结构的可见光透射比等，改善室内自然采光效果，并根据采光效果调整室内
布局布置等。

3）室内自然通风模拟：分析相关设计方案，通过调整通风口位置、尺寸、建筑布局
等改善室内流场分布情况，并引导室内气流组织有效的通风换气，改善室内舒适情况。

4）小区热环境模拟分析：模拟分析住宅区的热岛效应，采用合理优化建筑单体设计、
群体布局和加强绿化等方式削弱热岛效应。

5）建筑环境噪声模拟分析：计算机声环境模拟的优势在于，建立几何模型之后，能
够在短时间内通过材质的变化，房间内部装修的变化，预测建筑的声学质量，以及对建筑
声学改造方案进行可行性预测。

（4）效果图及动画展示方面

效果图的主要功能是将平面的图纸三维化、仿真化，通过高仿真的制作，来检查设计
方案的细微瑕疵或进行项目方案修改的推敲。利用 BIM 技术出具建筑的效果图，通过图
片传媒来表达建筑所需要的以及预期要达到的效果，通过 BIM 技术和虚拟现实技术来模
拟真实环境、真实建筑。在建筑行业，效果图被大量应用于大型公建，超高层建筑，中
型、大型住宅小区的建设。

动画展示就更加地形象具体，在科技发达的现代，建筑的形式也向着更加高大、更加
美观、更加复杂的方向发展，对于建筑的许多复杂的建筑形式和具体工法的展示就变得更
加重要了，利用 BIM 技术提供的三维模型，可以轻松地将其转化为动画的形式，这样就
使设计者的设计意图能够更加直观、真实、详尽地展现出来，既能为建筑的投资方提供直
观的感受，也能为后面的施工提供很好的依据。

BIM系列软件具有强大的建模、渲染和动画技术，通过BIM可以将专业、抽象的二维建筑描述通俗化、三维直观化，使得业主等非专业人员对项目功能性的判断更为明确、高效，决策更为准确。另外，如果设计意图或者使用功能发生改变，基于已有BIM模型，可以在短时间内修改完毕，效果图和动画也能及时更新。并且，效果图和动画的制作功能是BIM技术的一个附加功能，其成本较专门的动画设计或者效果图的制作，成本会大大降低，从而使得企业在较少地投入下获得更多的回报。BIM漫游动画展示如图4.2.1-4所示。

展馆外部漫游（结构）

图4.2.1-4　BIM漫游动画展示

（5）碰撞检测方面

在装配式钢结构的设计过程中，由于设计空间复杂构件数量过多等问题造成构件安装时的冲突，同时利用二维图纸也不能直观反映钢构件的空间布置情况，在二维图纸中也存在许多意想不到的碰撞盲区。并且，目前的设计方式多为"隔断式"设计，各专业分工作业，依赖人工协调项目内容和分段，这也导致设计往往存在专业间碰撞。同时，在机电设备和管道线路的安装方面还存在软碰撞的问题（即实际设备、管线间不存在实际的碰撞，但在安装方面会造成安装人员、机具不能到达安装位置的问题）。

对于装配式钢结构项目传统二维图纸设计中，是将各专业图纸进行汇总后，由总工程师人工发现和协调问题，难度大且效率低。碰撞检查可以及时地发现项目中图元之间的冲突同，同时构件的尺寸、位置等信息也不能逐个确认。这样会为后续的施工安装带来问题。碰撞检查的典型工作流程在设计过程中，可以使用此工具来协调主要的建筑图元和系统。使用该工具可以防止冲突，并可降低建筑变更及成本超限的风险。常见的碰撞内容如下：

1）建筑与结构专业，标高、剪力墙、柱等位置不一致，或梁与门冲突；

2）结构与设备专业，设备管道与梁柱冲突；

3）设备内部各专业，各专业与管线冲突；

4）设备与室内装修，管线末端与室内吊顶冲突。

BIM技术在三维碰撞检查中的应用已经比较成熟，国内外也都有相关软件可以实现，如Navisworks软件，这些软件都是应用BIM可视化技术，在建造之前就可以对项目的土建、管线、工艺设备等进行管线综合及碰撞检查，不但能够彻底消除硬碰撞、软碰撞，优化工程设计，减少在建筑施工阶段可能存在的错误损失和返工的可能性，而且还能优化净空和管线排布方案。

（6）设计变更方面

设计变更是指设计单位依据建设单位要求调整或对原设计内容进行修改、完善、优化。设计变更应以图纸或设计变更通知单的形式发出。

在建设单位组织的有设计单位和施工企业参加的设计交底会上，经施工企业和建设单位提出，各方研究同意而改变施工图的做法，都属于设计变更，为此而增加新的图纸或设计变更说明都由设计单位或建设单位负责。而引入 BIM 技术后，利用 BIM 技术的参数化功能，可以直接修改原始模型，并可实时查看变更是否合理，减少变更后还得再次变更的情况，提高变更的质量。

施工企业在施工过程中，遇到一些原设计未预料到的具体情况，需要进行处理，因而发生的设计变更，如工程的管道安装过程中遇到原设计未考虑到的设备和管墩，在原设计标高处无安装位置等，需改变原设计管道的走向或标高，经设计单位和建设单位同意，办理设计变更或设计变更联络单。这类设计变更应注明工程项目、位置、变更的原因、做法、规格和数量，以及变更后的施工图，经方签字确认后即为设计变更。采用传统的变更方法，需要对统一节点的各个视图依次进行修改，在 BIM 技术的支持下，只需对节点的在一个视图上进行变更调整，其他视图的相应节点都会相应进行修改，这样将成倍地压缩图纸修改的时间，极大地提高了效率。

工程开工后，由于某些方面的需要，建设单位提出要求改变某些施工方法，增减某些具体工程项目或施工企业在施工过程中，由于施工方面、资源市场的原因，如材料供应或者施工条件不成熟，认为需改用其他材料代替，或者需要改变某些工程项目的具体设计等引起的设计变更，也会因利用 BIM 技术而极大地提高变更效率，精确地调整变更节点，简洁、准确、实用、高效地完成项目的变更。设计变更还直接影响程造价，更改的时间和因素可能是无法掌控的，施工过程中反复变更待图导致工期和成本的增加，而变更管理不善导致进一步的变更，使得成本和工期目标处于失控状态。

4. 施工方 BIM 项目管理与应用

施工方进行装配式钢结构项目施工时，需先理解设计意图，更好地解读工程信息，并尽早发现设计错误，及时进行设计联络，同时要把握施工细节，切合实际对现场施工工人进行技术交底。对于装配式钢结构的工厂预制构件要确保构件的质量，为更好地实现上述内容，利用 BIM 技术进行项目施工，应注意以下几点。

（1）施工模型建立

在进行装配式钢结构项目施工前，施工方可根据设计方提供的 BIM 设计模型，建立包括建筑构件、施工现场、施工机械、临时设施等在内的施工模型。如设计方没有提供 BIM 模型施工方可组织人员进行建模。将构件的尺寸、体积、重量、材料类型、型号等记录下来，然后针对主要构件选择施工设备、机具，确定施工方法。基于施工现场模型，模拟施工过程、构件吊装路径、危险区域、车辆进出现场状况、装货卸货情况等，直观、便利地协助管理者分析现场的限制，找出潜在的问题，制定可行的施工方法；基于临时设施模型，能够实现临时设施的布置及运用，帮助施工单位事先准确地估算所需要的资源，以及评估临时设施的安全性，是否便于施工，以及发现可能存在的设计错误。利用施工模型，建立装配式钢结构建筑能够提高施工效率、减少传统施工现场布置方法中存在漏洞的可能，帮助构件的运输，及早发现施工图设计和施工方案的问题，提高施工现场的生产率和安全性。

（2）施工质量管理

一方面，业主是工程高质量的最大受益者，也是工程质量的主要决策人，但由于受专业知识局限，业主同设计人员、监理人员、承包商之间的交流存在一定困难。当业主对工程质量要求不明确时，造成工程变更多，质量难以有效控制。BIM 为业主提供形象的三维设计，业主可以更明确地表达自己对工程质量的要求，如建筑物的色泽、材料、设备要求等，有利于各方开展质量控制工作。

另一方面，BIM 是项目管理人员控制工程质量的有效手段。由于采用 BIM 设计的图纸是数字化的，计算机可以在检索、判别、数据整理等方面发挥优势。无论是监理工程师还是承包商的项目管理人员，都不再需要拿着厚厚的图纸反复核对，只需要通过一些简单的功能就可以快速准确地得到建筑物构件的特征信息，如钢筋的布置、设备预留孔洞的位置、构件尺寸等，在现场及时下达指令。而且，将建筑物从平面变为立体，是一个资源耗费的过程。无论建筑物已建成、已经开始建设或已经备料，发现问题后进行修改的成本都是巨大的。利用 BIM 模型和施工方案进行虚拟环境数据集成，对建设项目的可建设性进行仿真实验，可在事前发现质量问题。

（3）施工进度管理

BIM 技术在工程进度管理上有三方面应用：

1）可视化的工程进度安排。建设工程进度控制的核心技术，是网络计划技术。目前，该技术在我国利用效果并不理想。究其原因，可能与平面网络计划不够直观有关。在这一方面 BIM 有优势，通过与网络计划技术的集成，BIM 可以按月、周、天直观地显示工程进度计划。一方面便于工程管理人员进行不同施工方案的比较，选择符合进度要求的施工方案；另一方面也便于工程管理人员发现工程计划进度和实际进度的偏差，及时进行调整；

2）对工程建设过程的模拟。工程建设是一个多工序搭接、多单位参与的过程。工程进度计划，是由各个子计划搭接而成的。传统的进度控制技术中，各子计划间的逻辑顺序需要技术人员来确定，难免出现逻辑错误，造成进度拖延；而通过 BIM 技术，用计算机模拟工程建设过程，项目管理人员更容易发现在二维网络计划技术中难以发现的工序间的逻辑错误，优化进度计划；

3）对工程材料和设备供应过程的优化。当前，项目建设过程越来越复杂，参与单位越来越多，其中大部分参建单位都是同工程建设利益关系不十分紧密的设备、材料供应商。如何安排设备、材料供应计划，在保证工程建设进度需要的前提下，节约运输和仓储成本，正是"精益建设"的重要问题。BIM 为精益建设思想提供了技术手段。通过计算机的资源计算、资源优化和信息共享功能，可以达到节约采购成本，提高供应效率和保证工程进度的目的。

（4）施工成本管理

BIM 比较成熟的应用领域是投资（成本）管理，也被称为 5D 技术。其实，在 CAD 平台上，我国的一些建设管理软件公司已经对这一技术进行了深入的研发，而在 BIM 平台上，这一技术可以得到更大的发展空间，主要表现在以下几个方面。

1）BIM使工程量计算变得更加容易。基于CAD技术绘制的设计图纸，用计算机自动统计和计算工程量必须履行这样一个程序：由预算人员告诉计算机它存储的那些线条的属性，如是梁、板或柱，这种"三维算量技术"是半自动化的；而在BIM平台上，设计图纸的元素不再是线条，而是带有属性的构件。也就不再需要预算人员告诉计算机它画出的是什么东西了，"三维算量"实现了自动化。

2）BIM使投资（成本）控制更易于落实。对业主而言，投资控制的重点在设计阶段。目前，设计阶段技术经济指标的计算通常不准确，业主投资控制工作的好坏更多取决于运气。运用BIM技术，业主可以便捷准确地得到不同建设方案的投资估算或概算，比较不同方案的技术经济指标。而且，项目投资估算、概算亦比较准确，能够降低业主不可预见费比率，提高资金使用效率。同样，BIM的出现可以让相关管理线条快速准确地获得工程基础数据，为企业制定精确的"人材机"计划提供有效支撑，大大减少了资源、物流和仓储环节的浪费，为实现限额领料、消耗控制提供了技术支撑。

3）BIM有利于加快工程结算进程。在我国，工程实施期间进度款支付拖延，工程完工数年后没有进行结算的例子屡见不鲜。如果排除业主的资金因素，造成这些问题的一个重要原因在于工程变更多、结算数据存在争议等。BIM技术有助于解决这些问题。一方面，BIM有助于提高设计图纸质量，减少施工阶段的工程变更；另一方面，如果业主和承包商达成协议，基于同一BIM进行工程结算，结算数据的争议会大幅度减少。

4）多算对比，有效管控。管理的支撑是数据，项目管理的基础就是工程基础数据的管理，及时、准确地获取相关工程数据就是项目管理的核心竞争力。BIM数据库可以实现任一时点上工程基础信息的快速获取，通过合同、计划与实际施工的消耗量、分项单价、分项合价等数据的多算对比，可以有效了解项目运营是盈是亏，消耗量有无超标，进货分包单价有无失控等问题，实现对项目成本风险的有效管控。

（5）施工安全管理

BIM具有信息完备性和可视化的特点，BIM在施工安全管理方面的应用主要体现在以下几点：

1）将BIM当作数字化安全培训的数据库，可以达到更好的效果。对施工现场不熟悉的新工人在了解现场工作环境前都有较高风险遭受伤害。BIM能帮助他们更快和更好地了解现场的工作环境。不同于传统的安全培训，利用BIM的可视化和与实际现场相似度很高的特点，可以让工人更直观和准确地了解到现场的状况，他们将从事哪些工作，哪些地方容易出现危险等，从而制定相应的安全工作策略，这对于一些复杂的现场施工效果尤为显著。此外，机械设备操作如果不当很容易出现安全隐患，特别是对于一些本身危险系数较高的建设项目，例如地下工程。通过在虚拟环境中查看即将被建造的要素及相应的设备操作，工人能够更好地识别危险并且采取控制措施，这使得任务能够被更快和更安全地完成。

2）BIM还可以提供可视化的施工空间。BIM的可视化是动态的，施工空间随着工程的进展会不断地变化，它将影响工人的工作效率和施工安全。通过可视化模拟工作人员的施工状况，可以形象地看到施工工作面、施工机械位置的情形，并评估施工进展中这些工作空间的可用性、安全性。

3）仿真分析及健康监测。对于复杂工程，其施工中如何考虑不利因素对施工状态的影响并进行实时的识别和调整，如何合理准确地模拟施工中各个阶段结构系统的时变过程，如何合理地安排施工和进度，如何控制施工中结构的应力应变状态处于允许范围内，都是目前建筑领域所迫切需要研究的内容与技术。仿真分析技术能够模拟建筑结构在施工过程中不同时段的力学性能和变形状态，通常采用大型有限元软件来实现结构的仿真分析，但对于复杂建筑物的分析需要进行二次开发。对施工过程进行实时施工监测，特别是重要部位和关键工序，可以及时了解施工过程中结构的受力和运行状态。

5. 监理方对装配式钢结构 BIM 管理需求

（1）投资控制

在装配式钢结构项目中，通过 BIM 技术对造价机构与施工单位完成项目的估价及竣工结算后，形成带有 BIM 参数的电子资料，最终形成对历史项目数据及市场信息的积累与共享，再根据 BIM 数据建立三维模型，并结合三维可视化技术、模拟建造、虚拟现实等技术，为项目的模拟决策提供了依据。众所周知，设计决定了建筑成本的 75％以上，现代监理管理制度需加强前期投资控制，在设计阶段以最少的投入取得最大的产出，采用限额设计和运用价值的工程方法，能动地影响设计，以及严格控制工程变更是控制造价的重要一环，工程变更历来是投资控制的中心，许多施工单位利用业主对变更部分的不了解，增加工程造价，造成投资方较大的损失，有的装饰施工单位在招标时所报价格采用普通材料，施工时要求业主更换合同及清单中没有的材料，重新采用一个非常有利于施工方的价格，使业主造成巨大损失。而监理方需要着重审核变更方案，严格遵守变更价格原则，以尽量保证有效地控制投资，因此监理可在设计完成项目的 CAD 图纸设计时，将设计图纸中的项目构成要素与 BIM 数据库积累的造价信息相关联，可以按照时间维度，按任一分部、分项工程输出相关的造价信息，便于在设计阶段降低工程造价，实现限额设计的目标。

（2）质量、进度控制

对有装配式钢结构项目，监理的质量控制也是一个重要内容。而质量控制的重要一步就是要求质量要事前预防，所以要根据图纸规范、标准、变更、文件等相关信息作为依据，至于进度方面，更是复杂的多方面因素所至，包括参建各方对进度历来都是件很头痛之事，百倍努力往往效果不十分理想。通过对 BIM 技术研究应用可以进行三维空间的模拟碰撞检查，这不但可以在设计阶段彻底消除碰撞，而且能优化净空及各构件之间的矛盾和管线排布方案，减少由各构件及设备管线碰撞等引起的拆装、返工和浪费，避免了采用传统二维设计图进行会审中未发现的人为失误和低效率。在 BIM 三维基础上，如监理给BIM 模型构成要素设定时间的维度，可以实现 BIM 四维（4D）应用。

通过建立 4D 施工信息模型，将建筑物及其施工现场 3D 模型与施工进度计划相连接并与施工资源和场地布置信息集成一体，实现以天、周、月为时间单位，按不同的时间间隔对施工进度进行工序或逆序 4D 模拟，形象反映施工计划和实际进度。如可以按照工程项目的施工计划模拟现实施工过程，在虚拟的环境下检视施工过程中可能存在的问题和风险，同时可以针对问题，对模型和计划进行调整、修改，反复地模拟检查和调整，可使施工计划过程不断优化。通过该技术软件在一定程度上能够更好地完成进度控制。

（3）信息、合同管理和建筑工程各方协调

在装配式钢结构项目的全生命周期中会包含众多的参与单位，从立项开始，历经规划设计、工程施工、竣工验收到交付使用是一个漫长的过程，会产生海量信息，再加上信息传递流程长，传递时间长，由此造成难以避免的部分信息的丢失，造成工程造价的提高。监理可通过 RTM 技术，将建设生命周期中各阶段中的各相关信息进行高度集成，保证上一阶段的信息能够传递到以后的各个阶段，从而使建设各方获取相应的数据。关于合同管理方面，从规划、设计到施工，监理通过 BIM 技术的应用，有力保证工程投资、质量、进度及各阶段中的各相关信息的传递，在施工阶段建设各方能以此为平台，数据共享、工作协同、碰撞检查、造价管理等也将不断地得到发挥，很大程度上减少合同争议，降低索赔。

4.2.2 装配式钢结构施工的现场管理

1. 装配式钢结构进度管理

（1）进度控制的意义

工程建设项目的进度控制是指对工程项目各建设阶段的工作内容、工作程序、持续时间和逻辑关系制定计划，将该计划付诸实施。在装配式钢结构项目实施过程中要经常检查实际进度是否按计划要求进行，对于出现的偏差分析原因，采取补救措施或调整、修改原计划，直至工程竣工，交付使用。

（2）进度控制的重要性

对于装配式钢结构项目，施工进度控制在项目整体控制中起着至关重要的作用，主要体现在以下几个方面：

1）进度决定着总财务成本。什么时间可销售，多长时间可开盘销售，对整个项目的财务总成本影响最大。一个投资 100 亿的项目，一天的财务成本大约是 300 万，延迟一天交付、延迟一天销售，开发商即将面对巨额的损耗，更快的资金周转和资金效率是当前各地产公司最为在意的地方。

2）交付合同约束。交房协议有交付日期，不交付将影响信誉和延迟交付罚款。

3）运营效率与竞争力问题。多少人管理运营一个项目，多长时间完成一个项目，资金周转速度，是开发商的重要竞争力之一，也是承包商的关键竞争力。提升项目管理效率不仅是成本问题，更是企业重要的竞争力之一。

（3）影响进度控制的因素

在实际工程项目进度管理过程中，虽然有详细的进度计划以及网络图、横道图等技术做支撑，但是"破网"事故仍时有发生，对整个项目的经济效益产生直接的影响。通过对事故进行调查，主要有以下几个原因。

1）建筑设计缺陷带来的进度管理问题。首先，设计阶段的主要工作是完成施工所需图纸的设计，通常一个工程项目的整套图纸少则几十张，多则成百上千张，有时甚至数以万计，图纸所包含的数据庞大，而设计者和审图者的精力有限，存在错误是必然的；其次，项目各个专业的设计工作是独立完成的，导致各专业的二维图纸所表现的内容在空间上很容易出现碰撞和矛盾。如果上述问题没有提前发现，直到施工阶段才显露出来，势必会对工程项目的进度产生影响。

2）施工进度计划编制不合理造成的进度管理问题。工程项目进度计划的编制在很大程度上依赖于项目管理者的经验，虽然有施工合同、进度目标、施工方案等客观条件的支撑，但是项目的唯一性和个人经验的主观性难免会使进度计划存在不合理之处，并且现行的编制方法和工具相对比较抽象，不易对进度计划进行检查，一旦计划出了问题，那么按照计划所进行的施工过程必然也不会顺利。

3）现场人员的素质造成的进度管理问题。随着施工技术的发展和新型施工机械的应用，工程项目施工过程越来越趋于机械化和自动化。但是，保证工程项目顺利完成的主要因素还是人，施工人员的素质是影响项目进度的一个主要方面，施工人员对施工图纸的理解，对施工工艺的熟悉程度和操作技能水平等因素都可能对项目能否按计划顺利完成产生影响。

4）参与方沟通和衔接不畅导致进度管理问题。建设项目往往会消耗大量的财力和物力，如果没有一个详细的资金、材料使用计划，是很难完成的。在项目施工过程中，由于专业不同，施工方与业主和供货商的信息沟通不充分、不彻底，业主的资金计划、供货商的材料供应计划与施工进度不匹配，同样也会造成工期的延误。

5）施工环境影响进度管理问题。工程项目既受当地地质条件、气候特征等自然环境的影响，又受到交通设施、区域位置、供水供电等社会环境的影响。项目实施过程中任何不利的环境因素都有可能对项目进度产生严重影响。因此，必须在项目的开始阶段就充分考虑到这些环境因素的影响结果，并提出相应的应对措施。

（4）传统进度控制缺陷

传统的项目进度管理过程中事故频发，究其根本在于传统的进度管理模式存在一定的缺陷，主要体现在以下几个方面：

1）二维CAD设计图形象性差。二维三视图作为一种基本表现手法，将现实中的三维建筑用二维的平、立、侧三视图表达。特别是CAD技术的应用，用电脑屏幕、鼠标、键盘代替了画图板、铅笔、直尺、圆规等手工工具，大大提高了出图效率。尽管如此，由于二维图纸的表达形式与人们现实中的习惯维度不同，所以要看懂二维图纸存在一定困难，需要通过专业的学习和长时间的训练才能读懂图纸。同时，随着人们对建筑外观美观度的要求越来越高，以及建筑设计行业自身的发展，异形曲面的应用更加频繁，悉尼歌剧院、国家大剧院、鸟巢等外形奇特、结构复杂的建筑物越来越多。即使设计师能够完成图纸，对图纸的认识和理解也仍有难度。另外，二维CAD设计可视性不强，使设计师无法有效检查自己的设计成果，很难保证设计质量，并且对设计师与建造师之间的沟通形成障碍。

2）网络计划抽象，往往难以理解和执行。网络计划图是工程项目进度管理的主要工具，但也有其缺陷和局限性。首先，网络计划图计算复杂，理解困难，只适合于内部使用，不利于与外界的沟通和交流；其次，网络计划图表达抽象，不能直观地展示项目的计划进度过程，也不方便进行项目实际进度的跟踪；再次，网络计划图要求项目工作分解细致，逻辑关系准确，这些都依赖于个人的主观经验，实际操作中往往会出现各种问题，很难完全做到。

3）二维图纸不方便各专业之间的协调沟通。二维图纸由于受可视化程度的限制，使得各专业之间的工作相对分离。无论是在设计阶段还是在施工阶段，都很难对工程项目进行整体性表达。各专业单独工作或许十分顺利，但是在各专业协同时作业往往就会产生碰撞和矛盾，给整个项目的顺利完成带来困难。

4）传统方法不利于规范化和精细化管理。随着项目管理技术的不断发展，规范化和精细化管理是形势所趋。但是传统的进度管理方法很大程度上依赖于项目管理者的经验，很难形成一种标准化和规范化的管理模式。这种经验化的管理方法受主观因素的影响比较大，所以，引进新的管理技术，更新传统的管理方法已势在必行。

（5）BIM技术进度控制优势

BIM技术的引入，可以突破二维的限制，给项目进度控制带来不同的体验，主要体现在以下几个方面：

1）提升全过程协同效率。基于3D的BIM沟通语言，简单易懂、可视化好、理解一致，大大加快了沟通效率，减少理解不一致的情况；基于互联网的BIM技术能够帮助我们建立起强大高效的协同平台：所有参建单位在授权的情况下，可随时、随地获得项目最新、最准确、最完整的工程数据，从过去点对点传递信息转变为一对多传递信息，效率提升，图纸信息版本完全一致，从而减少传递时间的损失和版本不一致导致的施工失误；通过BIM软件系统的计算，减少了沟通协调的问题。传统靠人脑计算3D关系的工程问题探讨，容易产生人为的错误，BIM技术可减少大量问题，同时也减少协同的时间投入；另外，现场结合BIM、移动智能终端拍照，也大大提升了现场问题沟通效率。

2）加快设计进度。从表面上来看，BIM设计减慢了设计进度。产生这样结论的原因，一是现阶段设计用的BIM软件确实生产率不够高；二是当前设计院交付质量较低。但事实情况表明，使用BIM设计虽然增加了时间，但交付成果质量却有明显提升，在施工以前解决了更多问题，减少大量问题推送给施工阶段，这对总体进度而言是大大有利的。

3）碰撞检测，减少变更和返工进度损失。BIM技术强大的碰撞检查功能，十分有利于减少进度浪费。大量的专业冲突浪费了大量进度，大量的废弃工程、返工同时也造成了巨大的材料、人工浪费。当前的产业机制造成设计和施工的分家，设计院为了效益，尽量降低设计工作的深度，交付成果很多是方案阶段成果，而不是最终施工图，里面充满了很多深入后才能发现的问题，需要施工单位的深化设计，由于施工单位技术水平有限和理解问题，特别是当前三边工程较多的情况下，专业冲突十分普遍，返工现象常见。在中国当前的产业机制下，利用BIM系统实时跟进设计，第一时间反映出问题，第一时间解决问题，带来的进度效益和其他效益都是十分惊人的。

4）加快招投标组织工作。设计基本完成，要组织一次高质量的招投标工作，编制高质量的工程量清单需要耗时数月。一个质量低下的工程量清单将导致业主方巨额的损失，利用不平衡报价很容易造成更高的结算价。利用基于BIM技术的算量软件系统，大大加快了计算速度和计算准确性，加快招标阶段的准备工作，同时提升了招标工程量清单的质量。

5）加快支付审核。当前很多工程中，由于过程付款争议挫伤承包商积极性，影响到工程进度的并非少见。业主方缓慢的支付审核往往引起承包商合作关系的恶化，甚至影响承包商的积极性。业主方利用BIM技术的数据能力，快速校核反馈承包商的付款申请单，则可以大大加快期中付款反馈机制，提升双方战略合作成果。

6）加快生产计划、采购计划编制。工程中经常因生产计划、采购计划编制缓慢损失了进度。急需的材料、设备不能按时进场，影响了工期，造成窝工损失很常见。BIM 改变了这一切，随时随地获取准确数据变得非常容易，生产计划、采购计划大大缩小了用时，加快了进度，同时提高了计划的准确性。

7）加快竣工交付资料准备。基于 BIM 的工程实施方法，过程中所有资料可方便地随时挂接到工程 BIM 数字模型中，竣工资料在竣工时即已形成。竣工 BIM 模型在运维阶段还将为业主方发挥巨大的作用。

8）提升项目决策效率。当前工程实施中，由于大量决策依据、数据不能及时完整地提交出来，决策被迫延迟，或决策失误造成工期损失非常多见。实际情况中，只要工程信息数据充分，决策并不困难，难的往往是决策依据不足、数据不充分，有时导致领导难以决策，有时导致多方谈判长时间僵持，延误工程进展。BIM 形成工程项目的多维度结构化数据库，整理分析数据几乎可以实时实现，完全没有了这方面的难题。

利用 BIM 技术对项目进行进度控制流程如图 4.2.2-1 所示。

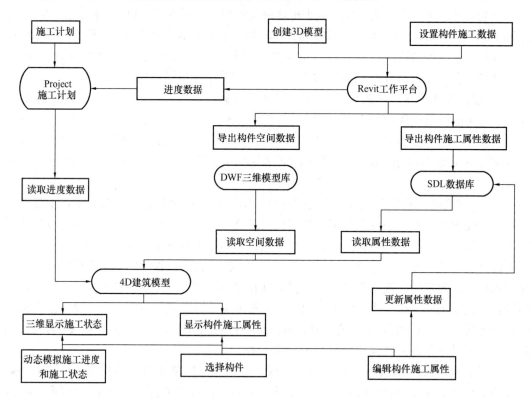

图 4.2.2-1　基于 BIM 的项目进行进度控制流程

2. 装配式钢结构质量管理

（1）质量控制的定义

我国国家标准 GB/T 19000—2016 对质量的定义为：一组固有特征满足要求的程度。质量的主体不但包括产品，而且包括过程、活动的工作质量，还包括质量管理体系运行的效果。工程项目质量管理是指在力求实现工程项目总目标的过程中，为满足项目的质量要求所开展的有关管理监督活动。

（2）影响质量控制因素

在工程建设中，无论是勘察、设计、施工还是机电设备的安装，影响工程质量的因素主要有"人、机、料、法、环"等五大方面，即人工、机械、材料、方法、环境。所以工程项目的质量管理主要是对这五个方面进行控制。

1）人工的控制

人工是指直接参与工程建设的决策者、组织者、指挥者和操作者。人工的因素是影响工程质量的五大因素中的首要因素。在某种程度上，它决定了其他的四个因素。很多质量管理过程中出现的问题归根结底都是人工的问题。项目参与者的素质，技术水平，管理水平，操作水平最终都影响了工程建设项目的最终质量。

2）机械的控制

施工机械设备是工程建设不可或缺的设施，对施工项目的施工质量有着直接影响。有些大型、新型的施工机械可以使工程项目的施工效率大大提高。而有些工程内容或者施工工作是必须依靠施工机械才能保证工程项目的施工质量的，如混凝土，特别是大型混凝土的振捣机械，道路地基的碾压机械等。如果靠人工来完成这些工作，往往很难保证工程质量。但是施工机械体积庞大，结构复杂，而且往往需要有效的组合和配合才能起到事半功倍的效果。

3）材料的控制

材料是建设工程实体组成的基本单元，是工程施工的物质条件，工程项目所用材料的质量直接影响着工程项目的实体质量。因此，每一个单元的材料质量都应该符合设计和规范的要求，工程项目实体的质量才能得到保证。在项目建设中使用不合格的材料和构配件，就会造成工程项目的质量不合格。所以在质量管理过程中一定要把好材料、构配件关，打牢质量根基。

4）方法的控制

工程项目施工方法的选择也对工程项目的质量有着重要影响。对一个工程项目而言，施工方法和组织方案的选择正确与否直接影响整个项目的建设能否顺利进行，关系到工程项目的质量目标能否顺利实现，甚至关系整个项目的成败问题。但是往往施工方法的选择是根据项目管理者的经验进行主观选择的，有些方法在实际操作中并不一定可行。如预应力混凝土的先拉法和后拉法，需要根据实际的施工情况和施工条件来确定。方法的选择对于预应力混凝土的质量也有一定的影响。

5）环境的控制

工程项目在建设过程中面临很多环境因素的影响，主要有社会环境、经济环境、自然环境等。通常对工程项目的质量产生影响较大的是自然环境，其中又有气候、地质、水文等细部的影响因素。例如，冬季施工对混凝土质量的影响，风化地质或者地下溶洞对建筑基础的影响等。因此，在质量管理过程中，管理人员应该尽可能地考虑环境因素对工程质量产生的影响，并且去努力去优化施工环境，对于不利因素严加管控，避免其对工程项目的质量产生影响。

（3）传统质量控制缺陷

建筑业经过长期的发展已经积累了丰富的管理经验，在此过程中，通过大量的理论研究和专业积累，工程项目的质量管理也逐渐形成了一系列的管理方法。但是工程实践表明，大部分管理方法在理论上的作用很难在工程实际中得到发挥。由于受实际条件和操作工具的限制,这些方法的理论作用只能得到部分发挥,甚至得不到发挥,影响了工程项目质量管理的工作效率,造成工程项目的质量目标最终不能完全实现。工程施工过程中,施工人员专业技能不足、材料的使用不规范、不按设计或规范进行施工、不能准确预知完工后的质量效果、各个专业工种相互影响等问题对工程质量管理造成一定的影响,具体表现为:

1) 施工人员专业技能不足

工程项目一线操作人员的素质直接影响工程质量,是工程质量高低、优劣的决定性因素。工人们的工作技能、职业操守和责任心都对工程项目的最终质量有重要影响。但是现在的建筑市场中,施工人员的专业技能普遍不高,绝大部分没有参加过技能岗位培训或并未取得有关岗位证书和技术等级证书。很多工程质量问题都是因为施工人员的专业技能不足而造成的。

2) 材料的使用不规范

国家对建筑材料的质量有着严格的规定和划分,个别企业也有自己材料使用的质量标准。但是在实际施工过程中往往对建筑材料质量的管理不够重视,个别施工单位为了追求额外的效益,会有意无意地在工程项目的建设过程中使用一些不规范的工程材料,造成工程项目的最终质量存在问题。

3) 不按设计或规范进行施工

为了保证工程建设项目的质量,国家制定了一系列有关工程项目各个专业的质量标准和规范。同时每个项目都有自己的设计资料,规定了项目在实施过程中应该遵守的规范。但是在项目实施的过程中,这些规范和标准经常被突破,一来因为人们对设计和规范的理解存在差异,二来由于管理的漏洞,造成工程项目无法实现预定的质量目标。

4) 不能准确预知完工后的质量效果

一个项目完工之后,如果感官上不美观,就不能称之为质量很好的项目。但是在施工之前,没有人能准确无误地预知完工之后的实际情况。往往在工程完工之后,多多少少都有不符合设计意图的地方,基本上也都有遗憾。较为严重的还会出现使用中的质量问题,比如设备的安装没有足够的维修空间,管线的布置杂乱无序,因未考虑到局部问题被迫牺牲外观效果等,这些问题都影响着项目完工后的质量效果。

5) 各个专业工种相互影响

工程项目的建设是一个系统、复杂的过程,需要不同专业、工种之间相互协调,相互配合才能很好地完成。但是在工程实际中往往由于专业的不同,或者所属单位的不同,各个工种之间很难在事前做好协调沟通。这就造成在实际施工中各专业工种配合不好,使得工程项目的进展不连续,或者需要经常返工,以及各个工种之间存在碰撞,甚至相互破坏、相互干扰,严重影响了工程项目的质量。如水、电等其他专业队伍与主体施工队伍的工作顺序安排不合理,造成水电专业施工时在承重墙、板、柱、梁上随意凿沟开洞,因此破坏了主体结构,影响了结构安全的质量问题。

(4) BIM 技术在质量管理中的优势

BIM 技术的引入不仅提供了一种"可视化"的管理模式,亦能够充分发掘传统技术的潜在能量,使其更充分、更有效地为工程项目质量管理工作服务。传统的二维管控质量的方法是将各专业平面图叠加,结合局部剖面图,设计审核校对人员凭经验发现错误,难以全面，而三维参数化的质量控制，是利用三维模型，通过计算机自动实时检测管线碰撞，精确性高。二维质量控制与三维质量控制的优缺点对比如表4.2.2-1所示。

传统二维质量控制与三维质量控制优缺点对比   表4.2.2-1

传统二维质量控制缺陷	三维质量控制优点
手工整合图纸，凭借经验判断，难以全面分析	电脑自动在各专业间进行全面检验，精确度高
均为局部调整，存在顾此失彼情况	在任意位置剖切大样及轴测图大样，观察并调整该处管线标高关系
标高多为原则性确定相对位置，大量管线没有精确确定标高	轻松发现影响净高的瓶颈位置
通过"平面＋局部剖面"的方式，对于多管交叉的复制部位表达不够充分	在综合模型中进行直观的表达碰撞检测结果

3. 装配式钢结构安全管理

（1）安全管理定义

安全管理（Safety Management）是管理科学的一个重要分支，它是为实现安全目标而进行的有关决策、计划、组织和控制等方面的活动；主要运用现代安全管理原理、方法和手段，分析和研究各种不安全因素，从技术上、组织上和管理上采取有力的措施，解决和消除各种不安全因素，防止事故的发生。

（2）安全管理的重要性

安全管理是企业生产管理的重要组成部分，是一门综合性的系统科学。安全管理的对象是生产中一切人、物、环境的状态管理与控制，安全管理是一种动态管理。安全管理，主要是组织实施企业安全管理规划、指导、检查和决策，同时，又是保证生产处于最佳安全状态的根本环节。施工现场安全管理的内容，大体可归纳为安全组织管理，场地与设施管理，行为控制和安全技术管理四个方面，分别对生产中的人、物、环境的行为与状态，进行具体的管理与控制。

（3）传统安全控制难点与缺陷

建筑业是我国的"五大高危行业"之一，是《安全生产许可证条例》规定必须实行安全生产许可证制度的企业。在该项要求下，建筑业企业纷纷取得安全生产许可证，但是为何建筑业的"五大伤害"事故的发生率并没有明显下降？从管理和现状的角度，主要有以下几种原因：

1）企业责任主体意识不明确。企业对法律法规缺乏应有的认识和了解，上到企业法，下到专职安全生产管理人员，对自身安全责任及工程施工中所应当承担的法律责任没有明确的了解，误认为安全管理是政府的职责，造成安全管理不到位。

2）政府监管压力过大，监管机构和人员严重不足。为避免安全生产事故的发生，政府监管部门按例进行建筑施工安全检查。由于我国安全生产事故追究具有"问责制"，一旦发生事故，监管部门的管理人员需要承担相应责任。而由于有些地区监管机构和人员严重不足，造成政府监管压力过大，加之检查人员的业务水平不足等因素，很容易使"事故隐患"没有及时发现。

3）企业重"生产"，轻"安全""质量第一、安全第二"。第一，由于事故的发生具有

"潜伏性"和"随机性",安全管理不合格是安全事故的发生的必要条件而非充分条件,造成企业存在侥幸心理,疏于安全管理;第二,由于"质量""进度"直接关系到企业效益,而生产能给企业带来效益,安全则会给企业增加支出,所以很多企业重"生产"而轻"安全"。

4)"垫资""压价"等不规范的市场主体行为直接导致施工企业削减安全投入。"垫资""压价"等不规范的市场行为一直压制企业发展。造成企业无序竞争。很多企业为生存而生产,有些项目"零利润"甚至"负利润"。在生存与发展面前,很多企业"安全投入"就成了一句空话。

5)建筑业企业资质申报要求提供安全评估资料,这就要求独立于政府和企业之外的第三方建筑业安全咨询评估中介机构要大量存在,安全咨询评估中介机构所提供的评估报告可以作为政府对企业安全生产现状采信的证明。而安全咨询评估安全服务中介机构的缺少,造成无法给政府提供独立可供参考的第三方安全评估报告。

6)工程监理管安全,"一专多能"起不到实际作用。建筑安全是一门多学科交叉系统,在我国属于新兴学科,同时也是专业性很强的学科体系。而监理人员多是从"施工员""质检员"过渡而来,对施工质量很专业,但对安全管理并不专业。相关的行政法规却把施工现场安全责任划归监理,不太合理。

(4)BIM技术安全控制优势

基于BIM的管理模式是创建信息、管理信息、共享信息的数字化方式,在工程安全管理方面具有很多的优势,如基于BIM的项目管理,工程基础数据如量、价等,数据准确、数据透明、数据共享,能完全实现短周期、全过程对资金安全的控制;基于BIM技术,可以提供施工合同、支付凭证、施工变更等工程附件管理,并为成本测算、招投标、签证管理、支付等全过程造价进行管理;BIM数据模型保证了各项目的数据动态调整,可以方便统计,追溯各个项目的现金流和资金状况;基于BIM的4D虚拟建造技术能提前发现在施工阶段可能出现的问题,并逐一修改,提前制定应对措施;采用BIM技术,可实现虚拟现实和资产、空间等管理、建筑系统分析等技术内容,从而便于运营维护阶段的管理应用;运用BIM技术,可以对火灾等安全隐患进行及时处理,从而减少不必要的损失,对突发事件进行快速应变和处理,快速准确地掌握建筑物的运营情况。

4. 装配式钢结构协同管理

(1)协同管理的定义

对于大型项目,为模型提供信息的人员会很多,每个参与人员可能分布在不同的专业团队甚至不同的城市或国家,信息沟通及交流非常不便。对于大型的装配式钢结构项目而言,协同管理及协同控制尤为重要,在装配式钢结构的实施过程中,除了要让每个项目的参与者明晰各自的计划和任务外,还应让参与者了解整个项目模型建立的状况、协同人员的动态、提出问题(询问)及表达建议的途径。为了实现上述目标利用BIM技术辅助实现以上功能,使项目各参与方协同工作,BIM协同工作流程如图4.2.2-2所示。

(2)协同工作平台

为有效协同各单位各项施工工作的开展,也为了装配式钢结构项目能顺利执行,在实施BIM时,施工总承包单位应组织协调工程其他施工相关单位,通过自主研发BIM平台或购买第三方软件来实现协同办公。协同办公平台工作模块应包括:族库管理模块、模型

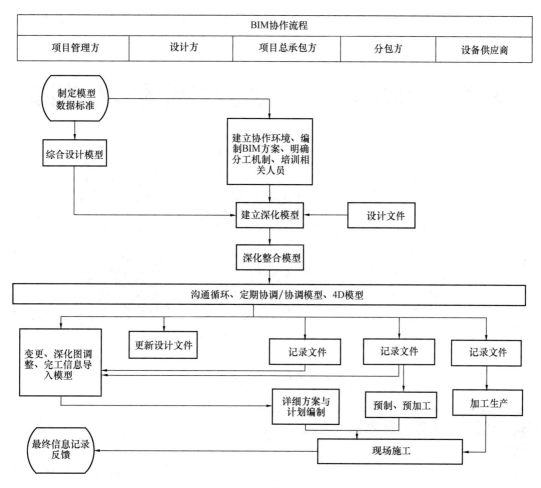

图 4.2.2-2 协同工作流程图

物料模块、采购管理模块、统计分析模块、数据维护模块、工作权限模块、工程资料模块。所有模块通过外部接口和数据接口进行信息的提取、查看、实时更新数据。在 BIM 协同平台搭建完毕后，邀请发包方、设计及设计顾问、QS 顾问、监理、专业分包、独立承包商和供应商等单位参加并召开 BIM 启动会。会议应明确工程 BIM 应用重点，协同工作方式，BIM 实施流程等多项工作内容。

某工程基于 BIM 的协同工作页面如图 4.2.2-3 所示。

如图 4.2.2-4 所示，为某项目使用的"告示板"式团队协作平台，项目组织中的 BIM 成员根据权限和组织构架加入协同平台，在平台上创建代办事项、创建任务，并可做任务分配，也可对每项任务（项目）创建一个卡片，可以包括活动、附件、更新、沟通内容等信息。团队人员可以上传各自创建的模型，也可随时浏览其他团队成员上传的模型，发布意见，进行便捷的交流，并使用列表管理方式，有序地组织模型的修改、协调，支持项目顺利进行。

总包单位基于协同平台在项目实施过程中统一进行信息管理，一旦某个部位发生变化，与之相关联的工程量、施工工艺、施工进度、工艺搭接、采购单等相关信息都将自动

图 4.2.2-3　协同平台页面

图 4.2.2-4　"告示板"式团队协作平台

发生变化，且在协同平台上采用短信、微信、邮件、平台通知等方式统一告知各相关参与方，他们只需重新调取模型相关信息，便轻松完成了数据交互的工作。项目 BIM 协同平台信息交互共享如图 4.2.2-5 所示。

　　另外，施工总承包单位应组织召开工程 BIM 协调会议，由 BIM 专职负责人与项目总工每周定期召开 BIM 例会，会议将由甲方、监理、总包、分包、供应商等各相关单位参加。会议将生成相应的会议纪要，并根据需要延伸出相应的图纸会审、变更洽商或是深化图纸等施工资料，由专人负责落实。例会上应协调以下内容：

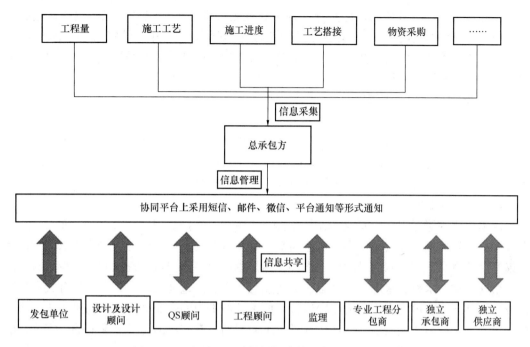

图 4.2.2-5 项目 BIM 协同平台信息交互共享示意图

① 进行模型交底，介绍模型的最新建立和维护情况；

② 通过模型展示，实现对各专业图纸的会审，及时发现图纸问题；

③ 随着工程的进度，提前确定模型深化需求，并进行深化模型的任务派发、模型交付以及整合工作，对深化模型确认后出具二维图纸，指导现场施工；

④ 结合施工需求进行技术重难点的 BIM 辅助解决，包括相关方案的论证，施工进度的 4D 模拟等，让各参与单位在会议上通过模型对项目有一个更为直观、准确的认识，并在图纸会审、深化模型交底、方案论证的过程中，快速解决工程技术重难点。

（3）协同设计

随着建筑工程复杂性的不断增加，学科的交叉与合作成为建筑设计的发展趋势，这就需要协同设计。而在二维 CAD 时代，协同设计缺少统一的技术平台。虽然目前也有部分集成化软件可以在不同专业间实现部分数据的交流和传递（例如 PKPM 系列软件），但设计过程中可能出现的各专业间协调问题仍然无法解决。

基于 BIM 技术的协同设计，可以采用三维集成设计模型，使建筑、结构、给水排水、暖通空调、电气等各专业在同一个模型基础上进行工作。建筑设计专业可以直接生成三维实体模型；结构设计专业则可以提取其中的信息进行结构分析与计算；设备专业可以据此进行暖通负荷分析等。不同专业的设计人员能够通过中间模型处理器对模型进行建立和修改，并加以注释，从而使设计信息得到及时更新和传递，更好地解决不同专业间的相互协作问题，从而大大提高建筑设计的质量和效率，实现真正意义上的协同设计。BIM 软件可视技术还可以动态地观察三维模型，生成室内外透视图，模拟现实创建三维漫游动画，使工程师可以身临其境地体验建筑空间，自然减少各专业设计工程师之间的协调错误，简化人为的图纸综合审核。

在此基础上，BIM 协同设计实施计划项目规划书也能够加快协同工作效率，包括项目评估（选择更优化的方案）、文档管理（如文件、轴网、坐标中心约定）、制图及图签管理、数据统一管理、设计进度、人员分工及权限管理、三维设计流程控制、项目建模、碰撞检测、分析碰撞检测报告、专业探讨反馈、优化设计等内容。

5. 装配式钢结构成本管理

（1）成本控制定义

成本控制，是企业根据一定时期预先建立的成本管理目标，由成本控制主体在其职权范围内，在生产耗费发生以前和成本控制过程中，对各种影响成本的因素和条件采取的一系列预防和调节措施，以保证成本管理目标实现的管理行为。

（2）成本控制的重要性

成本控制的课题很大，意义也很大。成本控制关乎低碳、环保、绿色建筑、自然生态、社会责任、福利等宏大叙事。众所周知，有些自然资源是不可再生的，所以成本控制不仅是财务意义上实现利润最大化，终极目标是单位建筑面积自然资源消耗最少。施工消耗大量的钢材、木材和水泥，最终必然会造成对大自然的过度索取。其次，只有成本控制得较好的企业才有可能有相对的比较优势，成本控制不力的企业必将被市场所淘汰。成本控制也不是片面地压缩成本，有些成本是不可缩减的，有些标准是不能降低的，需要特别强调的是，任何缩减的成本不能影响建筑结构安全，也不能减弱社会责任。我们所谓的"成本控制"就是通过技术经济和信息化手段，优化设计、优化组合、优化管理，把无谓的浪费降至最低，成本控制是永恒的主题。

（3）成本控制难点

成本控制（Cost Control）的过程是运用系统工程的原理对企业在生产经营过程中发生的各种耗费进行计算、调节和监督的过程，也是一个发现薄弱环节，挖掘内部潜力，寻找一切可能降低成本途径的过程。科学地组织实施成本控制，可以促进企业改善经营管理，转变经营机制，全面提高企业素质，使企业在市场竞争的环境下生存、发展和壮大。然而，工程成本控制一直是项目管理中的重点及难点，主要难点如下所示：

第一，数据量大。每一个施工阶段都涉及大量材料、机械、工种、消耗和各种财务费用，每一种人、材、机和资金消耗都统计清楚，数据量十分巨大。工作量如此巨大，实行短周期（月、季）成本在当前管理手段下，就变成了一种奢侈。随着进度进展，应付进度工作自顾不暇，过程成本分析、优化管理就只能搁在一边。

第二，涉及部门和岗位众多。实际成本核算，当前情况下需要预算、材料、仓库、施工、财务多部门多岗位协同分析汇总提供数据，才能汇总出完整的某时点的实际成本，往往某个或某几个部门不能实行，整个工程成本汇总就难以做出。

第三，对应分解困难。一种材料、人工、机械甚至一笔款项往往用于多个成本项目，拆分分解对应好专业要求相当高，难度非常高。

第四，消耗量和资金支付情况复杂。材料方面，有的进库之后未付款，有的先预付款未进货，用了未出库，出了库未用掉的；人工方面，有的先干未付，预付未干，干了未确定工价；机械周转材料租赁也有类似情况；专业分包，有的项目甚至未签约先干，事后再谈判确定费用。情况如此复杂，成本项目和数据归集在没有一个强大的平台支撑情况下，不漏项做好三个维度的（时间、空间、工序）的对应很困难。

（4）基于 BIM 技术成本控制优势

基于 BIM 技术的成本控制具有快速、准确、分析能力强等很多优势，具体表现为：

1）快速。由于建立基于 BIM 的 5D 实际成本数据库，汇总分析能力大大加强，速度快，短周期成本分析不再困难，工作量小、效率高。

2）准确。成本数据动态维护，准确性大为提高，通过总量统计的方法，消除累积误差，成本数据随进度进展准确度越来越高；数据粒度达到构件级，可以快速提供支撑项目各条线管理所需的数据信息，有效提升施工管理效率。

3）精细。通过实际成本 BIM 模型，很容易检查出哪些项目还没有实际成本数据，监督各成本实时盘点，提供实际数据。

4）分析能力强。可以多维度（时间、空间、WBS）汇总分析更多种类、更多统计分析条件的成本报表；直观地确定不同时间点的资金需求，模拟并优化资金筹措和使用分配，实现投资资金财务收益最大化。

5）提升企业成本控制能力。将实际成本 BIM 模型通过互联网集中在企业总部服务器。企业总部成本部门、财务部门就可共享每个工程项目的实际成本数据，实现了总部与项目部的信息对称。

4.3 BIM 技术在装配式钢结构施工过程中的应用

4.3.1 BIM 技术在装配式钢结构中的应用策划

BIM 技术集成了整个建筑项目中各部门的数据信息，模型本身就是一个数据集成，可以提供完整准确的整个建筑工程项目信息。通过将 BIM 技术引入到装配式钢结构施工中，可以有效解决工程项目在施工过程当中的诸多问题和困难。BIM 应用策划应与其整体计划协调一致。

1. 装配式钢结构 BIM 应用目标及内容

装配式钢结构的基本单位是单个的"零件"，传统建造方式中对"零件"的概念不是很清晰，但在装配式中，建筑物都被"零件化了"，所以 BIM 技术在此建造方式中具有天然的应用优势。

BIM 与预制装配式轻钢结构的结合要实现以下目标：

（1）实现装配式钢结构建筑在全寿命周期中各个阶段的集成，协调各个阶段的关系，减少变更。

预制装配式建筑项目传统的建设模式是设计→工厂制造→现场安装，相较于设计→现场施工模式来说，已经节约了时间，但这种模式推广起来仍有困难，从技术和管理层面来看，一方面是因为设计、工厂制造、现场安装三个阶段相分离，设计成果可能不合理，在安装过程中才发现不能用或者不经济，造成变更和浪费，甚至影响质量；另一方面，工厂统一加工的产品比较死板，缺乏多样性，不能满足不同客户的需求。BIM 技术的引入可以有效解决以上问题，它将设计方案、制造需求、安装需求集成在 BIM 模型中，在实际建造前统筹考虑设计、制造、安装的各种要求，把实际制造、安装过程中可能产生的问题提前消灭。

（2）实现装配式建筑在全寿命周期中信息的集成利用，减少信息流失，并将信息进行加工处理，指导制造、运输和安装。

（3）在整个项目全寿命周期过程中应实现所有跟项目相关的信息的收集和实时更新，形成动态的、准确的信息数据流。

2. 人员组织架构及相应职责

以项目为目标，采取任务确定、岗位对接的方式，BIM项目按照企业级和项目级不同层面，进行组织和人员以及岗位的对接；部门分工和岗位责任对应业务实现角色，例如模型设计部门在企业统一的应用标准之上，按照项目任务项，完成模型设计和优化、管理工作；并且在制定的标准和流程指引下，实现协同工作和业务流转的目标。

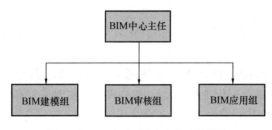

图 4.3.1-1　企业 BIM 中心人员配备

（1）企业级 BIM 中心人员组织架构及相应职责

BIM 中心主要考虑 BIM 技术应用与工程项目管理，同时也可以作为企业级管理平台，为项目部和分公司提供管理服务，统筹 BIM 项目的实施管理工作，企业级 BIM 中心人员架构如图 4.3.1-1 所示。

1）BIM 中心主任岗位职责：负责 BIM 中心日常管理；负责协调公司内部资源；负责部门内部人员的选拔和考核；为各个项目提供 BIM 技术支持服务，配合营销部门招标答疑；督导和考核下属员工的模型质量以及纪律性符合有关规定；团队成员技术能力水平和解决问题能力；BIM 技术体系知识库的完善数量、质量；负责 BIM 相关各项制度和管理方案的完善；负责对外与 BIM 供应商与服务商的沟通与联系；积极参与行业内 BIM 技术交流活动，推广公司 BIM 技术应用成果；同集团、政府部门、媒体、社会团体、客户等进行沟通协调，建立和维护良好的社会关系；参与企业文化提炼与宣传，优化组织氛围，提升企业形象等。

2）BIM 建模组岗位职责：负责工程项目的建模工作，按照施工要求在特定的时间内完善模型的建立；快速对图纸设计中产生的缺陷进行定位；随时对现场所需的基础数据进行快速调取，并且将模型中的工程量与预算量进行对比，形成成果报告；负责 BIM 模型的维护、修改，针对本专业队相关人员进行技术交底；对创建的模型进行自我审核；协助项目投标，体现公司 BIM 技术能力；积极参与各项 BIM 技术交流活动，认真学习各先进技术；配合中心负责人推广公司 BIM 技术应用成果；配合中心负责人做好企业对外宣传工作，扩大企业影响力；协助中心负责人为项目施工过程提供 BIM 技术应用指导；与各相关部门、各个项目进行沟通协调，建立和维护良好的关系等。

3）BIM 审核组岗位职责：负责工程项目的建模质量审核工作，提供详细的质量审核分析报告；必要时，参与 BIM 模型创建工作；完成上级布置的其他任务；协助项目投标，体现公司 BIM 技术能力；积极参与各项 BIM 技术交流活动，认真学习各先进技术；配合中心负责人做好企业对外宣传工作，扩大企业影响力；协助中心负责人为项目施工过程提供 BIM 技术应用指导；与各相关部门、各个项目进行沟通协调，建立和维护良好的关系等。

4）BIM 应用组岗位职责：负责 BIM 技术在进度、成本、质量和安全方面的应用培训；负责 BIM 模型为满足现场应用需要所作出的调整以及因设计变更引起的模型维护；负责现场各岗位应用指导和检查；根据项目提供驻场服务和指导；配合项目需要为甲方或主管部分提供讲解和服务；协助项目投标，体现公司 BIM 技术能力；积极参与各项 BIM 技术交流活动，认真学习各先进技术；配合中心负责人推广公司 BIM 技术应用成果；配合中心负责人做好企业对外宣传工作，扩大企业影响力；协助中心负责人为项目施工过程提供 BIM 技术应用指导；与 BIM 建模组建立模型交底和接受；对外展示 BIM 应用成果等。

企业 BIM 应用过程中切忌完美主义。过分追求 BIM 技术的细枝末节，考虑应用的方方面面，一定要有 100% 的把握后才去行动的结果往往是原地踏步。BIM 作为一项新技术，其发展和成熟有一个过程，现阶段在装配式钢结构领域的应用肯定还存在一定的缺陷，例如设计、施工和运维三个阶段的相互脱节；BIM 模型精度有些难以满足制造要求，不能直接当作加工图使用；各部分 BIM 模型接口还不完善等，但是要看到目前 BIM 能为企业所解决问题的价值已经非常之大了。

BIM 应用的最佳切入点还是通过项目的实际应用，在应用过程中掌握和熟悉 BIM，培养自己的 BIM 团队，建立合适企业的 BIM 管理体系。通过试点项目在企业内形成标杆，然后把成功应用的经验推广到其他项目中去。

（2）项目级 BIM 团队组织架构及相应职责

针对不同的项目组建施工现场的 BIM 团队，由 BIM 项目经理管理，进行资源、人员的统一调度。并根据项目大小、复杂程度等实际情况设置技术主管若干名，进行实际 BIM 技术层面的指导以及协助项目经理进行团队的正常运转，负责各专业 BIM 工程师日常工作的分配、技术难题的解决、工作的进展、完成质量的监督等。各专业 BIM 工程师负责各自专业的建模任务、相互之间的协调配合以及对模型的自我审核，保证进度顺利进行。项目及 BIM 中心人员架构如图 4.3.1-2 所示。

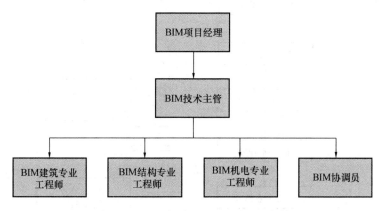

图 4.3.1-2 项目级 BIM 团队人员架构

3. BIM 技术应用实施流程

BIM 应用实施一般按照指定目标、组建团队、准备阶段、项目开始和成果交付流程。

（1）指定目标

1）首先对项目进行可行性分析，根据项目进展的实际情况确定项目级 BIM 实施目标。例如，根据 BIM 技术团队进入现场的时间来确定 BIM 的实施目标。

2）确定用途。根据实际项目的需求来完成 BIM 模型的搭建工作，本项目如果是为了投标阶段应用，那么模型以快速搭建来进行三维展示与提升企业在投标过程中的竞争力，那么此阶段的模型精度无要求，只要求快速搭建整体模型效果。

如果本项目为企业重点工程，需要进行整个施工周期全过程的 BIM 技术应用，那么此阶段为 BIM 全专业、全过程应用，此阶段最为复杂、时间周期最长。

3）平台选择。确定了项目目标后，要确定使用哪种软件平台，保证项目实施过程中团队成员在一个平台工作，避免不必要的麻烦。

（2）组建团队

项目级 BIM 团队要求驻场完成相关工作内容，人数满足要求即可。

建议配置：BIM 项目经理 1 人，BIM 土建工程师 1～2 人（根据项目大小而定，5 万 m^2 以下 1 人，5 万 m^2 以上 2 人）。BIM 机电工程师 2～3 人（满足施工时间为准，完成工作时间比实际工程进度提前一个月为准）。BIM 预算人员 1 人（可兼职）动画、后期 1 人（可由专业人员兼职完成）。

（3）准备阶段

一般项目可根据实际施工进度进行模型搭建，满足比实际进度提前一个月完成的要求，提前安排各分部分项施工方案、材料准备、资金使用计划等工作，其工作计划流程如图 4.3.1-3 所示。如果项目由于工期、质量等其他因素要求在施工前完成所有专业模型搭建并达到指导实际施工的要求，可根据项目实际情况增加 BIM 工程师人数，制定详细的 BIM 模型搭建进度计划，确保在实际施工开始前完成相关工作。或由公司级 BIM 技术中心协调其他项目 BIM 技术团队对本项目进行合作模型搭建，由本项目 BIM 项目经理统一安排工作界面划分、工作配合等相关工作。

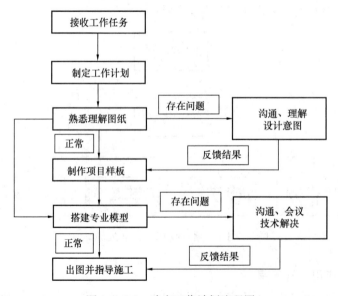

图 4.3.1-3　确定工作计划流程图

（4）项目开始

不同的项目目标对模型深度有着不同的要求，在这里针对三种情况进行区分。投标应用、翻模应用、深化指导施工应用。

（5）成果交付

BIM 技术在成果交付中由很多种形式，大致可分为以下几种：

1）基于 BIM 的各专业图纸（建筑、结构、电气、暖通、给水排水等）。

2）BIM 模型（综合模型、专业模型）。

3）4D 施工模拟。

4）工程量清单。

5）漫游动画。

6）虚拟现实文件

4. 模型创建、使用和管理要求

深化设计模型宜在施工图设计模型基础上，通过增加或细化模型元素等方式进行创建。施工过程模型宜在施工图设计模型或深化设计模型基础上创建。宜根据工作分解结构（WBS）和施工方法对模型元素进行必要的拆分或合并处理，并按要求在施工过程中对模型及模型元素附加或关联施工信息。竣工验收模型宜在施工过程模型的基础上，根据工程项目竣工验收要求，通过修改、增加或删除相关信息创建。当工程发生变更时，应更新施工模型、模型元素及相关信息，并记录工程及模型的变更。模型或模型元素的增加、细化、拆分、合并、集成等操作后应进行模型的正确性和完整性检查。

5. 软、硬件基础要求

（1）常见 BIM 应用软件分类

BIM 核心建模软件如图 4.3.1-4 所示。Autodesk 公司的 Revit 系列（建筑、结构和机电）应用最广。Bentley 公司的建筑、结构和设备系列在工业设计和市政基础设施领域应用较多。Nemetschek Graphisoft 公司的产品和 Dassault 公司的 CATIA 产品以及 Gery Technology 公司的 Digital Project 产品应用较少。

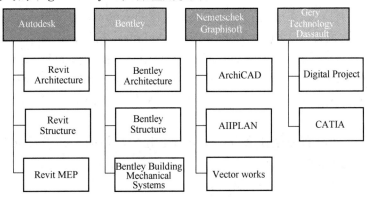

图 4.3.1-4　BIM 核心建模软件

1）Autodesk 公司的 Revit 系列软件是运用不同的代码库及文件结构区别于 Auto-CAD 的独立运行的软件平台。Revit 采用全面创新的 BIM 概念，可进行自由形状建模和参数化设计，并且还能够对早期设计进行分析。借助这些功能可以自由绘制草图，快速创建三维形状，交互地处理各个形状。可以利用内置的工具进行复杂形状的概念澄清，为建造和施工准备模型。随着设计的持续推进，软件能够围绕最复杂的形状自动构建参数化框架，提供更高的创建控制能力、精确性和灵活性。从概念模型到施工文档的整个设计流程都在一个直观环境中完成。并且该软件还包含了绿色建筑可扩展标记语言模式（Ureen Building XML，即 gbXML），为能耗模拟、荷载分析等提供了工程分析工具，并且与结构分析软件 ROBOT、RISA 等具有互用性，与此同时，Revit 还能利用其他概念设计软件、建模软件（如 Sketch-up）等导出的 DXF 文件格式的模型或图纸输出为BIM 模型。

2）Bentley 公司的 Bentley Architecture 是集直觉式用户体验交互界面、概念及方案设计功能、灵活便捷的 2D/3D 工作流建模及制图工具、宽泛的数据组及标准组件库定制技术于一身的 BIM 建模软件，是 BIM 应用程序集成套件的一部分，可针对设施的整个生命周期提供设计、工程管理、分析、施工与运营之间的无缝集成。在设计过程中，不但能让建筑师直接使用许多国际或地区性的工程界的规范标准进行工作，更能通过简单的自定义或扩充以满足实际工作中不同项目的需求，让建筑师拥有能进行项目设计、文件管理和展现设计所需的所有工具。目前，在一些大型复杂的建筑项目、基础设施和工业项目中应用广泛。

3）ArchiCAD 是 GraphiSoft 公司的产品，其基于全三维的模型设计拥有强大的平、立、剖面施工图设计、参数计算等自动生成功能，以及便捷的方案演示和图形渲染，为建筑师提供了一个无与伦比的"所见即所得"的图形设计工具。它的工作流是集中的，其他软件同样可以参与虚拟建筑数据的创建和分析。ArchiCAD 拥有开放的架构并支持 IFC 标准，它可以轻松地与多种软件连接并协同工作。以 ArchiCAD 为基础的建筑方案可以广泛地利用虚拟建筑数据并覆盖建筑工作流程的各个方面。作为一个面向全球市场的产品，ArchiCAD 可以说是最早的一个具有市场影响力的 BIM 核心建模软件之一。

4）Digital Project 是 Gery Technology 公司在 CATIA 基础上开发的一个面向工程建设行业的应用软件（二次开发软件），它能够设计任何几何造型的模型，且支持导入特制的复杂参数模型构件，如支持基于规则的设计复核的 Knowledge Expert 构件；根据所需功能要求优化参数设计的 Project Engineering Optimizer 构件；跟踪管理模型的 Project Manager 构件。另外，Digital Project 软件支持强大的应用程序接口；对于建立了本国建筑业建设工程项目编码体系的许多发达国家，如美国、加拿大等，可以将建设工程项目编码（如美国所采用的 Uniformat 和 Masterformat 体系）导入 Digital Project 软件，以方便工程预算。

因此，对于一个项目或企业来说，BIM 核心建模软件的选择以及技术路线的确定，可以考虑如下的基本原则：

① 民用建筑可选用 Autodesk Revit；

② 工厂设计和基础设施可选用 Bentley；

③ 单专业建筑事务所选择 ArchiCAD、Revit 或 Bentley 都有可能成功；

④ 项目完全异形、预算比较款曲的可以选择 Digital Project。

（2）BIM 建模软件的选择

应当指出，不同时期由于软件的技术特点和应用环境以及专业服务水平的不同，选用

BIM 建模软件也有很大的差异。而软件投入又是一项投资大、技术性强、主管难于判断的工作。因此在选用软件上应采取相应的方法和程序，以保证软件的选用符合项目或企业的需要。对具体建模软件进行分析和评估，一般可经过初选、测试及评价、审核批准和正式引用等阶段。

1）初选

初选应考虑的因素：

① 建模软件是否符合企业的整体发展战略规划；

② 建模软件对企业业务带来的收益可能产生的影响；

③ 建模软件部署实施的成本和投资回报率估算；

④ 企业内部设计专业人员接受的意愿和学习难度等。

在此基础上，形成建模软件的分析报告。

2）测试及评价

由信息管理部门负责并召集相关专业参与，在分析报告的基础上选定部分建模软件进行使用测试，测试的过程包括：

① 建模软件的性能测试，通常由信息部门的专业人员负责；

② 建模软件的功能测试，通常由抽调的部分设计专业人员进行；

③ 有条件的企业可选择部分试点项目，进行全面测试，以保证测试的完整性和可靠性。

在上述测试工作基础上，形成 BIM 应用软件的测试报告和备选软件方案。在测试过程中，评价指标包括以下几个方面。

① 功能性：是否适合企业自身的业务需求，与现有资源的兼容性情况比较；

② 可靠性：软件系统的稳定性及在业内的成熟度的比较；

③ 易用性：从易于理解、易于学习、易于操作等方面进行比较；

④ 效率：资源利用率等方面的比较；

⑤ 维护性：对软件系统是否易于维护，故障分析、配置变更是否方便等方面进行比较；

⑥ 可扩展性：应适应企业未来的发展战略规划；

⑦ 服务能力：软件厂家的服务质量、技术能力等。

3）审核批准及正式应用

由企业的信息管理部门负责，将 BIM 软件分析报告、测试报告、备选软件方案等一并上报给企业的决策部门审核批准，经批准后列入企业的应用工具集，并全面部署。

6. BIM 软件定制开发

个别有条件的企业，可结合自身业务及项目特点，考虑建模软件功能从而进行定制开发或者在原有 BIM 软件的基础上进行二次开发，以提升建模软件的有效性。

（1）针对钢结构深化设计 BIM 软件

钢结构深化设计的目的主要体现在以下方面：

1）材料优化。通过深化设计计算杆件的实际应力比，对原设计截面进行改造，以降低结构的整体用钢量。

2）确保安全。通过深化设计对结构的整体安全性和重要节点的受力进行验算，确保所有的杆件和节点满足设计要求，确保结构使用安全。

3）构造优化。通过深化设计对杆件和节点进行构造的施工优化，使杆件和节点在实际的加工制作和安装过程中变得更加合理，提高加工效率和加工安装精度。

4）通过深化设计，对栓接接缝处连接板进行优化、归类、统一，减少品种、规格，使杆件和节点进行归类编号，形成流水加工，大大提高加工进度。

钢结构深化设计因为其突出的空间几何造型特性，平面设计软件很难满足要求，BIM 应用软件出现后，在钢结构深化设计领域得到快速应用。

基于 BIM 技术的钢结构深化设计软件的主要特征包括以下方面：

1）基于三维图形技术。因为钢结构的构件具有显著的空间布置特点，钢构深化设计软件需要基于三维图形进行建模及计算。并且，与其他基于平面视图建模的基于 BIM 技术的设计软件不同，多数钢结构都基于空间进行建模。

2）支持参数化建模。可以用参数化方式建立钢结构的杆件、节点、螺栓，如杆件截面形态包括工字型、L 型、口字型等多种形状，用户只需要选择截面形态，并且设置截面长、宽等参数信息就可以确定构件的几何形状，而不需要处理杆件的每个零件。

3）支持节点库。节点的设计是钢结构设计中比较繁琐的过程。优秀的钢构设计软件，如 Tekla，内置支持常见的节点连接方式，用户只需要选择需要连接的杆件，并设置节点连接的方式及参数，系统就可以自动建立节点板、螺栓，大量节省用户的建模时间。

4）支持三维数据交换标准。钢构机电深化设计软件要导入建筑设计等其他专业模型以辅助建模；同时，还需要将深化设计结果导出到模型浏览、碰撞检测等其他 BIM 应用软件中。

5）绘制出图。国内目前设计依据还是二维图纸，钢结构深化设计的结果必须要表达为二维图纸，现场施工工人也习惯于参考图纸进行施工。因此，深化设计软件需要提供绘制二维图纸功能。

目前，常用钢结构深化设计软件多为国外软件，国内软件很少，如表 4.3.1-1 所示。

常用的钢结构深化设计软件表　　　　　　　　　　　　　表 4.3.1-1

软件名称	国家	主　要　功　能
BoCAD	德国	三维建模，双向关联，可以进行较为复杂的节点、构件的建模
Tekla (Xsteel)	芬兰	三维钢结构建模，进行零件、安装、总体布置图及各构件参数，零件数据、施工图自动生成，具备校正检查的功能
Strucad	英国	三维构件建模，进行详图布置等。复杂空间结构建模困难，复杂节点、特殊构件难以实现
SDS/2	美国	三维构件建模，按照美国标准设计的节点库
STS 钢结构设计软件	中国	PKPM 钢结构设计软件（STS）主要面向的市场是设计院客户

（2）BIM 应用软件对硬件的基础要求

关于做 BIM 需要配置什么样的电脑，这取决于很多影响因素，比如项目的规模有多大（涉及模型的大小），模型想要达到的目的是什么（涉及所需要使用的软件和模型的详细程度）。对于一个 BIM 项目，尤其是对于大型公共建筑来说，不可能用一种软件完成所有的工作，从前期的方案阶段可能会用到的 SketchUp、Ecotect、Rhino，到深化阶段用到的 Revit、Catia、Navisworks，再到后期表现阶段的 3ds Max、Maya，以及各种专业分析及出图软件，如 Midas、Etabs、Ansys 等，每种软件对配置的要求都会不同，无法一一展开说明，所以这里只针对常规软件，并且是在满足大部分项目所需要的硬件配置。

以市场占有率最高的 Autodesk 公司的 Revit 软件为例说明，BIM 软件主要是基于三维图形的工作方式，所以对电脑硬件的计算和图形处理能力等都提出了比较高的要求。

1）CPU：CPU 在交互设计过程中承担更多关联运算，另在模型三维图像生成需要渲染，而 Revit 支持多 CPU 多核架构的计算渲染，多核系统可提高 CPU 运行效率，尤其在同时运行多个程序时，提效更为显著，故随着模型复杂度的提升，通常认为，CPU 频率越高（CPU 外频和内存频率一般保持 1∶4 关系）、核数越多越好；Revit 软件在保存、渲染、清理墙链接等时候，会用到多线程技术，故推荐 CPU 拥有二级或三级高速缓冲存储器；采用 64 位 CPU 及 64 位操作系统（最大支持内存和操作系统有直接关系，即使是 64 位处理器，使用 32 位操作系统支持的内存也最多为 2 的 32 次方，就是 4G。会根据 Windows 版本不同而不同，但是最大识别内存也在 3.25～3.75 之间），有助于提升运行速度。

2）内存：Autodesk 公司给过一个数据，Revit 模型文件所占用内存容量，至少在文件自身大小 20 倍以上，换句话说，你要调入一个 100M 的模型文件，就需要大概 2G 多的空闲内存。另外，由于 Revit 的有些功能是十分消耗内存的，比如打印、渲染、导出以及打开老版模型时的升级操作等；所以为充分发挥 64 位操作系统优势，并保证运行项目的流畅度，内存大小不宜小于 8G，16G 内存为标准配置，且多多益善。

3）显卡：显卡性能对模型表现和模型处理而言，至关重要。显卡要求支持 DirectX 9.0 和 Shader model 3.0 以上。越高端的显卡，其三维效果越逼真，图面切换越流畅。Revit 软件本身对显卡的要求并不高，和 3ds Max 一样，集成的是 mental ray 渲染引擎，这个德国公司已经成为 NVIDIA 公司的子公司，所以 Revit 对 N 卡的支持相对来说会好一点。而事实也证明，Revit 软件所支持的显卡是基于 Windows 环境的游戏卡为主，其中 NVIDIA 是目前市场占有率最高的（其最新采用 Fermi 架构 GTX 规格），其次是 ATI。Autodesk 公司并没有对图形处理器（GPU）做自己的加速，而是通过 Direct3D 进行硬件加速，在有些情况下可能会出现提示"未知视频卡"，这是因为缺省的 Windows 显卡驱动没有被 Revit 识别，可尝试在 Autodesk 网站上搜查询 Revit 认证的显卡驱动来替换掉现有的驱动。综合考虑，为保证工作的流畅性，应选用独立显卡（因集成显卡需占用系统内存），且显存容量不宜少于 1G，2G 以上能满足项目基本要求，4G 以上效果最佳。

4）硬盘：硬盘转速对软件系统也有影响，一般来说是越快越好，但其对软件工作表现的提升作用，初看没有前三者明显。故而硬盘的重要性常被用户忽视。其实当设有虚拟内存并处理复杂模型时，硬盘的读写性能就显得十分重要了。为提升系统及 Revit 运行速度及文件存储速度，可采取"普通硬盘＋固态硬盘（SSD）"配置模式，并将系统、Revit 和虚拟内存（与物理内存容量之比多为 2∶1），都安置于 SSD 中。

5）显示器：BIM 软件多视图对比效果，可在多个显示器上得以淋漓尽致的展现。故为避免多软件间切换繁琐，推荐采用双显示器或多显示器。显而易见，若不考虑成本因素，屏显尺寸越大、显示分辨率越高（目前常规图显分辨率为 1920×1080，专业图显则为 2560×1600）、辐射越低，配置就越理想。参考配置如表 4.3.1-2 所示。

参 考 配 置 表 4.3.1-2

主题	主要配置内容	型号选择
建模机型	处理器：英特尔四核 I7 处理器（Intel Core I7—3930） 内　存：32G 硬　盘：C 盘空余空间最好保证在 100G 作用 　　　　其他本地硬盘空间 1T 左右 　　　　安装固态硬盘 显　卡：NVIDIA Quadro 6000 系统类型：Win7 64 位操作系统 显示器：双屏显示器	戴尔 T5810 图形工作站
渲染机型	处理器：双核处理器 Intel Xeon E5—2699V3—18 Cores，2.3GHz，9.6 QPI，45MB Cache，DDR4—2133，Turbo，HT，145W 硬盘：2.5 英寸 512GB SATA SSD 内存：16GB ECC 2133MHz RDIMM 光存储：DVD Burner/CD—RW Rambo 8（SATA） 读卡器：9 合 1 读卡器 显卡 1：NVIDIA GTX6000 12G DVI＋4DP 操作系统：Windows 7 Professional 64bit 中文版 电源：1300W 电源	戴尔 T7910 图形工作站

4.3.2 BIM 技术在装配式钢结构现场管理中的应用

现代信息管理系统中，BIM 与 RFID 分属两个系统——施工控制和材料监管。将 BIM 和 RFID 技术相结合，建立一个现代信息技术平台（基于 BIM 和 RFID 的建筑工程项目施工过程管理系统架构），如图 4.3.2-1 所示。即在 BIM 模型的数据库中添加两个属性——位置属性和进度属性，使我们在软件应用中得到构件在模型中的位置信息和进度信息。

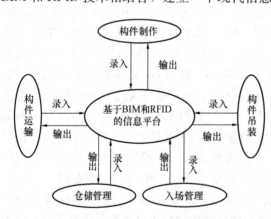

图 4.3.2-1 施工过程管理系统架构

1. 装配式钢构件的运输

运输过程可能对材料有所破坏，导致构件变形，现场野蛮施工也可能导致构件变形，最终致使建筑物部件甚至整个建筑物质量都难以达到设计要求。以 BIM 模型建立的数据库作为数据基础，RFID 收集到的信息及时传递到基础数据库中，并通过定义好的位置属性和进度属性与模型相匹配。此外，通过 RFID 反馈的信息，精准预测构件是否能按计划进场，做出实际进度与计划进度对比分析，如有偏差，适时调整进度计划或施工工序，避免出现窝工或构配件的堆积，以及场地和资金占用等情况。

2. 装配式钢构件的预拼装

利用 BIM 技术的可视化在各工序施工前进行技术交底，虚拟展示各施工工艺，尤其对新技术、新工艺以及复杂节点进行全尺寸三维展示，真实再现施工场景，模拟实际施工当中可能遇到的不利情况，有效减少因人的主观因素造成的错误理解，使交底更直观、更容易理解，使各部门之间的沟通更加高效。

3. 装配式钢构件的现场堆放

构件入场时，RFID Reader 读取到的构件信息传递到数据库中，并与 BIM 模型中的位置属性和进度属性相匹配，保证信息的准确性。

利用 BIM 软件建立相关的建筑周边模型，完全真实模拟建筑及周边的环境，包括所占区域，周边的公建、交通道路状况等因素。利用建立的建筑周边的三维模型，使业主、施工方都可以对建筑的地理位置及周边的环境状况、公建设施、道路交通有更直观的感受，既可以在施工进场前有一个宏观的把控，也能为后期的运维阶段提供依据。同时通过 BIM 模型中定义的构件的位置属性，可以明确显示各构件所处区域位置，在构件或材料存放时，做到构配件点对点堆放，避免二次搬运。

三维动态展现施工现场布置，划分功能区域，便于进行场地分析。对施工场地进行合理规划，保证建筑材料的合理摆放和及时取用，方便材料的管理，也提高了施工现场的安全性。

对建筑材料的上下料的路线规划，提高了现场人员的工作效率，同时充分利用起吊设备，节省能源，建立的模型也可随施工的进程进行相应调整，保证了整个施工阶段的需要。

4. 装配式钢构件现场拼装

若只有 BIM 模型，单纯地靠人工输入吊装信息，不仅容易出错而且不利于信息的及时传递；若只有 RFID，只能在数据库中查看构件信息，通过二维图纸进行抽象的想象，通过个人的主观判断，其结果可能不尽相同。BIM—RFID 有利于信息的及时传递，从具体的三维视图中呈现及时的进度对比和二算对比。地面工作人员和施工机械操作人员各持阅读器和显示器，地面人员读取构件相关信息，其结果随即显示在显示器上，机械操作人员根据显示器上的信息按次序进行吊装，一步到位，省时省力。此外，利用 RFID 技术能够在小范围内实现精确定位的特性，可以快速定位、安排运输车辆，提高工作效率。

4.3.3 装配式钢结构施工 BIM 模型搭建要求

1. 装配式钢结构模型的一般要求

基于 BIM 技术的钢结构深化设计的主要内容是，利用 BIM 技术进行三维建模以及详图绘制。建模时，要严格按照统一建模规则，依据结构设计图纸放样，可以得到偏差在误差允许范围内的实体模型，达到与其他专业安装相互协调、完美配合的效果。也可以用于材料采购、商务算量，根据需要调制好报表格式，生成钢材摘料清单、螺栓清单、构件清单等报表，避免人工繁琐且不稳定的计算，提高了效率，并能确保数据准确。

详图绘制时，要遵循统一出图原则，得到统一标准的用于制造厂加工制作的施工详图。其中，零件图主要用于工艺排版、数控下料切割；构件图主要用于零件定位组装；平、立面布置图用于现场安装定位。

2. 模型的细度要求

施工模型及施工设计模型细度等级代号应符合相关规范的规定，深化设计模型和施工过程模型的细度如表 4.3.3-1 所示。

各过程模型细度要求　　　　　　　　　　　表 4.3.3-1

名称	代号	形成阶段
施工图设计模型	LOD300	施工图设计阶段
深化设计模型	LOD350	深化设计阶段
施工过程模型	LOD400	施工实施阶段
竣工验收模型	LOD500	竣工验收阶段

基于 BIM 技术的深化设计中经常使用 Tekla Structures、Revit、ArchiCAD、3D Max 等工具软件。其中，Tekla Structures 对大部分的钢结构建筑的深化设计都适用，但是对异型变截面、空间弯扭的大跨度钢结构建筑深化设计存在一定的局限性，此时可以利用 AutoCAD 进行建模并导出线模，将线模导进 Tekla Structures，后续工作便可照常开展。

以下以利用 Telka Structures 软件为例，说明基于 BIM 技术的钢结构深化设计中 BIM 模型的建模方法。

（1）录入工程属性。选择服务器，录入工程基本的有关信息，例如工程编号、工程名称、模型负责人、设计信息等。

（2）建立结构整体定位轴线。建立结构整体定位轴线，结构轴网应严格按设计图纸中轴网定位绘制，确认无误后生成轴线视图。轴线不得随意修改、调整。遇到较为复杂的轴线时，可运用系统自带宏自行建立，必要时可借助辅助线。

（3）定义模型截面库、材质库等。将工程所需截面汇总，在满足建筑要求的前提下可结合市场供应，可与设计、业主沟通对截面进行优化。专人负责将最终确认的截面输入截面库，很多需要手动计算或填入。同理，将各类材质信息在材质库中补齐。

（4）建立结构整体三维模型。建立结构整体三维模型时，需要在截面库中选择截面，根据施工图纸的构件布置图和截面规格、材质等信息，进行钢结构柱、梁及桁架等杆件模型的搭建。

杆件模型创建完成并审核后，在各连接的杆件间创建节点。可采用软件节点库中的节点建模。当节点库中无该节点类型，而在本工程中又大量存在时，可在软件中创建人工智能参数化节点，或进行二次节点开发以达到节点设计要求。

（5）模型校审。需有专人负责审核模型轴网、截面库、材质库，钢构件的信息（截面、材质、定位等）与原设计文件、国家规范标准等是否相符，以及是否存在钢构件错、漏、缺等情况，并修改完成。待确认模型准确无误之后需进行编号，每个工程针对工程结构特点，制定专用编号规则，制定的原则为区分构件、状态、区域等基本信息，方便施工管理。每项工程的编号规则制定后应组织评审，且需安装施工单位认可。

（6）出材料表、清单报告。材料表自动统计功能，包括零件清单、构件清单、螺栓清单等，自动获取零件的型材、规格、材质、长度、重量、面积、数量、编号等信息。也可根据需求制作相应清单报表模板，获取所需报表，杜绝人工统计差错。

（7）出深化详图。经过给制图纸类别、图幅大小、比例、定位尺寸等信息，必要时进行适当修改标注信息及补充视图，即可形成准确性高的节点大样图、构件与零部件大样图、构件安装布置图等。

（8）其他软件接口。可输出为 CAD、IE 等模型，方便用户查看。可输出 IFC 等文件，应用于 Revit 等软件中。也可输入其他软件的参考模型，如空间弯扭结构的 CAD 线模等。

3. 模型的创建要求

在使用 BIM 应用软件对装配式钢结构工程进行三维建模时，对模型数据有以下要求：

（1）构件编号唯一性

钢结构深化设计软件零构件编号时，要求一个零构件只能对应一个零构件号，当零件的材质、截面发生变化时，需赋予零构件新的编号，防止零构件的模型、图纸信息发生冲突。

（2）零件截面类型要相匹配

在钢结构深化设计软件内有一个钢材的截面库，对模型中的每一种截面的材料都会指定唯一的截面类型与之对应，如此才可保证各种零构件对应的材料在平台内名称的唯一性。对于大型项目而言，零件数量特别多，导致截面信息匹配工作量繁重，为了减少模型截面数据输入的工作量，需要制定统一的截面代码规则，做到规范、正确地选用截面类型。

（3）确保模型材质相匹配

BIM 模型中每一个零件都有其对应的材质，为保证模型信息准确无误，需制定统一的材质命名规则。

4. 模型的信息共享

（1）设计阶段

在建模过程中，将项目主体钢结构各个零件、部件、主材等信息输入到模型中，并进行统一分类和编码。将传统的 2D 抽象图纸进化到 3D 交互方式，对构配件进行数据及信息收集，利用 BIM 进行建模及计算，同时规范校核，通过三维可视化对设计图纸进行深化设计，进而指导工厂生产加工，实现了构件的生产工厂化。

（2）生产阶段

根据设计阶段已完成工作，分析相关构配件已实现的参数化及模数化程度，对其进行相应的修整，以形成标准化的零件库。另外，利用 BIM 技术中的三维可视化功能对构配件进行运输及施工模拟，制定合理的运输及装配计划。

（3）运输阶段

基于前一段的工作，将 BIM 引入建筑产品的流通供配体系，根据已做的运输与装配计划，合理计划构配件的生产、运输与进场装修，实现"零库存"。

（4）装配阶段

对项目装配过程进行施工进度模拟，直观展示项目的进度安排。另外，进行项目关键节点链接、部件搭接等的虚拟模拟，以期形象地指导施工安装工作的开展。

（5）竣工阶段

对前序阶段的信息进行集成整合，总结各个阶段的计划与实际差别的原因，分析归纳出现的问题并找出解决方法，从而形成基于产业链的信息数据库，为以后工程项目的开展提供参考。

4.3.4　装配式钢结构的施工模拟

通过 BIM 技术进行施工模拟与深化应用，对厂房施工进行可视化、参数化、高效协同管理。

1. 施工组织模拟

在施工组织模拟中应用BIM技术，基于施工图设计模型或者深化设计模型和施工图、施工组织设计文档等创建施工组织模型，并将工序安排、资源配置和平面布置等信息与模型关联，将施工进度计划表导入BIM软件中进行施工动态模拟，将施工进程直观地展示出来，实现施工作业流水的三维可视化。输出施工进度、资源配置等计划，指导和支持模型、视频、说明文档等成果的制作和方案交底。项目管理人员在计划阶段可直观地识别和预测潜在的施工工序冲突，对机械设备布置、现场空间布置、资源分配计划进行合理优化，从而提高施工效率、缩短工期、节约成本。

2. 施工工艺模拟

（1）各关键工艺施工模拟注意事项

模板工程施工工艺模拟应优化模板数量、类型，支撑系统数量、类型和间距，支设流程和定位，结构预埋件定位等。

临时支撑施工工艺模拟应优化临时支撑位置、数量、类型、尺寸，并宜结合支撑布置顺序、换撑顺序、拆撑顺序。

大型设备及构件安装工艺模拟应综合分析柱梁板墙、障碍物等因素，优化大型设备及构件进场时间点、吊装运输路径和预留孔洞等。

复杂节点施工工艺模拟应优化节点各构件尺寸、各构件之间的连接方式和空间要求，以及节点施工顺序。

垂直运输施工工艺模拟应综合分析运输需求、垂直运输器械的运输能力等因素，结合施工进度优化垂直运输组织计划。

脚手架施工工艺模拟应综合分析脚手架组合形式、搭设顺序、安全网架设、连墙杆搭设、场地障碍物、卸料平台与脚手架关系等因素，优化脚手架方案。

预制构件拼装施工工艺模拟应综合分析连接件定位、拼装部件之间的连接方式、拼装工作空间要求以及拼装顺序等因素，检验预制构件加工精度。

在施工工艺模拟过程中宜将涉及的时间、人力、施工机械及其工作面要求等信息与模型关联。

在施工工艺模拟过程中，宜及时记录出现的工序交接、施工定位等存在的问题，形成施工模拟分析报告等方案优化指导文件。

宜根据施工工艺模拟成果进行协调优化，并将相关信息同步更新或关联到模型中。

施工工艺模拟模型可从已完成的施工组织模型中提取，并根据需要进行补充完善，也可在施工图、设计模型或深化设计模型基础上创建。

（2）施工工艺模拟BIM模型要求

施工工艺模拟前应明确模型范围，根据模拟任务调整模型，并满足下列要求。

1）模拟过程涉及空间碰撞的，应确保足够的模型细度及工作面；

2）模拟过程涉及与其他施工工序交叉时，应保证各工序的时间逻辑关系合理；

3）除上述1）、2）以外对应的专项施工工艺模拟的其他要求。

3. 施工计算模拟

利用BIM软件和仿真计算软件的数据接口提取BIM模型中包含的结构几何信息参

数，如构件尺寸、大小及位置等；定义 BIM 模型的计算参数，如材料属性、边界条件及荷载情况。继而将 BIM 模型导入有限元分析软件实现模型信息的交互，对结构的施工过程力学性能进行仿真分析，为施工过程的安全把控提供计算依据。

4.3.5　装配式钢结构的进度控制

进度计划编制 BIM 应用应根据项目特点和进度控制需求进行。在进度控制 BIM 应用过程中，应对实际进度的原始数据进行收集、整理、统计和分析，并将实际进度信息附加或关联到进度管理模型。

1. 进度计划编制

（1）编制原则

进度计划编制中的工作分解结构创建、计划编制、与进度相对应的工程量计算、资源配置、进度计划优化、进度计划审查、形象进度可视化等宜应用 BIM。

在进度计划编制 BIM 应用中，可基于项目特点创建工作分解结构，并编制进度计划，可基于深化设计模型创建进度管理模型，基于定额完成工程量估算和资源配置、进度计划优化，并通过进度计划审查。

（2）工作结构分解要求

工作分解结构应根据项目的整体工程、单位工程、分部工程、分项工程、施工段、工序依次分解，并应满足下列要求：

1）工作分解结构中的施工段应与模型、模型元素或信息相关联；

2）工作分解结构宜达到支持制定进度计划的详细程度，并包括任务间关联关系；

3）在工作分解结构基础上创建的施工模型应与工程施工的区域划分、施工流程对应。

（3）创建 BIM 进度管理模型的要求

1）创建进度管理模型时，应根据工作分解结构对导入的深化设计模型或预制加工模型进行拆分或合并处理，并将进度计划与模型关联。

2）宜基于进度管理模型估算各任务节点的工程量，在模型中附加工程量信息，并关联定额信息。

3）应基于工程量以及人工、材料、机械等因素对施工进度计划进行优化，并将优化后的进度计划信息附加或关联到模型中。

4）在进度计划编制 BIM 应用中，进度管理模型宜在深化设计模型或预制加工模型基础上，附加或关联工作分解结构、进度计划、资源和进度管理流程等信息，内容如表 4.3.5-1 所示。

附加信息要求　　　　　　　　　　　　　　　　　　　　　表 4.3.5-1

模型元素类别	模型元素及信息
上游模型	深化设计模型或预制加工模型元素及信息
工作结构分解	模型元素之间应表达工作分解的层级结构、任务之间的序列关联
进度计划	单个任务模型元素的标识、创建日期、制定者、目的以及时间信息（最早开始时间、最迟开始时间、计划开始时间、最早进度计划完成时间、最迟完成时间、计划完成时间、任务完成所需时间、任务自由浮动的时间、允许浮动时间、是否关键、状态时间、开始时间浮动、完成时间浮动、完成的百分比）等

模型元素类别	模型元素及信息
资源	人力、材料、机械及资金等．每类元素均包括唯一标识、类别、定额、消能状态、数量等
进度管理流程	进度计划申请单模型元素的编号、提交的进度计划、进度编进度管理流程制成果以及负责人签名等信息。进度计划审批单模型元素的进度计划编号、审批号、审批结果、审批意见、审批人等信息

（4）附加信息的注意事项

附加或关联信息到进度管理模型时，应符合下列要求：

1）工作分解结构的每个节点均宜附加进度信息；

2）人工、材料、机械等定额资源信息宜基于模型与进度计划关联；

3）进度管理流程中需要存档的表单、文档以及施工模拟动画等成果宜附加或关联到模型中。

2. 进度控制

在进度控制BIM应用中，应基于进度管理模型和实际进度信息完成进度对比分析，并应基于偏差分析结果更新进度管理模型。

进行进度对比分析时，应基于附加或关联到进度管理模型的实际进度信息、项目进度计划和与之关联的资料及成本信息，对比项目实际进度与计划进度，输出项目的进度时差。

进行进度预警时，应制定预警规则，明确预警提前量和预警节点，并根据进度时差，对应预警规则生成项目进度预警信息。

项目后续进度计划应根据项目进度对比分析结果和预警信息进行调整，进度管理模型应作相应更新。

在进度控制BIM应用中，进度管理模型应在进度计划编制中进度管理模型基础上，增加实际进度和进度控制等信息，其内容宜符合下表4.3.5-2的规定。

附加信息要求　　　　　　　　　　　　　　　　　　　表4.3.5-2

模型元素类别	模型元素类别及信息
上游模型	进度计划编制中进度管理模型元素及信息
实际进度	实际开始时间、实际完成时间、实际需要时间、剩余时间、状态时间完成的百分比等
进度预警与变更	（1）进度预警信息包括：编号、日期、相关任务等信息 （2）进度计划变更信息包括：编号、提交的进度计划、进度编进度预警与变更制成果以及负责人签名等信息 （3）进度计划变更审批信息包括：进度计划编号、审批号、审批结果、审批意见、审批人等信息

4.3.6　装配式钢结构的预算与成本控制

众所周知，成本是每个施工方最关心的，一个项目成本的高低决定了施工方利润的高低。采用传统管理模式，成本往往难以控制。但如今，拥有了BIM技术后，成本的不可控性大大降低。对于工程造价咨询行业，BIM技术将是一次颠覆性的革命，它将彻底改变工程造价行业的行为模式，给行业带来一轮洗牌。美国斯坦福大学整合设施工程中心

（CIFE）根据 32 个项目总结了使用 BIM 技术的如下效果：

（1）消除 40％预算外变更；

（2）造价估算耗费时间缩短 80％；

（3）通过发现和解决冲突，合同价格降低 10％；

（4）项目工期缩短 7％，及早实现投资回报。

1. 成本管理

将 BIM 技术应用于施工全过程中，利用 BIM 技术建立工程施工现场 3D 模型与数据库，将施工过程中各类工程测量数据、工程施工成本数据传入数据模型，BIM 数据系统会对各类信息进行重新拆分和组合，发现工程管理漏洞、现场错误。对容易产生冲突的实施项目进行碰撞分析，得到最佳的施工顺序，提高各分项承包商间的协调度，避免施工过程中各施工项产生冲突，带来返工、拆除等后果，节省了大量的人力物力，也降低了对工程管理与施工成本的控制的难度，产生巨大的效益。

BIM 技术的数据系统会对各个工程的各个施工项进行计算，得到相应的工程量和成本，使施工人员对整个工程实施过程中任意时间点的施工环节的施工成本有直观的认识，将施工现场的复杂区域的复杂施工变得可视化，同时还可以与各类数码设备，移动通信等技术相结合，对施工现场进行跟踪，可以为施工现场提供准确、直观的施工指导，有利于施工方案的制定并保证工程施工进度和质量，提高施工效率，避免不必要的资源浪费。

2. 施工图概预算

从 2008 年某主体育场建设项目开始，BIM 技术开始在中国出现萌芽，到现在越来越多的工程项目将 BIM 技术引入项目的全过程管理中。成本控制一直以来都是项目管理的核心任务，施工图概预算作为成本控制的关键环节，必然要和先进技术产生紧密联系。

我国概预算制度师承苏联，虽然几十年来历经改革，但"算量＋计价"的造价模式一直未变。我国造价的软件种类繁多，根据相关调查显示，各种造价软件的主要区别在算量阶段。工程造价随工程进度分为估算、预算、结算，国内在算量方面做得比较好的软件首先就是广联达 BIM 算量。

在装配式钢结构工程中，施工图概预算的工作流程分为三个阶段：钢筋算量→土建算量→计价，如图 4.3.6-1 所示。然后根据工程的类型和规模在施工图概预算阶段估算大致的工程量。

图 4.3.6-1　施工图概预算工作流程

（1）钢筋算量

1）工程设置：在新建工程时应该要对工程的基本信息有一定的了解，其中应注意以下几点：平法规则、汇总方式、结构类型、设防烈度、檐高、抗震等级、比重设置、弯钩设置的箍筋弯钩平直段、混凝土强度等级。

2）计算设置：根据结构和建筑设计总说明，把计算设置好是将钢筋量计算准确的重要前提。设置好计算设置中的信息不仅要求对施工图中的信息掌握准确，还要求熟悉工程所用的平法图集。还要注意的是，在计算设置中修改的信息会应用到整个工程中，在属性对话框中修改的黑色字体的信息为私有属性直接应用在当前的图元中，在属性对话框中修改的蓝色字体的信息为公有属性会直接应用在所有同名称图元中。

3）建BIM模型（以框架结构为例）流程为：轴网→柱子→基础→梁→板→楼梯→墙→女儿墙→门窗→构造柱→过梁→砌体拉结筋。建模的依据是施工图，读图时要注意结构施工图中原位标注的对象是单个构件，而广联达软件中进行原位标注是针对单个图元而言的。对单个图元上的原位标注需与每个构件相联系。不同标高的板是不能布置在图纸的同一分层上的，需要逐一分层进行绘制。软件在计算设置中设置的次梁加筋不会显示，使用"自动布置吊筋"命令后，次梁两侧附加箍筋就会立刻布置并显示出来。绘制完门窗洞口后，在卫生间中可以绘制圈梁代替防水翻边。

楼梯采用单构件输入的方法定义，但是这种方法计算的钢筋量只涵盖了梯段的钢筋，没有考虑梯柱、梯梁、梯板中的钢筋。这些构件中的钢筋需要用框架柱、框架梁、板中钢筋的输入方法绘制出来。否则统计的钢筋用量就会少于实际工程。

4）软件在计算汇总后才会有钢筋量，在"编辑钢筋"对话框中修改钢筋信息一定要锁定，否则计算汇总后又会恢复。所以在使用软件的过程中，需要注意复核工程量，不能因软件自动计算，就对计算内容不闻不问了。

（2）土建算量

1）将建好的钢筋BIM模型导入至土建算量软件中。

2）建立未完成的BIM模型：分别算出垫层、土方、散水、台阶、楼梯等混凝土工程量。在算混凝土工程量时可结合手算，比如楼梯按面积计算时手算即可，台阶和散水的计算用手算更为简单。要综合考虑手算和电算哪个更为简单，择优选择即可，没必要将模型建立完整。

3）装饰装修建模：对于小型工程而言，外墙装修的工程量用手算更为方便，对于房间内部装修而言电算则更为精确。

4）套定额：此步骤可在土建算量中完成，也可在计价软件中单独完成。对于大师们而言，在土建算量中完成的方式更为便利和准确，对于初学者而言，可能没有正确运用"汇总信息"命令和定义构件名称，从而在土建算量软件中套定额的时候有漏项、错项的现象。

（3）计价

1）计价有定额计价和清单计价两种模式，现在我国推广的是清单计价模式。各大造价软件在计价阶段的区别并不大，主要就是操作界面的差异。

2）计价流程：新建工程→费率设置→列项→套定额→调信息价。费率以地方性政策为准。在列项过程中注意查该漏项，分部分项工程是没有单价的所以列项的时候要灵活处理。套定额是最考验造价资历的一环，首先，要熟悉省级定额和地方性特征，其次就是熟悉施工图特殊部位的要求和各个构件的建筑构造。调信息价对于投标而言是很重要的一环，如果出现与市场差距很大的材料优惠价，则中标概率就会大大提升；投标方也可通过合理的不平衡报价来提升中标概率。

3. 工程量的统计

只要是项目的参与人员，无论是设计人员，还是施工人员，还是咨询公司或者是业主，所有拿到这个 BIM 模型的人，得到的工程量都是一样的。这就意味着，工程造价咨询中一个难问题：工程算量，将成为历史。工程蓝图上表示的工程量，是一个确定的数据，每一个造价工程师出于对图纸的理解和自己的职业水平高低不一而得到不同的数值，但是从理论上来说，它是唯一确定的。造价工程师在商务谈判时，一个最为重要，也是最为枯燥的工作内容，就是核对工程量。钢筋、混凝土、电缆、风管、水管、阀门，这些工程里大量采用的材料，无一不是谈判的焦点。工程结算工程耗时长，绝大多数时间就是用在此类计算上。

在应用 BIM 技术之后，施工单位提交的竣工资料将包含他们修改、深化过的 BIM 模型，这个模型经过设计院审核之后作为竣工图的一个最主要组成部分转交给咨询公司进行竣工结算。而基于这一个模型，施工单位和咨询公司导出的工程量必然是一致的。这就意味着工程量核对这一个关键环节将不复存在。承包商在提交竣工模型的同时就相当于提交了工程量，设计院在审核模型的同时就已经审核了工程量。

4. 实际成本控制

将 BIM 技术用于实际成本核算时，应该包含以下内容：

（1）创建基于 BIM 的实际成本数据库

建立成本的 5D（3D 实体、时间、工序）关系数据库，让实际成本数据及时进入 5D 关系数据库，成本汇总、统计、拆分对应瞬间可得。以各单位工程量人材机单价为主要数据进入实际成本 BIM 中。未有合同确定单价的项目，按预算价先进入。有实际成本数据后，及时按实际数据替换掉。

（2）实际成本数据及时进入数据库

一开始实际成本 BIM 中成本数据以采取合同价和企业定额消耗量为依据。随着进度进展，实际消耗量与定额消耗量会有差异，要及时调整。每月对实际消耗进行盘点，调整实际成本数据。化整为零，动态维护实际成本 BIM，大幅减少一次性工作量，并有利于保证数据准确性。

1）材料实际成本：要以实际消耗为最终调整数据，而不能以财务付款为标准。

2）机械周转材料实际成本：同材料实际成本。要注意各项分摊，有的可按措施费单独立项。

3）管理费实际成本：由财务部门每月盘点，提供给成本经济师，调整预算成本为实际成本，实际成本不确定的项目仍按预算成本进入实际成本。

（3）快速实行多维度（时间、空间、WBS）成本分析

建立实际成本 BIM 模型，周期性（月、季）按时调整维护好该模型，统计分析工作就很轻松。

4.3.7 装配式钢结构的质量与安全控制

1. 质量管理

BIM 技术作为一种新兴的技术，它具有可视化、协调性、模拟性、优化性、可出图性等特点，是包含建筑设施物理特性和功能特性的数字表达，是共享的信息和知识资源。

各参建方通过在 BIM 中录入、提取、更新和修改信息，实现协同作业，BIM 技术正越来越多地融入建设工程，影响着工程建设的管理手段及工作流程，各参建方依托 BIM 协同工作平台开展工作。

在装配式钢结构施工阶段的工程质量管理中应用 BIM 技术，主要控制要点遵循 PDCA 循环，实施要点为记录、发现、分析、处理质量问题。具体表现为施工现场，监理人员拍摄相关图片、视频对质量信息进行记录，然后将其导入建筑模型，将其与质量计划进行对比分析，若发现问题及时分析原因，确定问题来源及严重性，然后采取措施进行处理。问题解决之后，将处理结果再次导入模型。在之后的运营过程中，利用模型中的质量信息快速地对问题部位进行维修。质量必须及时、准确地记录才可以及时确定质量问题。通过文字、图片和模型对施工现场的质量信息记录，监理方可以准确掌握具体的质量情况，业主也可以更好地表达自身的需求。

（1）改变信息模式

首先，BIM 技术中的信息模式不同于传统质量管理中的信息来源及传递方式。传统质量管理中，大多采用图纸记录信息，繁琐的图纸不仅管理复杂，且不利于业主参与工程，而 BIM 技术构建的模型则可以实现信息的简洁表达，便于管理和交流。其次，BIM 模型作为建筑物整体及局部质量信息的载体，可以更好地实现质量控制的动态控制和过程控制。此外，BIM 技术中的信息协同管理可以加强项目中的质量信息交流，避免"信息孤岛"。

（2）工程项目的集成管理

BIM 技术的项目管理模式为 IPD 项目集成交付模式，通过采用这种集成管理模式可以提高工程项目质量控制效果，协同项目设计与管理，便于项目参与方利用所需质量信息，更好地把握各阶段的质量控制关键点。

（3）信息的全面记录

利用 BIM 技术建立模型之后可以将工程材料、建筑设备、各类配件质量信息录入模型，跟踪记录现场产品是否符合质量要求，全面存储管理信息，构建质量信息记录，使管理信息可视化，便于随时查询质量信息和进行质量问题校核，加大质量管理力度，从而提升管理效率。

（4）虚拟施工的实现

BIM 技术将 4D 虚拟施工变为现实，在工程项目实施之前就进行装配式钢结构的施工模拟、相关优化设计、可靠性验证等。装配式钢结构建筑可采用信息化技术对安全、质量、技术、施工进度等进行全过程信息化协同管理。采用 BIM 技术对结构构件、建筑部件和设备管线等进行虚拟建造。施工方在建筑模型中加入时间信息，从而构建出 4D 施工模型，模拟施工顺序、施工组织，发现施工过程中可能出现的问题，降低质量风险，从而使事前质量控制成为可能。

2. 安全管理

BIM 技术在建筑企业安全管理体系的不同方面以及不同阶段均可以不同程度地发挥作用，从而在帮助建筑施工企业不断提高安全管理水平的同时，不断降低安全管理成本，提高安全管理效率。例如，可以利用 BIM 可视化的特点，提高安全教育和安全交底的效率和效果；利用 BIM 的虚拟性构建的 4D 虚拟施工在危险因素的识别、安全措施的可行性方面发挥作用；利用 BIM 形成的多维数据库可以将安全管理和企业管理的其他方面信息联通，例如视频监控系统，从而提高安全监控和检查的效率。

（1）安全教育与交底方面的应用

安全教育在安全管理体系中至关重要，主要从安全意识方面避免人的不安全行为，也是施工企业安全文化的重要组成部分。安全交底则是在施工前实施的重要安全前置控制措施，也可以认为是安全教育的一部分。

1）施工企业安全教育与安全交底现状

现在的安全交底大多是基于安全管理人员或者项目日常管理人员的工作经验，以及基于单个项目当时情况所做的安全风险评估，通常是在整个项目开始前，和技术交底一起做一次安全措施的总交底，然后在每周的例会上，或是一项新工作开始时，项目管理人员向施工队长做安全交底。这时的交底往往效率较低，效果不好，尤其是对于那些对于工地施工缺乏必要背景和经验的工人。

一些大型施工企业在有希望拿国家工程奖（例如鲁班奖）的项目上也利用一些可视化的手段来进行安全教育和营造安全文化，例如设置了安全事故体验区，但是内容较少且单一，多以坠物打击、高空坠落（洞口临边、脚手架跳板不满铺）等场景为主，也使用图片制作宣传栏，甚至使用以往工程事故的视频录像等进行安全教育，收到一定的效果。但是这些措施的使用往往不够生动和全面，且易造成安全管理成本升高。

2）基于 BIM 的安全教育与安全交底

在所有 BIM 的特性中，与施工安全教育与交底联系紧密的就是可视化与信息的完备性。利用 BIM 的可视化特性可以建立装配式钢结构的施工 3D 模型，可以将安全管理设备和物料包含在施工 BIM 模型中，这样可以再现真实的施工场景，令工人身临其境；如果结合进度计划及 3D 实景漫游可以进行生动有效的安全事故场景"还原"和事故分析，提高其安全防范意识，增强应急处理能力。

这样做的好处还在于在施工 BIM 模型之外无须增加太多额外的工作，相比独立制作安全视频及动画，大大地节省了制作成本；基于 BIM 的安全管理措施可以非常方便地保存为 BIM 族文件、视频文件、图片等格式，可以建立企业自己的数字化安全教育与交底的数据库，施工人员在这种多维数字环境中学习、掌握、演练特种工序和特殊施工方法安全施工方法，特别是现场用电安全培训以及中大型施工机械使用等；这种可视化的安全教育和交底的方法，无论施工人员的知识背景和工程经验、技术水平如何，都可以收到很好的效果，甚至可以跨越语言的障碍，用在施工企业的海外工程中。

（2）BIM 技术在安全技术方面的应用

1）基于 BIM 的危险源识别

基于 BIM 的危险源识别首先可以基于设计 BIM 模型，设计 BIM 模型中主要是工程实体本身的 3D 数据，包括建筑 BIM 模型、结构 BIM 模型、机电 BIM 模型 3 个部分，既可综合关联审视，也可单独体系查看。特别是关联审视时使用 BIM 模型更容易发现不安全、不合理的设计错误。

施工企业可以基于设计 BIM 模型，添加与施工有关的数据、图元等制作成基本的施工 BIM 模型，当然如果没有得到设计 BIM 模型，施工企业需要从头建立施工 BIM 模型。不过如果在建立施工 BIM 模型时一次性建立安全施工 BIM 模型也是不现实的，最好是待基本施工模型建好后，对于符合标准的四口、五临边、高支模、大跨度、深基坑等重大危险源进行分类甄别，水平洞口在 BIM 模型中可以自动识别，按照一般和重大两种情况分别以警示色图标显示，并在周围增设临时维护，建模后进行信息提取，根据提取的信息再次进行分类和甄选，制定有针对性的措施方案。

编制好的安全施工方案需要随着工程的进行，有工程变更时第一时间进行更新，没有 BIM 模型的帮助，这一工作比较繁琐，且容易产生关联错误。BIM 模型可以在修改某处后按照事先制定好的规则自动更新相关数据，我们可以对更新前后的 BIM 模型进行对比，可辨识新增加的危险源。安全管理工作应以动态的思路进行施工全过程监管，施工 BIM 模型可以使这个过程更加的顺畅可行，并节省时间成本和资金成本。

2）基于 BIM 施工现场安全规划

施工安全最早在设计阶段就应该考虑，但最重要的还是在进行施工现场规划时，将安全问题及解决方案一起考虑。尤其是当前项目的开发商往往设定了非常严格的场地施工空间，周围可供搭建加工场地和材料运输的空间极其有限，给现场施工带来了很大的难度，并且由于各项工作相互穿插影响，管理的交界面和安全责任的交界面很难完全界定清晰，项目安全管理难度较大，从而导致危险源的等级也比较高。

基于 BIM 的施工现场安全模型，应该包括：

① 整个建筑工地平面，地形、周围的街道、周边建筑物、周边管道、高压线分布以及其他建筑工地施工可能会影响到的其他物体；

② 建筑工地上临时设施、临时建筑和临时设备，包括项目部活动用房、机械布置（尤其是塔吊、电梯和地泵）、临时水电；

③ 建筑工地内临时的场地安排，包括施工道路、材料加工场地、材料原材和半成品、料具等堆放地、出入口等；

④ 安全风险区域的标示，比如利用不同颜色标示不同安全风险等级，更便于识别。

利用 BIM 模型分析施工现场平面布置，对施工过程进行 4D 施工模拟和多工种碰撞检查，特别是检查各种施工机械、吊车等活动范围与周边建筑物和构筑物的碰撞、各种场地的利用和动态规划、工地道路通行可行性和消防要求、临建房屋布置等方面可能发生安全隐患的因素，在时间和空间上同时策划和调整，若没有 BIM 技术的辅助，这种规划几乎不可能完成的，显示了 BIM 技术虚拟施工的优越性。

BIM 模型可视化及较高的沟通效率还有利于集体讨论，可以集中更多的力量投入到安全管理中去。利用 BIM 模型编制的安全专项施工方案和施工规划可读性更强，更容易展示企业的施工实力和良好形象。

3）基于物联网和 BIM 技术的施工现场安全监控

利用物联网技术可以将电子标签 RFID 与 BIM 系统进行集成，运用在施工安全监控中，通过对施工现场的安全监控对象（如人、材、机械、装配式钢构件、安全设备）附着预先设定好编码和信息的 RFID 标签，标签安全信息随着读写器连续扫描通过无线网络传输到 BIM 系统，并即时在 BIM3D 或者 4D 模型中可视化动态呈现监控对象的安全状态。例如，可对工人的安全帽或者高空作业人员的安全带、身份识别牌、特殊作业人员的位置等进行 RFID 信息识别，一旦发生危险因素，身份识别牌和信息中心同时报警，既阻止了工人的不安全行为，又能及时地发现安全隐患，避免事故发生。如果将 RFID 系统和现场的视频监控系统相结合，安全现场监控中心和各参与方管理人员（无须到达现场）便通过 BIM 模型调取相应位置的视频进行实时安全监控。

4）基于 BIM 的施工安全技术应用与展望

随着相关技术的进步，BIM 技术作为建筑业信息化的核心作用会更加凸显，其在施工安全管理的效率和效果方面将发挥更大的作用。例如，利用无人机技术将工地的实时影像进行搜集扫描，并人工或者自动分辨危险状况并报警，并可将信息自动归档到相应的 BIM 数据库中，解决视频监控无法完全覆盖的问题。利用 BIM 云和高速无线互联网将可以使移动终端也具备高速计算能力，进行信息的快速搜集与反馈。利用可穿戴设备，比如 Google Glass，将信息和 BIM 系统中的虚拟漫游结合，可根据相关人员位置和场景将更多安全信息推送到安全检查人员眼前，使得安全检查人员可以实时搜集到足够的安全信息，从而进行安全措施的决策。利用移动互联网和手机可以建立随时随地高速沟通的环境，而 BIM 将使这一沟通建立在完全 3D、4D 甚至 nD 的环境中，并可以和现场施工环境互动，甚至进行直接操作解决安全隐患。

4.3.8 装配式钢结构的竣工验收

BIM 技术涉及施工全生命周期，在项目竣工阶段同样具有重要的应用价值。施工完成后，建筑项目的管理与维护是一个重要问题，及时有效的维护，能够提升建筑项目的使用周期。

在竣工阶段，BIM 技术之前的模型将针对施工结束之后需要维护项目以及具体参数进行分析，形成竣工模型，为竣工建筑项目的维护管理奠定基础，如图 4.3.8-1 所示。

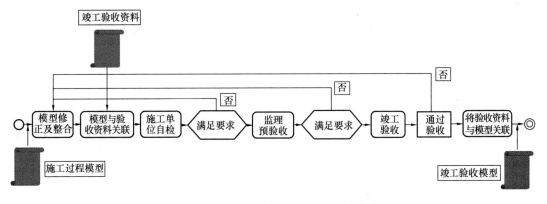

图 4.3.8-1　竣工验收 BIM 应用典型流程

竣工验收与移交是建设阶段的最后一道工序，传统的验收手段主要存在许多问题，例如，验收人员仅从质量方面进行验收，对使用功能方面的验收关注不够；对整体项目的把控力度不够，是否满足设计、满足施工规范要求，是否美观、便于后期检修等，缺少直观的依据；竣工图纸难以反映现场的实际情况，给后期运维管理带来各种不可预见性，增加运维管理难度等。

通过完整的、有数据支撑的、可视化竣工 BIM 模型与现场实际建成的装配式建筑进行对比，可以较好地解决以上问题。BIM 在竣工阶段的具体应用有以下几个方面。

1. 检查结算依据

BIM 的出现将改变传统验收方法的弊端和困难，每一份变更的出现可依据变更修改 BIM 模型而持有相关记录，并且将技术核定单等原始资料"电子化"，将资料与 BIM 模型有机关联，通过 BIM 系统，工程项目变更的位置一览无余，各变更单位置对应的原始技术资料随时从云端调取，查阅资料，对照模型三维尺寸、属性等。在某项目集成于 BIM 系统的含变更的结算模型中，BIM 模型高亮显示部位就是变更位置，结算人员只需要单击高亮位置，相应的变更原始资料既可以借阅。

2. 核对工程量

在结算阶段，核对工程量是最主要、最核心、最敏感的工作，其主要工程量核对形式依据先后顺序分为四种。

（1）分区核对

分区核对处于核对数据的第一阶段，主要用于总量比对，一般预算员、BIM 工程师按照项目施工段的划分将主要工程量分区列出，形成对比分析表，如预算员采用手工计算则核对速度较慢，碰到参数的改动，往往需要一个小时甚至更长时间才可以完成，但是对于 BIM 工程师来讲，可能就是几分钟完成重新计算，重新得出相关数据。

（2）分部分项清单工程量核对

分部分项清单工程量核对是在分区核对完成后，确保主要工程量数据在总量上差异较小的前提下进行的。

如果 BIM 数据和手工数据需要比对，可通过 BIM 建模软件的导入外部数据，在 BIM 建模软件中快速形成对比分析表，通过设置偏差百分率警戒值，可自动根据偏差百分率排序，迅速对数据偏差较大的分部分项工程项目进行锁定，再通过 BIM 软件的"反查"定位功能，对所对应的区域构件进行综合分析，确定项目最终划分，从而得出较为合理的分部分项子目。

（3）BIM 模型综合应用查漏

由于目前项目承包管理模式和传统手工计量的模式下，缺少对专业之间相互影响的考虑，或者由于相关工作人员专业知识局限性等因素，势必对实际结算工程量造成一定的偏差。通过 BIM 技术将各专业协调综合应用，能够大大减少由于计算能力不足、预算员施工经验不足造成的经济损失。

（4）大数据核对

大数据核对是在前三个阶段完成后的最后一道核对程序。项目的高层管理人员依据一份大数据对比分析报告，可对项目结算报告做出分析，得出初步结论。BIM 完成后，可直接在云服务器上自动检索高度相似的工程进行云指标对比，查找漏项和偏差较大的项目。

3. 其他方面

BIM 在竣工阶段的应用除工程量核对外，还主要包括以下几个方面。

（1）验收人员根据设计、施工阶段的模型，直观、可视化地掌握整个工地的情况，既有利于对使用功能、整体质量进行把关，同时又可以对局部进行细致的检查、验收。

（2）验收过程可以借助 BIM 模型对现场实际施工情况进行校核。

（3）通过竣工模型的搭建，可以将建设项目的设计、经济、管理等信息融合到一个模型中，便于后期的运维管理单位使用，更好、更快地检索到建设项目的各类信息，为运维管理提供有力保障。

4.4　BIM 技术在装配式钢结构施工中应用存在的问题与发展方向

2017 年，国家政策不断加码，发展装配式建筑上升至国家战略层面。国家标准《装配式建筑评价标准》也正式发布，并于 2018 年 2 月 1 日起开始实施，可以预见，未来 10 年，装配式建筑市场将迎来爆发式增长，其中钢结构建筑将成为市场主流。大力推进建筑工业化、发展装配式建筑是符合国家引导、政策支持和市场选择的大势所趋。

4.4.1　装配式钢结构的发展方向

2017 年从中央到地方关于发展装配式的政策相继出台，全国各地均设置装配式建筑相关工作目标，出台相关扶持政策，同时出现了很多的装配式设备、构件生产企业，关于装配式建筑的项目更是遍地开花，很多省市实现了从无到有的突破。

在国内新建的装配式建筑里，大多为预制装配式混凝土结构形式，而在我国预制装配钢结构目前并不多见。但钢结构的显著优点都将让预制装配钢结构朝气蓬勃——因自重较轻，同钢筋混凝土结构相比要轻 30％～50％；断面小，与钢筋混凝土结构相比可增加建筑有效面积 8％左右……这些优势必会让预制装配钢结构成为未来建筑的发展方向。

1. 钢结构是新建筑时代的脊梁

说到装配式钢结构，不得不说中国的钢铁产业的发展，经历了新中国成立之初的节约用钢，到后来的合理用钢，到如今的鼓励发展用钢，钢结构产业发展速度可谓是势不可挡。近年来，中国一座座高楼大厦拔地而起，直指青云。而钢结构建筑更是如雨后春笋般遍布祖国大地。钢结构建筑渐成趋势，并被列入中国钢结构行业"十三五"规划："力争到 2020 年钢结构用钢量由目前的 5000 万吨增加到 1 亿吨以上，占建筑用钢比重超过25％"。未来 5 年我国钢结构产业将迎来发展的春天。

现在，中国钢结构产业企业有 1 万多家，一大批有实力的钢结构企业正承担着国内重点大型钢结构的生产和安装。钢结构的科研、设计、生产、配套等各个领域迅猛发展，行业内不断涌现着优秀钢结构设计方案，设计软件和科研成果，它们提高了钢结构设计、施工质量，提升了行业规范和规程，使得我国钢结构的产量、产业规模、市场开发应用都位居世界第一，装备制造和安装技术达到世界领先水平。钢结构已成为新建筑时代的脊梁。

2. 装配式钢结构建筑是绿色建筑发展方向

装配式钢结构是名副其实的绿色建筑，是有利于保护环境、节约能源的建筑。装配式钢结构建筑可以节约施工时间，施工不受季节影响；可增大住宅空间使用面积；减少建筑垃圾和环境污染，建筑材料可重复利用；抗震性能好。而装配式钢结构住宅建设因周期短、节省占地，使得房地产业融资快、资金使用率高，这对我国经济发展的推动作用非常大。

但我国装配式建筑进程较全球来说，起步较迟。装配式钢结构住宅在工业发达国家应用更为普遍：美国钢结构住宅占比在 25％以上，且以装配式住宅为主；20 世纪 90 年代末，日本预制装配住宅钢材结构系列比例就已经多达 71％。虽然起步迟于发达国家，但我国钢结构起点颇高，随着中国钢结构建筑中的广泛应用；新技术、新工法、新设备层出不穷，施工安装水平也达到了国际先进水平；钢结构配套产品齐全，加工设备制造厂发展迅速。相信在不久的将来中国装配式钢结构建筑必定迅速崛起。

3. 完善产业链是钢结构发展必经之路

住房城乡建设部明确提出到 2020 年，装配式建筑占新建建筑的比例 20% 以上；到 2025 年装配式建筑占新建建筑的比例 50% 以上。这意味着从目前的不足 10%，三年提升 20%，八年时间提升到 50%。未来几年机遇与坎坷并存，就看怎么抓住机遇发展。如此大的市场，装配式钢结构究竟占多少份额要取决于自身的技术与质量能否达到市场需求的功能水平。

在中国，钢结构建筑作为一种结构建筑而言已经算是很成熟的了，但建造装配式钢结构建筑还存在诸多问题。这些问题，实际上不是钢结构本身的问题。从字面意思来解释，原先钢结构企业是在做建筑钢结构，现在要转型做钢结构建筑。一个词颠倒了位置，从内在意义完全不一样了，要面对的问题变得非常大。由于质量与施工性能不一以及全产业链不完善，造成其造价高、建设施工等问题在装配式钢结构建设中显露无遗。产业链不配套，付出很多额外成本，而且从设计到施工到生产之间不熟悉，也导致了一系列问题。在发达国家，一般混凝土建筑才是造价最高的，木结构最低，钢结构处于中间。如果配套问题解决了，那么钢结构价格就低了。只有完善装配式钢结构全产业链才能突破行业发展的瓶颈。

4. 钢结构企业创新突破谋发展

当前国家相继推出大力发展装配式建筑的相关政策，装配式钢结构住宅在政府主导的保障性住房、棚户区改造、美丽乡村以及特色小镇等项目中的优越性愈发明显。在 2017 年钢铁行业去产能仍将继续推进的情势下，钢铁企业不再追求产量、规模，而是积极寻求突破转型升级，更加追求精品和高端。装配式钢结构对钢铁企业就是一个很好的选择。

当前，钢结构企业不仅自身努力寻求突破，还积极构建装配式钢结构建筑产业生态圈，形成引领产业升级的革命浪潮，创造中国产业发展新模式！2018 年，我国已经吹响装配式建筑的号角，装配式钢结构正在加速拼搏赶超的步伐。

4.4.2　装配式钢结构施工中存在的问题

我国装配式钢结构的发展程度仍在较低的水平上徘徊，这既与我国社会经济和科技水平等深层次原因有关，也受现有产业政策等软件和技术体系等硬件影响。此外，在基础研究方面的缺失，也直接影响了我国装配式的深入发展。当前我国装配式建筑可实施性基础性研究工作较为滞后，技术法规不够全面，产品缺乏相关技术保障，材料、部品、产品之间模数协调不够，没有建立健全与装配式钢结构产业化相配套的在全国范围内推行的模数标准与体系。非标准化生产带来诸多弊端，全国各地大到房间的空间组合和承重体系，小到房间各组成部分的构造做法五花八门，阻碍了构配件生产工厂化、施工机械化等产业化进程。在装配式钢结构建设的过程中，还没有一套较完整的技术体系，从设计、施工、综合性能评估等方面来支撑工业化建造。

装配式钢结构施工过程存在的问题主要体现在几个方面：施工人员水平参差不齐；缺乏对材料的保护；施工程序混乱；没有完善的施工验收标准等。

1. 施工人员水平参差不齐

装配式钢结构最近几年才较快地为中国建筑市场所接受，时间短、发展快，所以工程技术人员严重缺乏。国内一些公司从国外引进和吸收这种技术，大都只是从材料和理论方面取得一些成果，没有对施工技术人员进行正规化、标准化的培训，所以导致施工技术水平并不理想。而且有些项目施工时，并非都是专业的施工人员去安装，有的甚至直接用临时工去施工，其施工质量自然无法保障。例如，一些装配式项目出现土建基础不合格，导致上部钢结构无法安装；钢结构构件拼装精度不符合要求，以致墙体水平和垂直度不合格，内外装饰材料无法正常安装等。

2. 缺乏对材料的保护

装配材料的规格必须符合相应的标准，对材料的严格控制有利于施工顺利进行，也有利于保证建筑物的安全和质量。有些工程中由于缺乏对材料的保护，出现了很大的安全隐患。构件严格符合标准，构件拼装才可能达到要求，而这种精度要求是以毫米计算的。运输过程可能对材料有所破坏，导致构件变形，现场野蛮施工也可能导致构件变形，建筑物部件甚至整个建筑物质量都难以达到设计要求。一些实际项目中，往往会看到工人将大量的板材堆放在几个构件上，或者将重型设备直接挂在单一构件上，超负荷必然导致构件变形甚至彻底破坏而失去可承担荷载的能力，诸如这种情况若不加以控制，势必造成重大安全隐患。另外，实际上装配式结构是一种特殊的结构形式，它主要依靠钢构件的承载能力和板材的约束能力形成牢固的整体来承担各种荷载，所以墙体、楼面、屋面板材未安装之前，应避免较大荷载的施加。否则钢结构构件变形或者变形不均匀，那么装饰材料必然会出现破坏，例如一些项目中出现墙体、天花板裂缝或出现材料脱落现象。

3. 无完善的施工验收标准

由于装配式属于新型建筑体系，国内大多数企业或者研究机构还处于学习国外技术的阶段，或者没有形成完整而且优化的符合中国国情的技术体系，所以施工验收标准并不完善。对施工质量失去了严格的约束，这也是影响装配式发展的一个严峻问题。

4. 防火防腐性能有待提高

一般认为，钢结构防火防腐性能不好，采用涂料进行防护，涂料的寿命一般仅有十年左右，与建筑的设计使用寿命相差甚远。由于使用情况的不同，公共建筑允许后期的检查与维护，因此受到的质疑不多。而住宅钢结构则基本不可能在使用期间的户内进行相关的检查与维护，一下子似乎成为致命性问题。这个认识上的误区，甚至在业内技术人员中也广泛流传。

事实上，住宅钢结构在室内正常环境锈蚀极其有限，即便初期的涂装年久失效，腐蚀也在可控范围，根本不会影响结构安全。美国和日本几十年前建造的钢结构建筑使用至今便已经充分说明了这些问题。甚至，根据日本的经验，目前建造的钢结构建筑已普遍不再进行防腐涂装。另外，钢结构的防火问题，也可通过防火片材的粘贴包覆处理，比防火涂料更为可靠。所以，装配式钢结构建筑的防火防腐问题，技术上并不存在太大的问题，更多的是一个认识问题。

5. 居住舒适性有待提高

钢结构公共建筑的舒适性问题并不突出，但装配式钢结构住宅使用和居住其舒适性是不可回避的问题。这是装配式钢结构住宅的建筑围护部位以及构造技术等问题造成的。

在过去的多年内，由于围护部位的配套资源问题、应用技术问题，造成围护部位选择不当，或者技术上的不成熟，工程师采用的墙体构造不合适，造成外墙裂缝、防渗、隔声、保温等问题。实际上部位选择得当、构造合理的围护体系，装配式钢结构建筑完全可以实现和混凝土剪力墙等同的居住舒适性。这些问题随着建筑围护部品配套的逐步成熟和工程师技术上的进步，正在得到有力地改进。

6. 建筑配套并不成熟

过去的多年里，装配式钢结构的产业链还不健全，配套产业远远滞后于钢结构产业本身的发展，配套的外墙板、楼板、内墙板等可供选择的余地不大，价格也高。而钢结构公共建筑采用幕墙和楼承板的居多，配套问题不大。

近年来从国外直接进来的成熟产品、国内引进的以及自主研发的相关新型建材企业正在蓬勃发展，装配式建筑产业园和示范基地遍地开花，可供选择的部品部件已经基本形成体系。

7. 受湿作业及二次砌筑的影响较大

目前，装配式钢结构（尤其是装配式钢结构住宅）的围护体系仍存在砌块墙体，使用过程中容易出现开裂等问题，影响整体建筑的使用寿命。钢结构楼板为现浇混凝土结构，影响建设工期。且在进行装配式钢结构的内部装修时其内装体系与结构体系不分离，设备管线与结构体系不分离，水电管线预埋于结构中，易出现管线老化导致结构出现问题，同时对于此类结构在维修上也并不方便。

8. 成本较高

如设计不当，钢结构比传统混凝土结构更贵，虽然近年来钢材价格回落，但是与钢筋混凝土剪力墙结构相比，其造价仍然偏高，再者，适用于钢结构住宅的维护体系价格也偏高，导致装配式钢结构整体成本高。但相对装配式混凝土建筑而言，仍然具有一定的经济性。

9. 其他问题

（1）相对于装配式混凝土结构，外墙体系与传统建筑存在差别，较为复杂。

（2）露梁、露柱。钢构件截面较大，常凸出于墙体，占用室内空间，使得家居摆设和房间布置受到限制。

（3）对于大型、异形的构件在城市内施工时交通运输不便。

课　后　习　题

一、单项选择题

1. 组织编制 BIM 应用技术导则、规定或规范，属于从哪个层面上来推动 BIM 的发展（　　）。

  A. 法制层面　　　　　　　　　　　B. 标准层面

  C. 规划层面　　　　　　　　　　　D. 项目层面

2. 在一个完整的组织机构共同来完成一个项目，完美实现设计流程上下游专业间的设计交流，体现了采用 BIM 技术设计的哪项优点（　　）。

  A. 可视化　　　　　　　　　　　　B. 协同化

  C. 专业化　　　　　　　　　　　　D. 模拟化

3. 改善住区建筑周边人行区域的舒适性，通过调整规划方案建筑布局、景观绿化布置，改善住区流场分布、减小涡流和滞风现象，提高住区环境质量。上述内容属于 BIM 设计过程中的哪项分析（　　）。

A. 室外风环境模拟

B. 自然采光模拟

C. 室内自然通风模拟

D. 小区热环境模拟分析

4. 从多维度（时间、空间、WBS）汇总分析更多种类、更多统计分析条件的成本报表，体现了采用 BIM 技术后，成本统计的哪项优点（　　）。

A. 快速

B. 准确

C. 精细

D. 分析能力强

5. 负责 BIM 中心日常管理、协调公司内部资源及部门内部人员的选拔和考核，属于下列哪项岗位的职责（　　）。

A. BIM 建模组

B. BIM 中心主任

C. BIM 审核组

D. BIM 应用组

6. LOD350 是施工过程中哪个阶段所要达到的精细度（　　）。

A. 施工图设计阶段

B. 深化设计阶段

C. 施工实施阶段

D. 竣工验收阶段

二、多项选择题

1. 以下属于大跨度空间钢结构基本安装方法的是（　　）。

A. 高空散装法

B. 分段或整体吊装法

C. 高空滑移法

D. 整体提升法

E. 整体顶升法

2. 为了推动 BIM 的发展，政府通常从以下哪几点着手（　　）。

A. 激励层面

B. 法制层面

C. 标准层面

D. 规划层面

E. 项目层面

3. 在进行装配式钢结构设计管理方面，业主方可利用 BIM 技术辅助实施以下几个方面内容（　　）。

A. 协同工作

B. 图纸检查

C. 4D 动态模型管理

D. 周边环境模拟

E. 复杂建筑曲面的建立

4. BIM 辅助业主进行物业管理主要体现在以下几个方面（　　）。

A. 设备信息的三维标注，可在设备管道上直接标注名称规格，型号，三维标注跟随模型移动、旋转

B. 属性查询，在设备上右击鼠标，可以显示设备部具体规格、参数，厂家

C. 外部链接，在设备上点击，可一调出有关设备的其他格式文件

D. BIM 清晰记录各种隐蔽工程，避免错误施工的发生

E. 模拟监控

5. 在装配式钢结构施工管理过程中，传统成本控制难主要体现在以下哪些内容（　　）。

A. 数据量大　　　　　　　　　　　B. 牵涉部门和岗位众多

C. 对应分解困难　　　　　　　　　D. 消耗量和资金支付情况复杂

E. 工程量难统计

6. 按照企业级，对 BIM 中心人员可进行哪几项划分(　　　)。

A. BIM 策划组　　　　　　　　　　B. BIM 建模组

C. BIM 中心主任　　　　　　　　　D. BIM 审核组

E. BIM 应用组

7. 装配式钢结构施工过程存在的问题主要体现在几个方面(　　　)。

A. 施工人员水平参差不齐　　　　　B. 缺乏对材料的保护

C. 施工程序混乱　　　　　　　　　D. 无完善的施工验收标准

E. 建筑配套并不成熟

参考答案

一、单项选择题

1. B　　2. B　　3. A　　4. D　　5. B　　6. B

二、多项选择题

1. ABCDE　2. ABCDE　3. ABDE　4. ABCDE　5. ABCD　6. BCDE　7. ABCDE

第5章 装配式钢结构智能化应用

本章导读：

自改革开放以来，伴随着科学技术的蓬勃发展，建筑行业中数字化、信息化、智能化应用率明显攀升。2015年以来，建筑行业也面临产业增幅下降、劳动成本上升的严峻态势，依托于中央《十三五规划发展纲要》及住建部《2016—2020年建筑业信息化发展纲要》指导精神，全面推进建筑行业"信息化"发展被推向新高度，成为今后行业发展的主要研究方向。对于建筑企业70%的工作都是在施工现场进行的这种情况，为了满足现代化智能建筑的各项施工需求，加强建筑智能化管理应用的建设显得更为重要。

本章内容主要从我国建筑工程现场智能化管理现状及研究、施工安全智能化管理、施工环境监测智能化控制、施工智能监测与健康监测以及建筑全周期内智能化系统维护和管理等方面对装配式钢结构的智能化应用做详细解读。

本章学习目标：

(1) 了解建筑工程智能化管理的特点。

(2) 了解装配式智能化应用有哪些。

(3) 掌握什么是施工安全智能化管理。

5.1　我国建筑工程现场智能化管理现状及研究

5.1.1　我国建筑工程智能化管理现状

随着改革开放的步伐不断加快，我国基本化建设的规模化、高技化、精细化不断提高。近年来全国的工程施工总量年平均近 1.75 亿元，跨国建设项目不断增加，建筑施工对信息技术的依赖也越来越深，但行业的快速发展与施工技术与管理水平的落后导致现阶段我国大多数建筑施工企业存有以下问题：

1）建筑施工智能化管理法律法规不完善

现今，我国的施工智能化管理还处于起步阶段，因此国家的行业政策、法律法规还跟不上其发展的步伐。只有在施工智能化不断推广的情况下，充分调研行业内实际实施使用情况，针对产生的问题调整、解决才能进一步健全相关的政策、规范，使该行业健康顺利发展壮大。

2）建筑施工智能化专业人才的缺失

现阶段我国建筑施工企业存在自有人员及劳务派遣人员素质差，专业化信息技术管理人员缺失，且行业内从业人员多。截至 2017 年初劳务统计时，建筑施工企业固定员工就已达 4000 万人。其中人员组成为低素质施工人员占主要比重，高层次管理人员及高级技术工人仍屈指可数。专业化人才的缺失使施工的速度和质量难以提高。例如，施工监理在涉及智能化弱电系统时，往往对其束手无策。这其中就包含对于电子传感、信息网络部件、弱电设备及管理的掌握。因此，在施工的智能化管理中对人才的要求表现为更高更全面。

3）建筑施工智能化技术推广使用率低

建筑施工智能化技术在我国起步较晚，一些主要的信息应用技术开发配套率低，但随着对于智能化管理的认可，其在施工管理中的应用也迅猛发展。与其他发达国家相比，在新技术、新设施、新材料、新思想等方面的推广使用率相差甚远。就设备使用装配费率而言，我国建设工程施工企业设备使用费率为 10000 元/人，而同期发达国家均已达到 20000 美元/人。就设备使用更新年限而言，我国建设工程施工企业设备使用更新年限为 15 年/台，而同期发达国家仅为 5 年/台。建筑施工企业内部管理机制和建设项目管理流程没有形成标准的模式，包括业务流程、组织机构、信息交互等。建筑施工现场管理中没有形成制度化检查机制，施工的随意性与多变性极大，致使进度信息收集难度大，且收集的信息不全面，进度信息的整合、利用、加工、处理、分析更是无人承担，造成建筑施工企业大量数据丢失。许多建筑施工企业缺少现代化的组织管理模式，缺少信息公开、透明、民主的信息化管理体制。缺少对建设项目管理的技术、知识及素养，没有形成建设项目全生命周期管理信息化体系运行所必要的程序化、规范化、系统化的工作流程。

综上所述，要想在我国建筑施工企业全范围实现信息化管理，一定要结合中国建设施工企业行业的发展现状，切实符合我国建设行业特色。

5.1.2　建筑工程施工智能化管理的特点

建筑工程的施工管理和施工项目是两个不同的概念。施工项目主要是建筑单位工程来制定；施工项目管理则包含了建筑整体规模和各施工的全部过程的管理。施工智能化管理主要指借助于计算机和信息通信技术来管理施工中所遇到的各种问题，其核心是用先进的科学技术，信息化的处理手段，智能机械系统进一步提高施工企业的管理。

施工管理的智能化伴随着企业的日常运维及施工的全周期内，通过使用移动电子终端设备、互联网等先进的技术，对企业全过程施工采取科学有效的管理方法。其涉及的模块可能是合同、进度、设备、人员、成本、材料、安全、质量等方面，将施工的各种精细化职能及部门通过数据整合共享，最终实现现有资源的优化共享，降低成本，提高施工质量。

5.1.3　建筑工程施工智能化管理的探索研究

国外在 1990 年左右就提出了施工信息化的概念，现在已深入到建筑的各个层级。马斯塔弗描述了项目的生命周期基本特征，在施工阶段采用项目管理软件避免文件丢失，为参与方提供工程施工的概况。引入 BIM 技术，为参与方及时展示项目状况。以项目为主体的设计、施工和信息系统已经日益复杂。建筑施工企业信息化管理注重项目的全寿命周期管理，把所有的利益考虑在内，成为德国标准化项目管理数据模型 DIN 规范的基础系统软件。

国内，随着对于信息化发展的深入，越来越多的建筑企业开始关注管理的智能化，并已取得初步成效。随着科技的不断成熟，在不远的将来建筑施工企业都将会实现互联网式的材料采购和商务活动。建筑工程面向全球化的同时不断推进施工数据库的建立，必将为施工的组织实施、人力资源、施工管控提供强大保障。

5.2　施工安全智能化管理

2015 年全国建筑业总产值约为 18.1 万亿元，占当年 GDP 的 26.23%。建筑业在我国经济发展中的所占比重可见一斑。然而，建筑业的安全形势，却不容乐观。2015 年全国工矿商贸行业安全事故数据统计显示：2015 年全国共发生 175 起较大以上事故，其中建筑业发生 36 起，为所有行业中最多，且较大事故发生起数也远多于其他各行业。具体数据统计如表 5.2-1 所示。

2015 年全国工矿商贸较大以上事故起数统计　　　　　　表 5.2-1

分类	事故数	死亡人数	较大事故	重大事故
煤矿	35	218	30	5
金属与非金属煤矿	16	87	15	1
化工	19	88	18	1
建筑业	36	143	35	1
烟花爆竹	5	35	4	1
其他	64	252	62	2
总计	175	823	164	11

数据来源：《2015 年中国安全生产状况蓝皮书》。

如表 5.2-1 所示，可以看出建筑行业是安全事故的多发区域，死亡人数和重大事故仅次于煤矿行业。

建筑施工安全管理就是利用有效手段，对生产过程中可能对人或财产造成的伤害因素进行有效识别和控制，避免事故的发生。建筑施工安全生产具有以下特点。

1. 局限性

建筑施工实际上是在有限的施工空间中聚集了一定数量的作业人员、生产机械、运输设备、生产材料。施工过程中除了具有高危作业面还可能受到设备机械操作空间的影响，使人员与风险因素接触频繁，极易发生事故。

2. 艰巨性

随着高层建筑普及率的增加，作业面高度不断提高，易产生高处坠落事故。建筑施工多数为露天作业，受自然气候条件的影响较大，并且施工中存在手工操作相对较多、作业设备重量大，从而易导致作业人员劳动强度高，体能消耗大等。整体施工作业具有艰巨性。

3. 复杂性

工程施工具有人员多类型、设备多类型、环境多类型、材料多类型的情况。施工人员存在流动性大、素质差异不同，并且随着智能项目、施工条件复杂项目的建设情况的增加，容易产生风险交叉的情况，直接增加了安全管理的难度。建筑工程项目始终处于动态的变化中，作业过程中的风险因素也随着项目的进程而不断发生改变，风险的不断变化极易使人忽视或者反应不及时，导致安全管理难度增大。

5.2.1 智能化施工安全体系的构建

建筑行业作为国家发展的重要支柱产业，要实现利益的最大化就必须进行改革创新。在整个项目周期中，虽然造成建筑工程安全事故的因素多种多样，但从事故的 4M 构成要素角度分析，则主要包括：人、机、环境和管理四大影响因素，而且人往往又是事故的受害者。因此，在建筑工程项目所关心的工期、质量、成本、安全等因素中，注重建筑施工人员安全管理不仅有利于项目管理目标的实现，而且有利于建筑施工企业更好地生存与发展。

1. 物联网技术在安全体系构建中的应用

2008 年底，美国 IBM 公司提出"智慧地球"的理论模型，主要应用于医疗、交通、能源、物流等方面，形成"互联网＋物联网＝智慧地球"。物联网（Internet of Things）是通过 RFID 技术以及相关设备将人、物、互联网三者连接起来，实现智能化管理的新兴技术，目前，已广泛用于环境保护、智能交通、公共安全、监测检查等多个领域。仅从管理的角度出发，建筑施工安全管理与公共安全以及监测检查有很多共同点，只是对象不同而已。因此，将物联网技术与建筑施工安全管理相结合，对于确保建筑施工人员生命财产安全，减少安全隐患有很大的创新意义和应用价值。

物联网技术发展的引入，为施工安全管理带来了一种全新的方法。这种新型管理模式可以对现场内每一位作业人员进行实时的监测和反馈，并且可以对物料安全进行质量监控及检测。物联网最显著的三个特征是：全面感知、信息可传递和智能处理。通常将物联网分为感知层、网络层和应用层三个层次，而应用层又可以细化为应用层和处理层两个层次。物联网体系结构如图 5.2.1-1 所示。

1）感知层：负责信息和数据的采集，目前常用技术有 RFID 射频识别技术、传感器等。

2）传输层：负责信息和数据的传递，常用传递方式有互联网、移动通信、卫星通信、局域网等。

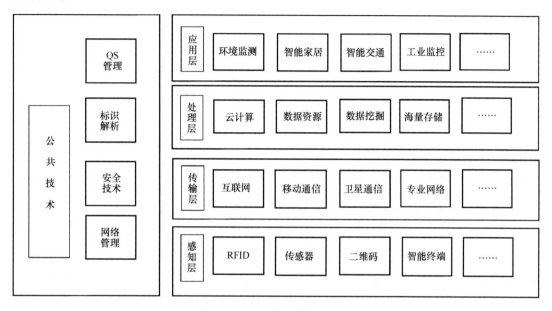

图 5.2.1-1　物联网体系结构图

3）处理层：信息、数据的处理层，负责根据需求和设计原则对信息和数据进行处理、分析、挖掘、整合、存储等，主要技术有云计算、数据分析及存储技术等。

4）应用层：提供服务的末端，实现既定功能。

2. 感知层技术的应用

目前常用的感知技术有 RFID 射频识别、生物识别、传感器等。其系统组成如图 5.2.1-2 所示。

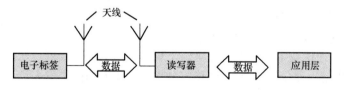

图 5.2.1-2　RFID 系统的基本组成

RFID（Radio Frequency Identification）射频识别，是一种以电子标签作为识别媒介的非接触式物体识别技术。电子标签是一种包含有芯片和天线的识别标签，芯片的作用是存储待识别物体属性的特征数据，天线用于芯片与读卡器之间的无线电波传递。电子标签上的天线通过无线电波，将待识别物体的属性特征数据发射到附近的 RFID 读写器上，RFID 读写器接收到数据后，按照约定的协议，对数据行识别和处理，就可以实现识别物体的功能。

生物识别技术是指利用光学、声学、生物传感器收集生物特征数据，再通过计算机处理系统和生物统计学原理对收集到的数据进行识别和处理，以人体固有的生理特性作为识别依据，例如指纹、脸型、虹膜等来实现对个人身份的识别。

传感器是一种由敏感元件和转换元件组成的，能够感受被测量，并能实现信息转换和传输的检测装置。配合计算机控制系统和用户交互界面使用，就可实现感知信息的传输、处理、存储、显示、记录和控制的功能。常用传感器分类如表 5.2.1-1 所示。

常用传感器分类
表 5.2.1-1

分 类	常用类型
力传感器	压力传感器、位移传感器
热传感器	温度传感器
声传感器	噪声传感器、声压传感器
光传感器	可见光传感器、光纤传感器
电传感器	电流传感器、电压传感器

3. 应用层技术的应用

应用层指整个物联网体系中，能够实现信息传递的交互平台。广义上包含了处理层和应用层两个层次的内容。目前，常用的技术有云计算和人工智能。

云计算（Cloud Computing）是基于互联网的相关服务的增加、使用和交付模式，能够通过互联网来提供动态易扩展的虚拟化资源。目前，云计算主要为一种可以提供便捷可靠、按照使用量进行付费的网络计算机资源共享池。

人工智能（Artificial Intelligence，简称 AI）是计算机科学的一个分支。它试图通过对智能这个概念实质的理解，生产出一种新的、能够同人类思考相类似的计算机系统。该领域研究的主要技术有语言识别、图像识别、自然语言处理系统等。

4. 物联网技术应用优势

感知层技术应用表现在：通过安装各种传感器，可以实现对施工过程中因受力、形变或者位移而引起能量意外释放的构造物、支护结构、支撑结构进行全面的监测，并且具有很高的精度；通过 RFID 射频识别技术和安装摄像头实现对人员和施工区域内的任一位置进行实时监控，及时发现风险隐患，防患于未然。这些技术与器械的应用一方面保证了信息收集与传输的稳定性，另一方面可以以准确地实施监测或身份验证功能。相比传统的人为监测或人为管理，具有相当高的稳定性。

通过网络层的通信技术，可以实现对施工现场信息的远程获取，从而对施工现场的各类参数实现远程监测。常规的形变、位移监测均需安排专门的测量人员，定时进行人工测量，并做记录。施工作业过程的监督和现场的日常巡检也需专职人员的参与。利用物联网信息远程传递的功能，将感知层传感器、摄像头获取到的数据参数或影像资料传至远端的管理中心，管理中心的安全监管人员就可以时刻掌握施工现场内的情况，发现不安全情况可立即做出指令。这样不仅可以提高安全监管的效率，并且可以减少施工区域内的活动人员数量，减少了不安全行为的出现。同时，也减轻了事故造成人员伤害的后果。

5.2.2 智能化施工人员管理体系

据调查显示，我国现有建筑施工企业约 40000 多个，建筑从业人员约 3 亿人。建筑作为一个安全事故多发的高风险行业，施工人员安全管理的重要性不言而喻。目前，我国代表性的安全管理模式主要为职业安全健康管理体系（OHSMS）和 HSE 两种模式。OHSMS 模式主要通过 P、D、C、A 四个阶段实现体系持续改进，使得系统功能不断加强；HSE 模式则是通过经常化和规范化的管理活动实现健康、安全与环境的目标。建筑施工人员的安全管理实际上是控制人的不安全行为，预防事故发生。人的不安全行为主要有两种情况：一是由于安全意识差而做的有意行为或错误的行为；二是由于人的大脑对信息处理不当所做的无意行为或其他意外情况。人的不安全因素主要表现为：违章作业、冒险蛮干、误操作、应变能力差等。引起行为失误的原因有物缺陷，人方面缺陷、作业不合理和管理缺陷等。目前，行业内主要是通过提高施工人员素质、加强安全化教育和规范操作化等方法来提高员工的安全性。

1. 人员管理系统

针对施工现场常发事故的类型进行统计分析，发现受害者绝大多数是现场操作人员。人员管理系统的主要管理对象为参与施工的各类人员，通过对各类施工人员活动区域和作业类型的限制和监管，减少施工区域内的无关人员，规范施工作业管理程序，提升施工区域人员管理的有序性。通过门禁、指纹、人脸识别技术可以将施工场地区内的工作区和生活区有效分离。通过此种方式，一是对进入施工现场的人员进行身份验证，避免无关人员进入施工现场；二是可以记录施工现场内的人员数量和类别，管理端可以随时查看施工区域内的施工人数以及人员信息等。

基于物联网系统下的施工人员管理可以选用可穿戴设备（智能手环和智能安全帽）、RFID、WSN 等技术解决诸如后勤管理、查询统计等，而且可以通过施工人员随身携带的智能手环对施工人员生命体征进行监测，实时监控施工作业现场内的每一位施工人员的脉搏、体温和呼吸频率等生命体征，确保建筑施工人员处于良好的工作状态，排除个人不安全因素（生理因素），减小事故发生的可能性。

2. 特种作业管理

特种设备作业区可以通过安装指纹验证同特种设备启动装置的关联系统增加特种作业的安全性。操作人员通过指纹验证或者脸部识别系统，同系统库内特种设备操作人员信息相匹配后，设备方可启动。特定区域准入系统是指针对作业区域内专项工作区域，例如钢筋加工棚、木材加工棚、焊接棚等区域，通过设置屏障和指纹识别门禁的措施，控制该类作业专项人员的进入，其他作业人员无权进入。当不具有准入资格的其他人员试图通过指纹识别进入时，系统将自动记录该人员信息，管理者可及时发现并对其进行安全教育，甚至惩戒，从而提高所有作业人员对自我行为的约束意识。

5.2.3 智能化物料管理系统

近年来随着建筑逐渐向着高层化、预制化、装配化发展，施工物料的管理要求也随之变得苛刻。施工物料管理是建筑施工管理的重要组成部分，它包括物料的下单，采购，催货，接收，仓储及指派分发几项工作，而建筑行业滞后于制造业的主要方面就在于物料管理的应用与实施。

根据调查显示，目前建筑业的物料管理与施工现场物料存储及盘点工作大都还是人工进行的。对于一般的施工项目，设计费用占总成本的 10%～15%，而施工材料和安置费占总成本的 50%～60%。目前我国施工行业物料管理存在诸多问题，主要表现在以下几个方面。

（1）施工现场的物料随意堆放使场内环境混乱不堪；物料的需求量预算不够精准，造成余料得不到充分利用或剩余物料造成浪费；

（2）物料采购的品类及规格不符合设计要求导致重供应轻管理的现象产生；

（3）为了抢先完成施工进度不按规范用料，忽视物料的价值造成了不合理使用；

（4）设计变更、采购不及时等造成的物料使用管理上的一系列问题。

这些问题的出现也意味着施工物料的管理有着很大的提高空间，而施工物料管理中，核心的问题便是首要解决对物料的追踪、盘点、定位。随着科技发展，条形码技术、无线射频识别技术、地理信息系统技术等，都在制造业中有着十分广泛的应用，它们对于解决建筑领域的施工物料管理现存问题同样可以提供可靠的技术支持，而提高物料管理过程的一个有效的途径就是运用自动化的物料监控和运营方式。

现今，物料管理智能化已在部分施工企业中得到推广和运用，相对成熟的技术手段主要有自动识别系统与数据收集系统两种。这两种技术通常可以被用来识别物体及获取信息所用，在不需要人工进行手动输入数据的情况下可以自动地将数据收集上传到电脑中。自动数据收集技术可以提高工人的生产效率，减少由于人为输入而带来的数据上的错误，还可以减少人力时间和成本。关于自动识别与自动数据收集技术有很多种，它包括：条形码、智能卡、语音识别、光学字符识别、射频识别以及全球卫星定位系统等。这些技术已经在一些领域以最基本的形式得到了各种各样的应用，它们也正在不断地被人们所改进并结合新的形势应用到更多新的领域之中。因此，将这些技术应用到建筑领域中是十分有前景的。对于施工企业而言，特别是在物料的识别、跟踪、定位等方面都是可以得到很好的应用。

1. 条形码

条形码是由编码器编码完成后打印或直接将条形码标签印刷在商品上，再经过条形码读写器读取条形码标签后进行翻译解码，在计算机运算处理后对条形码内容进行输出反馈给用户的管理程序。采用条形码技术具有以下诸多优势：

1）错误率低且更为准确。条形码输入的错误率约为 1/15000，而条形码的编码中还有校验码的存在，所以错误率极低。

2）数据录入的时间短。

3）价格较为便宜可接受。相较于其他的数据收集系统，条形码成本投入最低。

4）灵活适用性强。可以和相关设备进行自动化的辨别，或者进行一体化管理，也可以作为单一的渠道进行单独使用，再无设备支持的时候也可以通过工作人员进行人工键盘录入。

5）简易性强。条形码识别过程的操作简单，无须过多的学习成本。

6）条形码的标签易于实现。在标签制作的过程中没有任何限制，无论是材料还是设备都没有特殊要求，易于制作。

条形码管理能够实现信息的自动化采集、信息处理速度与企业 ERP 系统业务同步。条形码技术可以高效、安全地管理物资并能够进行实时地跟踪监控，能够做到准确并且快速地提高效率，同时降低成本。

2. 无线射频识别技术（RFID）

无线射频识别技术目前在各国各地区被应用在各行各业，而此项技术的应用也逐渐改善着人们生活的方方面面。采用 RFID 技术具有诸多特点及优势：

1）具有无障碍性。RFID 技术具有良好的穿透性，如木材、塑料等材料，实现无屏障阅读。

2）承载更多的信息量。电子标签有着更大的信息容量，能比条形码携带更多的信息，最大时可以容纳数兆字节，解决容量的需求。

3）应用范围广。由于电子标签具有多种多样的类型并有着不同的形态，因此可以适用于各类物体上，在扫描时也不会受到外形和尺寸的束缚。

4）识别速度快。可以在短时间内同时识别多个电子标签，有利于提高工作效率。

5）灵活性高。RFID 的电子标签可以修改，增添，删减其内部附着的信息，而且标签亦可重复利用，使用起来方便灵活。

6）具有较高的安全性。RFID 电子标签所搭载的数据信息有编码守护，所携的信息不能被轻易编伪，保证了安全性。

我国对于 RFID 技术最广泛的应用就是居民的身份证中，除此之外还应用在仓储管理、超市物品管理、办公文档管理等诸多方面。可以说 RFID 技术着实在人们的生活上给予了很大的帮助和改善。

3. 地理信息系统（GIS）

该功能主要用于在一定范围内对物体空间进行查询或者进行分析，得出一个对象的缓冲带，根据得到的缓冲带提供决策支持。因此，GIS 技术对于空间数据信息的展示、分析、优化和调整有着独特的优势及广泛的应用前景。对于施工项目而言，施工场地的空间本来就是有限并繁杂的，可以利用 GIS 技术对物料存储的空间进行规划，对物料在场地内的运输间距及通过距离等进行测算并规划最短线路等应用，发生安全隐患时逃生及抢救线路均可以利用 GIS 技术进行分析及解决。由于该技术应用目前并未广泛而普遍，所以其成本上的考虑还应该进行更进一步的权衡，及经济成本上的分析。

5.2.4 风险交叉示警系统

轨迹交叉理论认为，当人的不安全行为与物的不安全状态两者的运动轨迹在时间和空间上相重合时，就容易发生事故。在施工过程中，经常伴随着大型起重、洞口临边等高危区域和设备。作业过程中易产生施工人员与这些高危区域或者设备接触的情况，因此风险交叉示警系统的构建，可以有效地提醒靠近危险区域的作业人员或者设备操作人员，并在管理中心显示风险交叉的情况。

施工人员安全事故预警系统具体的运作方式：

首先，运用 RIFD 技术对每一位施工人员进行标记，并且录入姓名、工种、年龄等基本信息，设置初始状态，将有源标签装在施工人员的智能安全帽上，采用不但可以监控中心发信息，监控中心也可以给施工人员发现信息的双向卡，对施工人员进行考勤和定位；

其次，将施工作业现场按比例缩放建立施工现场电子地图，根据系统接收到的以 RFID 技术为基础的，识别、定位的人员坐标信息，从而在电子地图上实时展现人员运动轨迹，同时监控并录制施工人员工作行为、机械操作及工作状态和施工人员工作环境等视频文件；

　　然后，通过 WSN 技术内置的不同传感器，对当前状态进行识别，并在电子地图上标记出危险区域或者存在潜在危险的区域，通过对比施工人员和施工人员的作业区域、危险区域的坐标状态来判断是否越界，如果越界或视频中判断存在不安全因素，系统立即向正在作业的施工人员发出警告，提醒管理人员，并在管理中心显示风险交叉的情况。其构架如图 5.2.4-1 所示。

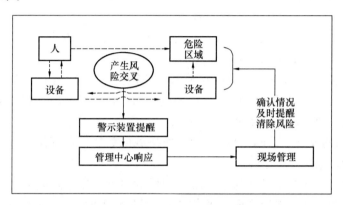

图 5.2.4-1　风险交叉示警系统的构架

5.2.5　安全监测及预测系统

　　安全监测及预测系统的构建主要指通过在关键位置布置无线传感器的方式，对施工作业过程中安全关键节点和施工人员自身的健康状态实施全时监测，并通过无线传感网络实现监测数据的传输，实现远端监测。一旦监测数据超出系统设定安全阈值，系统自动发出警报，从而立即采取措施，避免事故发生。

　　施工人员通过穿戴设备对脉搏、体温和呼吸频率等生命体征进行实时监测，保证每个施工人员良好的工作状态，如果感到身体不适或者发生意外，可及时通过智能手环或头盔发出预警或进行报警。通过实时监测设备，管理人员能够及时有效地掌握施工现场人员身体状况及工作状态，排除不安全因素。如果遇到突发情况，例如小的工作伤、中暑或者一些突发的疾病等，致使施工人员无法继续工作，施工人员只需按下智能手环上的自助报警按钮，就能及时地得到安全管理人员以及医护人员的救助，进一步保障了施工人员的生命安全，便于驻场管理人员快速掌握安全事故基本情况，及时做出处理和决策，提高救援效率，减少人员安全事故的发生。

　　系统还可以将采集到的人员生命体征信息进行存储和分析，并绘制动态体征图，便于企业合理地安排施工人员进行体检、就医或培训，确保所有施工人员身体状况良好，有个好的工作状态，这样不仅提高了工作效率，而且也从根本上减少了人员伤亡事故的发生。其流程图如图 5.2.5-1 所示。

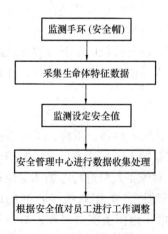

图 5.2.5-1　监测系统构件流程图

该系统主要由数据采集、数据传输以及数据处理三大部分组成。

数据采集是通过智能手环中的各类传感器自动对建筑施工人员的脉搏、体温和呼吸频率等生命体征进行动态监测。数据传输主要包括两部分,一是将智能手环中通过传感器采集到的人员生命体征信息传输到管理平台的数据库,二是智能手环之间以及智能手环和智能安全之间的通讯信息传输。在整个施工现场内的数据传输是以无线局域网(Wireless Fidelity、Wi-Fi)方式实现,而智能手环之间的通讯是通过蓝牙实现,以 Wi-Fi 信号弱的地方进行作业时则以全球定位系统(Global Positioning System、GPS)和第四代(The 4th Generation、4G)无线通信方式实现。

数据分析处理是将系统中通过传感器采集到的数据与设定值进行对比分析,一旦发生异常就会向管理人员和该施工人员发出预警,使施工人员能够得到及时的救助,此外,当施工人员自我感觉状态异常,不适宜工作,可以通过智能手环自助拨打电话进行救助,紧急时可以进行手动报警。在管理中心的数据库中,收集到的人员生命体征信息将被存储并形成动态生命体征图表,以便管理人员实时掌握施工人员身体状况。

5.3 施工环境监测智能化控制

在建筑工程施工过程中,环境污染和危害是比较普遍的现象,是建筑施工的一大通病。它不仅影响施工现场环境及其周边人们的生活、工作、学习和身体健康,而且影响施工的顺利进行。我国 2005 年颁布了《建筑施工现场环境与卫生标准》,国家通过一些强制性的条文来倡导减少施工中污染物的产生,在工程建设中奉行减低能耗、重视环境保护的原则。在建筑施工管理的过程中,由于对建筑环保工作缺乏一定的认识,不重视建筑材料的循环利用,建筑垃圾的合理处理和原材料的合理利用,最终导致不仅增加了施工的成本同时也污染了环境,等到问题出现后再去处理,就会耗费更多的人力、物力和财力。建筑施工需要面对的挑战不但局限于工期短促及有限的建筑费用,而且更严峻的任务是在施工时怎样减少因工程而产生的环境污,如何采取措施进行控制已成为当下人们关注的焦点。

5.3.1 大气环境监测管理

建筑施工过程中所有项目都难以避免产生大气污染,污染类型分为废气、粉尘以及扬尘等。形成这些大气污染的污染源主要来自施工杂物、施工现场堆土、存放、施工运输过程中的扬尘等。随着科技的发展,可以通过搭载有环境监测传感器、定位装置、数据转换装置、无线传输装置及警报装置的安全帽进行对施工过程中扬尘、废气的监测,并可经由定位装置及环境监测传感器实时获得工人作业地点信息及环境监测信息,并通过无线传输装置将数据传送到时数据存储服务器中。

监测管理处理器实时数据与施工情况同步至 BIM 模型中进行直观展示。根据预设的报警规则,当环境监测指标中的一项或多项指标超过安全值,或者工人在超出安全环境阈值的环境下工作时间超过规定时间,系统可以通过安全帽上的警报装置自动进行报警,提示现场施工工人离开作业环境。

5.3.2　声环境监测管理

大多数的建筑工程位于城区内，机械设备、施工车辆等噪声对周边居住的居民及工作的群众已经形成了比较严重的影响，尤其是夜间施工的噪声问题。建立一套针对施工工地噪声监测及管理的网络，将物联网、云计算和移动互联技术与环保相结合，能够大力提高施工现场的声环境监测管理水平。

噪声监控系统可以在不同声环境监测点安装监测设备，在无人看管的情况下自动监测数据，并通过 GPRS/CDMA 移动网络、专线网络传输数据，在不同的时间内对噪声数据做科学管控。可以通过户外 LED 屏幕实时监测现场数据，给予施工单位和城市居民自查、自控数据支撑，实现噪声的控制。

5.3.3　水环境监测管理

施工过程中的废水污染来源广泛，主要有两个方面：一个是施工过程中的废水外排和渗漏；另一个是施工现场工人及管理人员的生活污水。施工期的生产废水经沉淀和除渣后可通过水循环净化系统尽量回收利用，不能回用的废水经沉淀池处理后排出。通过监控系统严格管理施工机械和运输车辆，严禁油料泄漏和随意倾倒废油料。

运用污水监测系统对施工期间运输车辆的清洗水和施工机械的机修油污集中处理，达标后排放。施工场地附近设置污水收集池，池内的水经过处理达到排放标准之后可以用以喷洒降尘或排入地表水体。

5.4　施工智能监测与健康监测

5.4.1　基于 BIM 的装配式钢结构三维可视化动态监测系统

在装配式钢结构建造过程中利用三维可视化动态监测系统可以，可以更好地辅助钢结构建筑的施工。三维可视化动态监测系统包括传感器系统、数据采集系统、数据库管理系统、安全预警系统、安全评估系统、三维可视化动态显示系统，每个系统模块完成一个特定的子功能。其中数据库管理系统除了可以对自主监测的数据进行存储及管理外，还可对装配式钢结构构件进行自身测控并对数据进行存储与管理。为装配式钢结构的智能建造和安全使用提供保障。可视化动态监测系统界面如图 5.4.1-1～图 5.4.1-3 所示。

三维可视化动态监测系统的基本功能为：可实现各监控传感器数据实时采集、通过多种手段预警所采集的异常数据（如弹出告警窗口、播放声音、邮件、短信、QQ 消息、自动拨打电话）、实现将数据上传到云服务数据中心，监测中心根据接收到的大量数据基于 BIM 信息模型对传感数据进行三维可视化动态显示，并进行的数据分析、安全评估、预警。

三维可视化动态监测系统的特点为：系统具有开放性，通过简单实用的人机交互界面，能实现网络共享和通过因特网传输数据和图形，通过客户端可以方便地登录和查看。

1. 软件实施目标

利用三维可视化动态监测系统实施装配式钢结构智能化建造围绕以下五大实施目标，

图 5.4.1-1 实时监测软件

图 5.4.1-2 某体育场实时监测测点数据

如图 5.4.1-4 所示。包括结构信息资料查询、监测设备管理、监测数据显示及管理、安全预警及安全评估、模型三维动态显示。

2. 软件系统架构

（1）技术架构

装配式钢结构监测系统由数据采集子系统、本地监控软件、数据中心子系统组成。数

177

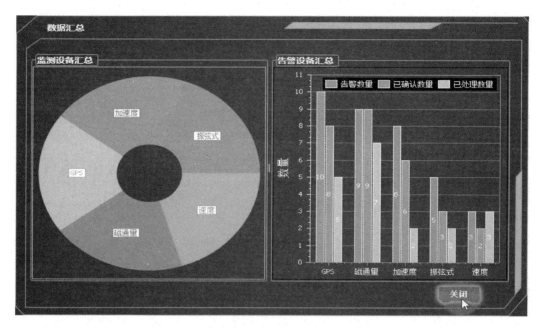

图 5.4.1-3　监测数据汇总

图 5.4.1-4　三维可视化动态监测软件系统示意图

据采集采用 C/S 结构，监控软件采用 B/S 结构。数据中心，采用云服务框架，建立云存储与云应用。

（2）整体网络架构

软件系统整体网络架构如图 5.4.1-5 所示。

3. 软件功能

（1）数据采集系统

数据采集系统采用客户端访问的结构设计，数据库配置在采集服务器中，应用程序通过网络方式与测量单元进行通信，将测量的数据发送至采集计算机的数据库中。数据采集系统与传感器通信方式如图 5.4.1-6 所示。

监测数据采集的同时可以通过开发的监控中心平台进行同步数据分析，同时将监测数据与理论计算结果进行比较，对监测结果的合理性进行分析，排除外部干扰对数据的影响，动态了解结构的状况。阶段性监测完成后，可以对监测数据进行汇总分析，对结构的

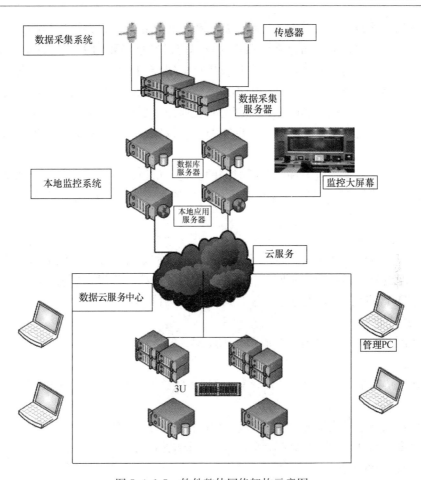

图 5.4.1-5 软件整体网络架构示意图

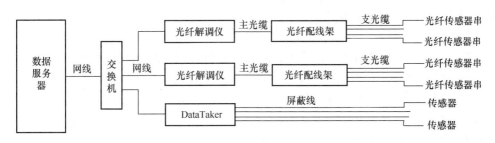

图 5.4.1-6 数据采集系统与传感器通讯方式

应力反应随外部荷载效应的变化进行统计分析,综合判断结构的安全状况。

加速度传感器测得的结构振动数据可用以动力学模态分析来实时监测结构的动力响应。模态分析的监测指标包括各个振动模态的振频、振型、振幅以及各个模态之间的振幅比都直接或间接反映出结构整体或者局部的刚度变化。在模态分析的基础上,非线性模态阻尼的分析将有助于进一步检测结构损伤。

除了模态分析,研究结构应力和位移随着外界因素(例如温度和风速)的变化而变化,也能分析结构在一定荷载作用下的各种响应,从而可以推测在设计荷载作用下的响应,并由此判断结构安全度。

在提供的监测报告中，根据各种数据的分析和评估结果，最终给出包括频率、模态和阻尼的分析结果。将各测点加速度传感器的时程记录经过必要的平滑、滤波和频域转换，得到频谱特性和反应的功率谱矩阵。利用反应谱确定结构的低阶固有频率和各阶振型的阻尼比；由传递函数分析，可确定结构的模态；通过相干函数分析，可以判断特定震源对于结构的影响程度，从而确定影响结构性能的主要原因。通过以上实测的关键参数，可以实时判断结构性态。通过参数实测值的不断更新，可以实现对于结构长期健康的监测，确保结构的安全和使用。

另外，观测结构平均应力和倾角随时间的变化，可以判断结构参数（例如刚度）是否有永久性的变化或漂移。当发生这些情况时，及时通知业主，建议对结构进行检测、评估，并进行必要的加固。

（2）本地监控系统

本地监控系统的功能主要是以图表、曲线、三维动态可视显示监测数据，若有异常数据，根据情况的紧急程度采用不同的手段报警。报警手段有弹出告警窗口、播放声音、邮件、短信、QQ 消息、自动拨打电话等。具体包括以下功能：

1）图表显示

以柱状图、曲线图、饼图、波形图显示监测到的数据。

2）三维动态显示

支持在大屏幕上显示，基于 BIM 信息模型传感数据。动态显示数据变化。

3）报警功能

若有异常数据，根据情况的紧急程度采用不同的手段报警。报警手段有弹出告警窗口、播放声音、邮件、短信、QQ 消息、自动拨打电话等。

4）监控系统健康监控

监控系统服务器是否当机、监控各服务程序是否正常运行、监控各服务器是否 CPU、内存持续异常、存储空间是否足够。

5）日志系统

监测日志、系统故障日志、故障处理日志、报警日志、报警处理日志。

6）用户权限管理

根据不同管理人员设置不同的管理权限。

7）配置管理

网络配置、系统配置功能。

8）数据云服务

其软件系统的核心部分为数据中心从数据采集系统获得各项数据，并由安全预警系统、安全评估系统和三维可视化动态显示系统三大模块进行调用，提供给用户所需的各类报告和信息输出。

按照网络拓扑关系划分，此装配式钢结构健康监测系统，"云"计算示意图如图 5.4.1-7 所示。本地监控中心既可以联网运行，也可以在网络中断即离线状态下独立运行，当网络恢复时，自动同步相关数据。用户可以通过各类型终端访问数据库，根据不同权限 CRUD（修改、读取、更新、删除）数据。因此，该设计保证了整个监测系统的鲁棒性和便利性。

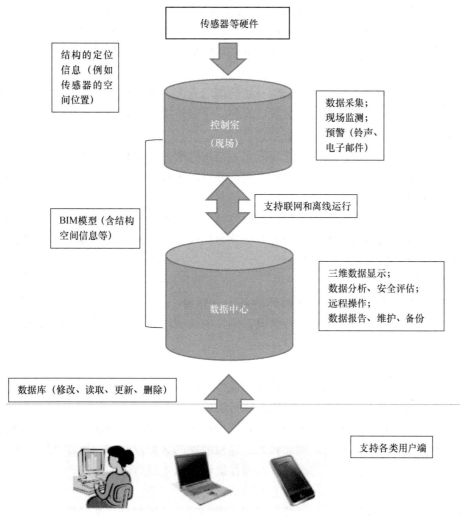

图 5.4.1-7　健康监测系统云计算示意图

（3）数据处理子系统

利用监测客户端主机采集系统传来的监测数据后，通过远程数据传递进一步将数据发送至监测中心服务端主机，通过专业监测软件可实现监测数据管理、生成监测报告、安全预警、安全评估等功能。分析产生的各种结果数据存储在监测中心数据库。供业主分析决策时进行调用。装配式钢结构健康监测数据库管理系统具备如下功能：

1）用户识别

用户在前台界面必须键入其用户名以及口令来证明其是否是合法的用户，只有合法的用户才能登录到应用系统。装配式钢结构项目的中心数据库支持 Windows NT 认证模式和混合认证模式两种身份认证模式，当用户通过 Windows NT 认证并成功登录后，在连接中心数据库时，直接接收用户的连接请求；混合认证模式下，用户要用账户和口令登录，当登录账户和口令通过认证后，用户应用程序才可连接到服务器。

2）用户权限管理

正确的用户权限设置是数据库系统安全的保证。用户权限的设置包括两方面内容，一是数据库服务器端的权限设定和管理，这是要由数据库系统管理员根据用户情况人工设定。二是客户端用户权限的管理，客户端用户权限的管理，客户端用户的权限即不同级别的用户对数据库数据所拥有的权限不同。本文对体育中心屋盖结构健康监测系统的用户权限做了以下设计：

①系统管理员用户。拥有对数据库一切数据的查询、修改和更新的权限。设置该用户等级为一级，可以配置数据库关键参数，管理安全和审核日志，备份和还原系统等。管理员用户还可以创建、修改删除用户账号。

②监测系统相关用户。主要是指装配式钢结构健康监测项目的业主等，设置用户等级为二级，可以对数据库中所有数据进行查询，并可以进行报表打印，但是不能对数据库中的数据进行更新和维护，不能修改数据库中的其他设置。

③普通用户。主要指装配式钢结构健康监测项目的研究人员，设置用户等级为三级，可以查询数据库中的所有相关信息，并对部分数据库有修改的权限，普通用户的账户可以由用户自行创建，密码可自行修改。

3）数据库的维护

数据库的维护主要包括数据库整体的备份和恢复、部分或全部数据表的备份和恢复等。该项维护可以根据数据库的运行情况、用户的访问情况或数据库存储的数据量大小定期进行维护。

4）数据库加密

数据库加密通过将数据用密文形式存储或传输的手段保证高敏感数据的安全，这样可以防止那些企图通过不正常途径存取数据的行为。

正常情况下，数据库监测数据为采集系统自动生成的数据，但某些情况下允许通过手动方式对数据进行添加或修改，例如将人工巡检取得的数据及时添加至数据库。此功能要求用户必须具备一定权限，且对数据库的操作能够自动生成日志文件进行存储。

5）日志管理

系统日志管理、操作日志管理等。日志管理跟踪记录用户登录系统的信息，操作的业务模块以及操作的重要库表的信息，包括用户名称、操作的模块，对重要库表的操作类型（增、删、改）、字段操作前和操作后的数值等，通过日志管理，在发生误操作时可以方便地进行回退处理，而且也可以跟踪一些业务操作员的违规操作。日志内容包括：时间、人员、所操作模块、如何操作。以及对一些重要的表的操作前、操作后字段变化的记录，同时有日志查询功能，可以按用户要求对日志进行查询。

6）数据处理与管理功能

数据处理与管理功能主要实现以下要求：

①在存储使用数据前，对数据进行二次核对并处理，对不可能数据点、重复数据点、数据尖点进行剔除，对缺失数据进行找回。

②数据处理与管理软件应具有数据处理、存储、生成相应报表图表的功能。

③数据管理软件应具有对通用数据库操作的功能。

④数据管理软件应具有密码设置、数据备份、数据导入导出和手工录入数据的功能。

⑤数据管理软件应具有友好人机界面、操作简单易学、运行安全可靠和良好的可扩展性能。

⑥数据管理软件应采用统一数据标准格式和接口，以满足其他信息系统应用的需求，并保证传输数据的安全性。

⑦接入互联网的数据管理软件应具有网络防护功能，防止恶意攻击、恶意数据篡改与下载和计算机病毒破坏，并根据用户级别设定相应权限。

数据中心基于 BIM 信息模型对传感数据进行三维可视化动态显示、提供大部分的数据分析、安全评估、数据汇报和维护等服务。

1）BIM 三维可视化动态显示动态显示

BIM 三维可视化实时动态显示数据。异常情况点用特殊的色彩显示，并闪烁发出声音。

2）图表显示

以柱状图、曲线图、饼图、波形图显示检测到的数据。

3）报表

根据需要生成各种报表。

4）安全评估

根据接收到的数据，进行数据分析，进行相关计算，对监控对象安全进行风险评估。

5）预警功能

对安全评估的风险大的结果和已经根据自动规则计算出来的结果，发布预警信息，并传递到本地监控中心。

6）报警功能

若有异常数据，根据情况的紧急程度采用不同的手段进行报警。报警手段有弹出告警窗口、播放声音、邮件、短信、QQ 消息、自动拨打电话等。

7）监控系统健康监控

监控系统服务器是否当机、监控各服务程序是否正常运行、监控各服务器是否 CPU、内存持续异常、存储空间是否足够。

8）日志系统

系统故障日志、操作日志、故障处理日志、报警日志、报警处理日志。

9）用户权限

根据不同管理人员设置不同的管理权限。

10）配置管理

网络配置、系统配置。

11）数据备份

以天为单位自动将数据备份至盘中。

12）应急处理

安装应急处理设备，在主设备出现故障无法启动时候，用应急设备接管主设备。

（4）三维可视化动态显示系统

在进行装配式钢结构智能化监测方面，利用 BIM 技术的钢结构施工与运营期间的三维可视化动态显示系统，能直观动态地显示结构的运行状态，实时进行结构的安全与健康监测，为结构的施工和运营提供技术保障。该系统的具体实施方式如下：

1）创建结构三维模型

采用三维建模工具，创建结构三维模型，形成 DWG 等格式的三维模型文件；根据测点的实际分布情况确定三维模型上监测点的数量与位置。

2）安装监测数据库并调试客户端与服务器端主机连接与通信

当服务器端软件开启服务之后，客户端软件向服务端软件发起连接请求，连接成功之后，以一定的频率从数据采集系统的数据存储设备读取数据，并把读取的数据发往服务端软件。客户端软件可预留读取文件系统数据和各种主流数据库产品数据的接口，可以适应多种现有数据采集系统。

3）实现与预警模块、安全评估模块的接口

通过与数据库管理系统的接口，利用 BIM 三维模型建立钢结构构件的有限元模型，采用 ANSYS 或 Midas 结构分析工具模拟建筑的结构在运营使用阶段下的受力计算，分析结果进入数据库管理系统中的结构分析数据库，再进一步被预警模块和安全评估模块调用，其结果通过三维动态显示软件的图形界面进行直观显示。

4）结构的三维动态显示

当成功接收到客户端的连接后，服务器端打开与客户端对应的监视器窗口，在监视器窗口显示实时接收到的数据，并且可以加载三维结构模型，显示已加载的三维模型列表，并对模型进行分类管理。

在监视器窗口可以打开三维模型编辑窗口，在模型编辑窗口，可在 3D 模型上通过点击鼠标左键捕获三维坐标，并弹出"增加监测点"窗口，进行监测点的添加操作，在该窗口还可以设置监测点绑定的传感器标识，设置预警值的上下限范围等。

可以对已添加的监测点进行编辑、删除等操作。对于每一个已添加的监测点，可以打开与之对应的"查看监测点"窗口，显示监测点的各属性值，还可以对监测点进行重新编辑，包括重新设置绑定的传感器标识、预警值上下限等。可以打开三维模型显示窗口，在显示窗口实时显示所选监测点的当前值，正常范围，超出范围后以高光显示，并启动铃声警告。

5）三维可视化动态显示系统的研发

通过上述给出的基于 BIM 技术的三维动态显示监测系统内容和具体实施方式，基于现有的 BIM 软件环境，开发三维可视化动态显示系统，软件系统的界面如图 5.4.1-8～图 5.4.1-10 所示。

图 5.4.1-8　健康监测系统软件界面（监测点）

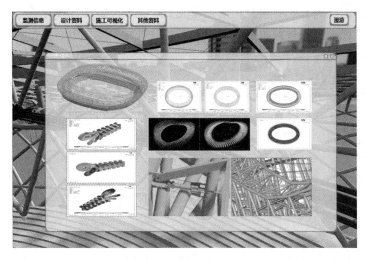

图 5.4.1-9　健康监测系统软件界面（项目图片）

图 5.4.1-10　健康监测系统软件界面

（5）安全预警子系统

本工程安全预警系统的信息来源包括自主监测项目的监测数据和来自测控系统的监测数据两部分。预警系统分为两级预警：黄色预警和红色预警。本监测系统的预警监测项目包括：位移变化、应力应变、温度、风压风速等。在特殊情况下，监测系统将根据监测到的环境荷载源数据和结构响应数据比对预设的预警限值，发出安全性预警。根据预警的级别和严重情况判断是否调用应力状态识别模块进行评估分析。实时数据信息与实时显示方面需要显示每一个信号源的实时状态，平时正常为绿灯，出现轻微超限时报警灯变为黄灯，为黄色预警；严重超限时报警灯为红灯，为红色预警。

在线的实时预警功能是健康监测数据采集系统区别于普通数据采集系统的显著特点之一，准确有效的预警能够及时地提醒工作人员发现问题，采取必要措施，避免问题的进一步发展。反之，如果无效预警过多反而带来了很多不必要的麻烦，严重影响系统的工作能力。而预警的实现过程是当监测到的数据高于预警值上限或低于预警值下限时系统给予警报。因此能否给出准确有效的预警在很大程度上取决于预警参数设置的合理程度，要想获得高效的预警性能必须对预警参数的设置依据加以研究。体育中心各监测项目预警可参考如下原则进行：

1）应力预警参数设置

对于结构构件应力预警参数的设置主要从材料强度和结构安全角度来考虑，通过在关键点布置的应变传感器可以直接监测到结构构件应力 σ，以构件的设计强度 $[\sigma]$ 作为预警参数设置依据，即

$$对于黄色预警：\qquad \sigma \leqslant [\sigma] \tag{5-1}$$

$$对于红色预警：\qquad \sigma \leqslant 1.5[\sigma] \tag{5-2}$$

式中　$[\sigma]$——在拉索极限强度 1860MPa 的基础上考虑一定的安全系数确定，安全系数一般取 2.5。

2）节点位移预警参数设置

对于节点位移预警参数的设置，主要从整体工作精度要求和结构构件安全性进行综合考虑，对其预警主要为单点预警。除要求满足整体工作精度以外，还须对结构局部安全进行监测，以构件安全为标准，判断任意节点处是否出现危险。

3）温度荷载预警参数设置

温度荷载预警参数设置以设计极限温度为依据，结构所处环境温度在设计温度范围内即可认为温度荷载作用下结构是安全的，所以将该温度范围的最高温度作为预警上限，最低温度作为预警下限。

4）风荷载预警参数设置

风荷载预警参数的设置应以设计风速 V_0 为设置依据。即

$$V < V_0 \tag{5-3}$$

式中　V——风向风速传感器采集的实时风速；

V_0——30 年一遇的极限风速。

建筑所在城市的年平均风速和月最大风速确定。在进行数据采集时，按上式原则设置数据采集门槛值和预警值。

数据采集门槛值即数据采样时确定的采样阀值。通过确定采集门槛值，一方面可以忽略一些不在监测目标范围内的数据（未达到门槛值的数据），减少数据量，节省存储空间，也为后期的数据分析节省时间；另一方面，可以避免遗漏相关的监测数据，确保在监测目标范围内的数据能够全部采集完成，为后续的数据分析及健康评估提供充分的依据。根据结构分析，通过应力比、温度应变、倾角变化值及加速度反应等监测数据指标来确定数据采集门槛，即各监测数据达到门槛值后采集频率提高，未达到采集门槛值时采集频率按常规采集频率确定。

通过结构的分析结合不同的工况，确定各采集参数的不同等级预警值，具体采用两级报警机制，给出各级报警指标。具体数值需待计算分析完成后才能给出。当结构遭受较大荷载、温度作用、列车引起的振动作用、疲劳荷载作用下导致较大应力、台风或其他危险作用时，引起结构较大反应并触发警报时，监测系统会通过本地采集系统界面、远程监控界面及必要的信息发送进行报警。地震作用由于无法提前预警，只能在发生后及时给出评价指标。

受材料性能的差异性和结构施工连接构造的差异性等因素影响，通过结构理论分析确定的预警值，实际监测中的预警值可能与理论值有一定的差距，且部分监测指标的预警值往往难以事先确定（如地震作用下的结构反应）。

结构出现报警后，根据监测分析结果，出具针对预警的监测速报，可提出应急处理方案并提交给业主单位。

结构健康评估系统是结构健康监测系统的核心内容。监控中心对初步分析数据进一步分析，通过监测到的各种反应、结构当前工作状态的数据信息，结合理论分析模型、专家经验及相关规范文件，运用某种状态评估理论，对构件以及结构整体的施工、运营等工作状态进行评估，将结果提供给业主及相关专家做最终决策使用。目前常用的安全性评估理论如表 5.4.1-1 所示。

安全性评估理论

表 5.4.1-1

名称	定 义	方 法	优 点
神经网络法	基于生物神经网络的思想，模拟人类大脑功能	以神经元为基本单元相互连接组成，按照一定的连接权获取信息的联系模式，根据一定的学习规则，实现网络的学习和关系映射	具有学习能力，非线性辨识及网络泛化能力
遗传算法	一种基于自然遗传和自然选择机理寻优的方法	根据达尔文进化论的适者生存，优胜劣汰的进化原则来搜索下一代中的最优个体，以得到满足要求的最优解	以较大概率求得全局最优解，具有固有并行性，且易于与其他分析技术相结合
层次分析法	多指标综合评价的一种定量方法	通过确定同一层次中各评估指标的初始权重，从而将定性因素定量化	可较好地减少了主观的影响，使评价更趋于科学化
可靠度法	一种数学上概率的分析方法	通过极限状态确定极限荷载和临界强度，求得相应的实效概率、可靠度及可靠度指标	可应用函数进行计算机数值模拟，非线性程度高，但计算精度不足

针对本工程实际情况，提出可行的结构健康状况评价策略。结构健康状况评估模块组成：评级系统、适用性评估、耐久性评估和安全性评估，各个模块间相辅相成。

①建立评级系统的主要目的是为结构构件的检查和维护提供依据和指导，包括构件重要性分级、构件危险性分级和构件易损性分级。构件评级基于设计人员提供的有限元分析结果，对构件进行重要性、危险性及易损性评级，评级的结果也将作为传感器布置的参考；根据结构健康监测系统的监测数据以及常规检查和维护信息，对第一阶段的评级结果进行更新，评级结果可作为日常管理、养护和维修的重要参考。

②采用可靠度分析方法进行安全性评估，通过极限状态确定极限荷载和临界强度，求得相应的实效概率、可靠度及可靠度指标。安全性评估模块可分为构件安全性评估和整体安全性评估。

③适用性评估主要目的是确定本工程在施工和使用寿命内的位移、挠度等的改变是否满足结构设计的要求。适用性评估可划分为环境及使用荷载适用性评估和结构响应适用性评估两部分，其预警门槛值根据设计规范或经验确定。

④耐久性评估主要评估结构中钢构件和混凝土构件等的状态（如腐蚀率等），评估结

果用于必要的日常维护和为构件的安全性评估提供耐久性资料。

5.4.2　基于 Web 端远程可视化施工管理平台

BIM 技术经过近十年的发展，已经被越来越多的业主、开发商、设计者和运维人员所接受，建筑业必将迎来继"甩图板"以来的又一次技术革命。上海中心、鸟巢等标志性建筑的 BIM 技术应用，进一步证明了 BIM 技术的生命力。BIM 技术将在设计、施工到运维整个生命周期中发挥巨大威力。同时我们也注意到，设计、施工、运营维护人员和业主开发商等在同一个 BIM 模型上工作以达到自始至终的数据工作的"单一模型"模式，在实践中是不切实际的，BIM 模型在项目建造的不同阶段、基于不同目的、不同的参与者等因素，BIM 模型的要包含和表达的信息以及详细程度也是不同的，有必要根据具体运用情况对 BIM 模型进行细化或概括，根据使用情况还可能需要对 BIM 模型进行轻量化处理，以便达到去粗取精、更易使用的目的。

我们以运维阶段为例，在建筑已经建造完成进入运维阶段时，我们的运维系统往往希望是轻量化的 BIM 模型。首先是在原始 BIM 模型基础上的概括与简化，例如在设计阶段或施工阶段的某些具体信息在运维阶段并不一定有用，如果这些冗余信息在 BIM 运维阶段不做概括和简化，不但会造成 BIM 模型过于复杂导致性能问题，还可能由于信息冗杂、干扰，导致运维系统使用不便。所以有必要根据 BIM 模型的应用场景做必要的简化。与此同时，运维阶段所需要的一些必要信息，在设计和施工阶段也是没办法包含在 BIM 模型之内的，也需要根据具体使用情况，对 BIM 模型信息做必要的补充。这个过程必然造成 BIM 模型的版本分化，有必要做好版本管理工作。

根据运维系统的特点，运维人员可能并不熟悉建筑建模软件的使用，同时让运维人员使用建模软件来做运维管理也是不实际的，所以还需要对 BIM 模型的格式做必要的转换达到轻量化，以便在运维系统中使用。常见的 BIM 模型轻量化解决方案有下面几种。

1. 使用 Autodesk Navisworks 软件

Autodesk Navisworks 可以接受包括 Revit 在内的多种业界常见的 BIM 模型格式，同时具有很高的压缩比。Navisworks 同时提供丰富的 API，有不少厂商使用 Navisworks 做运维平台。其优点是支持数据格式众多，压缩比高，轻量化效果好同时提供丰富 API，易于开发与集成。但是 Navisworks 是桌面软件，客户端需要安装 Navisworks 软件，需要 License 授权，成本较高。使用 Navisworks 虽然可以开发基于 Web 的应用，但 Navisworks 只能支持 IE 浏览器，并且每个客户也还是需要安装 Navisworks 软件。同时，由于 IE 浏览器版本的升级，新版本 IE 浏览器对 Navisworks 的支持还有问题。而且该方案也不支持移动设备浏览。

2. 使用 DWF 格式

DWF 格式是更为通用的数据格式，几乎所有 Autodesk 软件都支持导出为 DWF 格式。其优点是支持的格式众多，Autodesk Design Review 还提供免费的 Web 插件，可以在 Web 端运行，有简单 API 可以做定制和集成。不过 Design Review 或 DWG viewer 也是基于 COM 技术的，只能在 IE 浏览器上运行，这在互联网时代的大背景下，这简直是非常苛刻的要求。同时 DWF viewer 对超大模型的支持能力一般，打开超大模型时加载时间较长、对计算机性能要求高，运行性能也会有影响，并且不支持移动设备。

3. WebGL 解决方案

随着最新 Web 技术的发展，尤其是 HTML5/WebGL 技术的发展与成熟，为我们在 Web 和移动端显示 BIM 模型提供了新的选择，这必将是将来的发展方向。HTML5/WebGL 技术使用原生浏览器本身的功能，不需要下载安装任何插件即可在 Web 端浏览和显示复杂的三维 BIM 模型或二维 DWG 图纸。同时支持包括 Firefox、Google Chrome 等现代浏览器，iOS、Android 设备上也可以运行。所以几乎所有浏览器、所有设备上都可以使用。使用 WebGL 技术做 BIM 模型的轻量化，需要把原始 BIM 模型进行解析，用 WebGL 技术在浏览器端或移动端对 BIM 模型进行重新绘制渲染，对技术水平要求较高。不过目前已有成熟的解决方案，使这个过程得到简化。

（1）模型轻量化处理

使用基于 HTML/WebGL 技术的 BIM 模型轻量化 Web 浏览技术更契合技术发展方向，并且伴随着互联网的发展，越来越多的 BIM 用户也希望在 Web 端直接浏览三维模型。传统的 BIM 应用程序均基于桌面客户端，且需要较高的计算机配置：高频 CPU、大内存、独立显卡。在从桌面端走向 Web 端、移动端的过程中，由于受浏览器计算能力和内存限制等方面的影响，基于桌面对模型的数据组织和消费方式必须做出相应调整，即需要更多地使用三维模型轻量化技术对模型进行深度处理。

Autodesk 推出了 View and Data API 技术，从而进一步降低了对 BIM 模型预处理难度，使得基于 HTML/WebGL 技术对 BIM 模型的 Web 浏览、分享以及协作更简单，其效果如图 5.4.2-1 所示。Autodesk View and Data API 技术支持包括 Revit、Inventor、Navisworks、Catia、AutoCAD 等软件的超过 60 多种数据格式，几乎涵盖业界所有三维数据格式。

图 5.4.2-1　轻量化模型展示案例

Autodesk View and Data API 由两部分组成，对于 BIM 模型的预处理等技术复杂度高的工作以云服务的形式提供，用户可以以 REST 的方式调用；同时浏览器端提供基于 JavaScript 的 API，方便对模型做更精细的控制以及和其他业务系统做深度集成。

如图 5.4.2-2 所示，服务器端 API 部分以业界流行的 REST 方式提供，可以由任意语言或平台调用。通过 REST API，我们实现基于 OAuth 2.0 的身份认证、模型文件的

View and Data API

REST API
- 身份认证
- 模型上传
- 格式转换

JavaScript API
- 相机控制
- 获取属性信息
- 用户事件处理
- 属性信息搜索
- 自定义用户界面
- …

图 5.4.2-2　Autodesk View and Data API

上传以及云端的格式转换。通过 View and Data API 提供的云服务，我们不用花费大量的时间和精力对不同格式的模型进行解析，只需利用云端服务的强大威力，从而降低我们系统开发过程中的技术难度。

模型经云端进行格式转换后即可使用 View and Data 浏览器端 API，使用 JavaScript 把模型嵌入到浏览器中并和其他系统做集成。该模型浏览器以及提供了内置的三维模型浏览查看功能、例如模型的缩放、旋转、视点跳转等，同时还提供模型目录结构树浏览、模型组件的隐藏与显示、模型组件的信息显示与搜索，而且内置的模型测量工具，可以对模型组件长度、角度、面积等多种参数进行量测，内置的剖面工具可以在任意平面上对模型进行剖切从而查看模型的内部结构。

通过 View and Data 客户端的 JavaScript API，我们可以以编程的方式对模型浏览器进行控制、例如通过相机参数的控制来实现视点跳转和模型自动旋转，获取属性信息以便和其他系统集成，捕捉用户事件以及创建风格一致的用户界面等。由于 View and Data API 基于 Three.js 构建，除了 Autodesk View and Data API 客户端本身提供的 API 之外，结合 HTML5 技术、Three.js 技术，我们可以做出更多酷炫的应用效果。

如图 5.4.2-3 所示的例子，展示了使用 Autodesk View and Data API 同时显示三维模型和二维图纸，并实现三维模型、二维图纸以及统计图表的联动。

图 5.4.2-3　模型展示应用案例

下面是 View and Data API 在某大厦运维系统中应用的实例，运维人员随时在基于 Web 的运维系统中查看设备的运行状态、维护工单等信息，并实现和三维模型的联动，一目了然。使用 View and Data API 技术在浏览器中查看复杂的三维模型，不需要安装任何客户端，只需浏览器即可（图 5.4.2-4、图 5.4.2-5）。

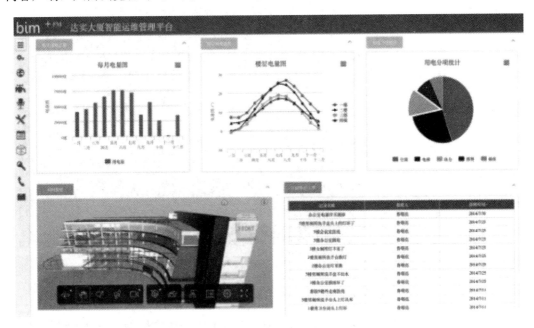

图 5.4.2-4　运维应用案例

图 5.4.2-5　管综运维应用案例

此外，还有某建筑的全生命周期管理系统，实现基于 Web 中三维 BIM 模型的建筑全生命周期管理，使用 View and Data API，在 Web 系统中显示复杂的三维 BIM 模型更加简单方便（图 5.4.2-6）。

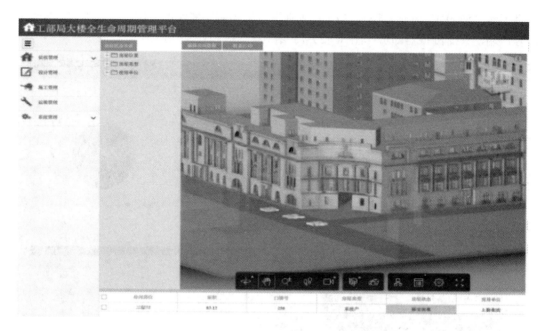

图 5.4.2-6　基于 Web 建筑全生命周期管理

同时注意到，Autodesk View and Data API 不但可用于建筑模型的 web 浏览，对于机械模型同样适用。如图 5.4.2-7 所示的示例展示了根据模型属性信息的动态标注。

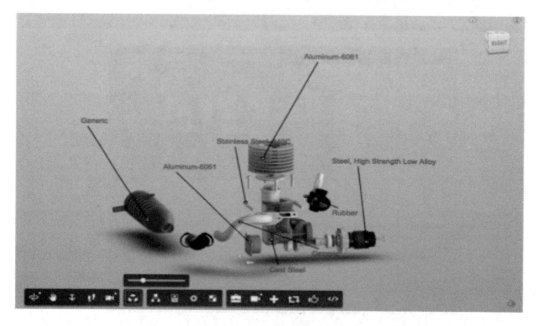

图 5.4.2-7　机械模型应用案例

下面示例展示了使用 View and Data API 结合 Three.js 技术实现对模型组件的移动拆解（图 5.4.2-8）。

为了方便没有开发能力的用户使用，Autodesk 公司研发出轻量化引擎平台插件

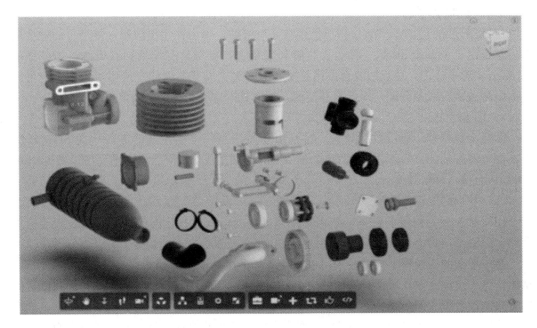

图 5.4.2-8 模型组件的移动拆解

A360，同样支持多种格式的 BIM 模型，有更深层次需求的用户进行相应的二次开发即可。不过缺点是有不少用户反馈 A360 加载小模型还可以，大模型的打开速度缓慢。A360 有个人版和团队协作版，个人版免费，A360 team 是收费的。除此之外，由于是国外公司的产品，无论是直接使用 A360 还是自行调用 View and Data API 进行开发的解决方案，都需要将待处理的模型上传至国外的服务器，这对有保密等特殊要求的项目而言是难以接受的，而且受限于国外的技术服务，后期进行更新维护等进一步的协调会比较麻烦。

国内近些年也涌现出许多提供轻量化服务的厂商，比如 BIM Vision（客户端）、广联达协助、鸿业微模等。BIM 云平台有 e 建筑、鲁班、EBIM、BIMFace、BIMviz 等。随着技术的发展，WebGL 标准开始被广泛接受，许多基于 HTML5 的开源三维显示引擎，如 threejs、scenejs 等雨后春笋般的出现。尤其 threejs 使用非常广泛，一方面由于其使用门槛较低，另一方面是其支持若干种三维文件格式，如 3ds、obj、dae、fbx 等。对于中小规模的三维模型，使用 threejs 可以快速搭建一个基于 Web 的模型浏览应用。但对于模型构件比较多的应用场景，如 BIM 应用，直接使用 threejs 必然会遇到性能瓶颈，因此，必须针对 threejs 进行深度定制，甚至从零开始。对 threejs 深入研究后，在 threejs 的基础上进行扩展，可以从以下几个方面展开：

1）场景空间八叉树划分

空间八叉树是一种高效的三维空间数据组织方式，使用八叉树可以快速剔除不可见图元，减少进入渲染区域的绘制对象。这部分技术在桌面端的三维显示引擎已非常成熟。

2）增量绘制

绘制效率跟场景中绘制对象的数量紧密相关。对象越多，绘制效率越低。而绘制效率又会影响用户的交互体验。因此，在绘制图元达到一定数量的时候，需要使用增量绘制技术，减少等待时间，提高交互响应速度。

3）绘制对象内存池

浏览器分配给 Javascript 虚拟机的内存是有限的，当内存超出限制，整个页面就会崩溃。这是由于 Javascript 是一种运行时解释性语言，自身具有垃圾回收机制，当分配的 Javascript 对象过多，垃圾回收会占用大量时间，影响浏览器响应。使用对象内存池可以最大限度地减少对象分配，降低内存使用，从而减少垃圾回收产生的负担。

4）图元合并

图元个数越多，显示效率越低。这是由于每绘制一个图元就会进行一次 draw call。而在浏览器端的 draw call 比在桌面端 draw call 的调用代价更大。合并图元可以减少 draw call，从而提示显示效率。

（2）数据的保存与传输

BIM 模型包括海量的数据，如构件信息、空间信息、非几何信息等，在云端结构化存储，保留了用户上传到云端的模型的所有信息，获取数据方便快捷。

基于桌面的三维模型大多数采用单文件或几个文件来存储模型信息，比如几何信息、材质信息、纹理贴图及属性。这样的组织方式便于桌面程序管理，也便于用户之间以文件的方式传输数据。但单个大文件却不利于网络端传输，尤其是从服务器端下载一个三维模型，使其在浏览器中显示。一方面，大的文件传输需要更多的等待时间，另一方面，用户需等待模型下载完成后才能解析显示。没有人愿意等待，因此，需要定义适合网络传输的大模型组织方式，把原始的模型文件转换为适合网络传输和轻量化显示的文件格式。

其中一种考虑思路可以从以下几个方面设计三维模型轻量化转换。

1）构建"模型流"

与在线视频播放一样，用户不需要下载和缓存完整的视频才能观看，只要点击播放后边下载边缓存边播放。以模型流的方式，用户可以实时看到已经下载的部分，对显示影响较大的部分先下载先显示，细节部分可以后显示。下载过程，用户不需要等待，可以进行其他操作。

2）几何唯一性表达

在模型转换过程中，把具有相同形状的几何对象进行唯一性表达。大的模型一般会存在相同几何的多份拷贝，而实际上可以用相同的几何描述不同的构件。使用相似体的识别算法可以大大减少几何体的数量，减少模型的大小，也能减少显示时 GPU 的占用。

3）数据压缩

数据压缩可以大大减少网络传输时间，尤其对于 json 和几何数据，gz 算法可以达到几倍的压缩率。模型轻量化显示和模型文件转换是 BIM 模型轻量化的核心技术，具有一定的技术门槛。

（3）三维数据的使用

BIM 模型由许许多多的"族"构件组成，每个构件都包含结构形状、空间位置、尺寸标注、工程约束、结构材质、特征属性等纷繁复杂的信息，导致模型数据文件非常庞大，由于网络传输宽带的限制，导致网络环境下的协同平台开发面临着模型数据交换、传输困难等问题。考虑到在建筑活动的不同阶段、基于不同的目的、不同的参与者等因素，BIM 模型所需要包含和表达的信息及详细程度是不同的，如果那些冗余信息在 BIM 运维阶段不做概括和简化，不但会造成 BIM 模型过于复杂导致性能问题，还可能由于信息冗杂、干扰，导致运维系统使用不便，所以有必要根据具体运用情况对 BIM 模型进行细化或概括，根据使用情况还可能需要对 BIM 模型进行轻量化处理，以便达到去粗取精、更易使用的目的。

在计算机图形处理中，通常用大量的三角形网格模型来描述复杂场景，以加快绘图速度。本项目从 Revit 模型文件着手，利用 Revit 提供的 API 接口通过二次开发分离出几何信息和非几何信息分别保存至数据库。保留几何数据（表示几何元素性质和度量关系）和拓扑信息（表示几何元素之间的关联关系）用来表达实体模型得到初始简化模型，初始简化模型仍然包含大量的复杂自由曲面，自由曲面采用控制点网格计算得到，随着网格密集程度的增加曲面数量急剧增多，本项目采用降低逼近精度的自由曲线曲面简化算法，根据计算机图形学减少模型显示所需要的三角面片的个数从而进一步压缩模型，在保持足够逼近精度的前提下尽量减少三角网格的数目，最终起到轻量化模型的目的，满足网页显示的要求。

（4）现场施工协调

BIM 在集成了建筑物的完整信息的时候还能给项目各方面人员提供一个三维的交流环境，与传统模式下在现场从图纸堆中找到有效信息后再进行交流相比，效率大大提高。这也使其成为一个便于施工现场各方交流的沟通平台，可以让项目各方人员方便地协调项目方案，论证项目的可造性，及时排除风险隐患，减少由此产生的变更，从而缩短施工时间，减少甚至避免由于设计协调造成的成本上升情况，提高施工现场生产效率。

1）参建方众多是多数项目在建过程中都面临的问题，由此造成的跨方协作管理、通知上传下达等沟通节点都存在滞后性；运用 BIM 协同平台，尤其是借助 BIM 和互联网双向技术后，各方参与人员均可通过登录协同平台甚至是通过在手机等移动端下载 APP 登录，即可实时将项目上的数据信息、安全管理、质量管理等信息准确地传达到各方相关人员，一改传统沟通、审批、变更方式，工作效率得以提升。

针对同一人员或单位多个项目同时在建的情况，也可通过开发多项目管理模块从而可实现项目之间无缝切换，对于各项目之间的文档、数据、沟通起到独立管理和储存，灵活的操作页面也满足了不同项目之间复杂多样的管理需要，以实现每个项目的上传下达都能事半功倍。

2）通过网络实现现场情况与模型关联，可以及时拍摄工地现场安全隐患、质量隐患、施工进展、隐蔽工程等，并上传至协同平台发送给相关人员，从而提升工作效率。

3）日志电子化应用，方便查看管理。将每日施工作业情况记录在服务器上，项目人员可随时查阅、翻评，同时系统会按照时间线整理并存储，以保证施工信息有据可查。

4）开发交流模块，各参与方可针对模型线上实时交流，并且可以推送消息至项目所有成员，轻松高效地传达项目的重要通知。

5.4.3 基于 BIM 的装配式钢结构整体提升可视化动态智能控制平台

对于装配式钢结构施工建造中可能会涉及钢结构构件的整体提升，在某些建筑中也会有柔性结构的出现。在进行构件整体提升及柔性结构安装时，为了能够更好、更快、更安全地进行结构的建设，结合 BIM 技术进行装配式构件的整体提升可视化控制系统，利用本系统能够保证各位置装配式钢结构构件的受力在整个过程中都保持一致，同时以可视化的三维模型进行直观显示，实时展示提升过程及关键节点提升情况，同时本系统也设置了超限预警功能，保证装配式钢结构的构件或提升的各个部位在提升过程中能够同步进行，并且在装配式钢结构结构安装过程中采用可视化动态智能同步控制系统对整个施工过程进行监控，更能保证施工的质量，满足相关要求。

1. 总体思路

整体提升可视化动态智能同步提升技术是一项新颖的构件提升安装施工技术，它采用柔性钢绞线承重、提升油缸集群、计算机控制、液压同步提升新原理及利用 BIM 技术的三维可视化、动态展示的优势，配合现场摄像头采集现场提升图像将其与理论 BIM 三维模型对比，并结合现代化施工工艺，以动态监测、实时对比、同步提升、三维展示相结合的手段将成千上万吨的构件在地面拼装后，整体提升到预定位置安装就位，实现大吨位、大跨度、大面积的超大型构件超高空整体同步提升和动态可视化智能监控。整体提升可视化动态智能同步提升技术的核心设备采用计算机控制，可以全自动完成同步升降、实现力和位移控制、操作闭锁、过程显示和故障报警等多种功能，是集机、电、液、传感器、计算机控制和 BIM 技术于一体的现代化先进设备。

2. 系统组成

整体提升可视化动态智能同步提升系统由钢绞线及提升油缸集群（承重部件）、液压泵站（驱动部件）、传感检测及计算机控制（控制部件）和远程监视系统三维可视化 BIM 模型等几个部分组成。其中，提升油缸及钢绞线是系统的承重部件，用来承受提升构件的重量。用户可以根据提升重量（提升载荷）的大小来配置提升油缸的数量，每个提升吊点中油缸可以并联使用。在装配式钢结构工程项目中采用的提升油缸可采用 25T 和 60T 两种规格，为穿芯式结构。钢绞线采用高强度低松弛预应力钢绞线，公称直径为 15.2mm 和 22mm，抗拉强度为 1860N/mm。钢绞线符合国际标准 ASTM A416-87a，其抗拉强度、几何尺寸和表面质量都得到严格保证。液压泵站是提升系统的动力驱动部分，它的性能及可靠性对整个提升系统稳定可靠工作影响最大。在液压系统中，采用比例同步技术，这样可以有效地提高整个系统的同步调节性能。传感检测主要用来获得提升油缸的位置信息、载荷信息和整个被提升构件空中姿态信息，并将这些信息通过现场实时网络传输给主控计算机。这样主控计算机可以根据当前网络传来的油缸位置信息决定提升油缸的下一步动作，同时，主控计算机也可以根据网络传来的提升载荷信息、构件姿态信息与预先搭建的BIM 模型对比实现整个系统的同步调节量，同时在本系统三维显示场景中直接展示各个提升点位的同步状况及图像，确保提升过程的可视化动态控制。

3. 同步提升控制原理

为使提升过程中主控计算机会识别导入的三维 BIM 模型场景，将三维模型中建立的控制关键点作为提升控制的定位点，同时控制所有提升油缸进行统一动作，保证各个提升吊点的位置同步。在提升体系中，设定主令提升吊点，其他提升吊点均以主令吊点的位置作为参考来进行调节，因而，都是跟随提升吊点。主令提升吊点决定整个提升系统的提升速度，操作人员可以根据泵站的流量分配和其他因素来设定提升速度。根据现有的提升系统设计，最大提升速度不大于 1.5m/h。主令提升速度的设定是通过比例液压系统中的比例阀来实现的。主控计算机可以根据跟随提升吊点当前的高度差，依照一定的控制算法，来决定相应比例阀的控制量大小，从而实现每一跟随提升吊点与主令提升吊点的位置同步。泵站控制操作界面如图 5.4.3-1 所示。

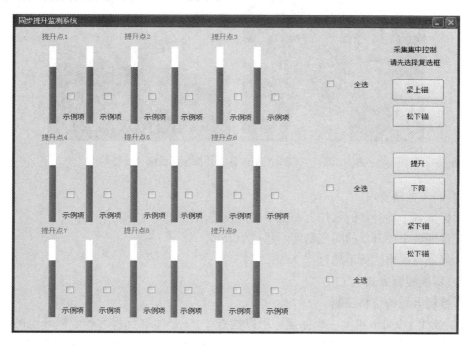

图 5.4.3-1 泵站操作面及同步控制软件截图

4. 同步控制工艺

在装配式钢结构施工中，利用整体提升可视化动态智能同步控制系统以保证各提升点拉力和提升高度的同步性。在现场主控电脑控制位置可将三维的模型位置与现场图像进行对比显示，在现场操作过程中，使得每个提升点处的油泵能同时启动和停止。每个提升点位处的油泵上面安装一个电磁阀；每 4 个电磁阀并联到一个控制柜，这样在全部提升点共布置相应数量的控制柜；再将各个控制柜串联至电脑进行统一控制。在每个提升点布置一个拉线传感器用于采集钢绞线的位移信号并实时回馈到计算机，另外在每个电磁阀布置一个压力传感器实时采集油压信号并反馈到计算机以实现利用计算机同时控制油压和位移，通过在千斤顶上设计限位装置控制每次出缸量值，以下是现场使用情况的部分图片，如图 5.4.3-2、图 5.4.3-3 所示。

图 5.4.3-2 同步控制设备（内部控制系统及设备）

图 5.4.3-3　同步控制设备（外部控制系统及设备）

（1）同步控制要求

1）保证各个提升点的张拉力差值不超过设计限值。

2）保证各个提升点的同步精度不超过 10mm。

3）保证每次出缸量不超过 150mm。

（2）辅助控制方式

1）被提升结构位移控制

在钢绞线上每 1m 做上一个标记，用以检查 2～3 个油缸行程后各个提升点的相对位置；若发现有提升点位置与 1 号提升主控点位置相差较多时，对各个点进行及时调平，使各个提升点位于同一平面。

2）被提升结构的光学仪器监控

每隔 2～3m 用全站仪对整个被提升桁架上的指定点进行测量，并将测量结果反馈给主控人员，主控人员根据反馈结果对整个结构进行找平，找平的基准点仍然为 1 号提升点。

5.5　建筑全周期内智能化系统维护和管理

随着计算机技术与通信技术的发展成熟，高新科技逐渐渗入建筑行业，建筑物内的各种弱电系统在技术和功能上日趋强大，在建筑物的使用和管理方面承担着更为重要的作用。一方面，由于各类智能化系统不仅自身的系统结构复杂、实施技术难度高，而且各智能化系统之间具有很强的相关性，无论是规划设计还是工程实施都有大量的管理、协调工作。建筑的智能化系统工程的建设既具有传统建筑电气工程的特点，又具有现代控制工程和信息化工程的特点。它具有涉及范畴广，涵盖电子、计算机、网络、通信、控制等诸多学科技术领域的特点。另一方面，由于行业特点所带来的智能化工程的复杂。不同功能的建筑，工程和技术更加专业化，一个好的智能化系统绝不是各子系统和设备的简单堆砌，而是要经过整体协调和优化。我国智能建筑还处于发展阶段，工程建设水平不高，管理水平不高，从政府方面、业主方面、设计方面、施工方面这几个方面都反映出智能化工程项目管理存在的问题和缺陷。

中国已建成的智能型建筑物已越来越多，但是这些系统的建成运行与后期管理的情况并不尽如人意，其中主要的原因在于建筑智能化系统工程建设过程中的管理存在诸多问题。究其原因，首先是专利技术发展还不完善，但更主要的是管理过程中缺乏合理性。本章节针对现在国内已建成的智能建筑进行调研，对智能建筑的运维管理进行探索研究。

5.5.1 建筑物全寿命周期成本

对于建筑产品来说，建筑物的全寿命周期成本主要是指建筑物寿命周期内的所有费用，包括了从建筑物、决策设计、施工建造、运营维护直至拆除的整个过程的相关费用。全寿命周期成本作为一个评价标准，是解决人与资源矛盾的重要方法，是保持社会可持续发展的必然选择，因此对于建筑物的全寿命周期成本的研究对于发展绿色建筑，推动建筑行业可持续发展有十分重要的意义。

研究显示，建筑物除了建设的投入外，运行管理及设备更新等的费用也是成本中重要的组成部分。如图 5.5.1-1 所示的建筑物全寿命周期成本是以办公建筑为例的各项费用比例。

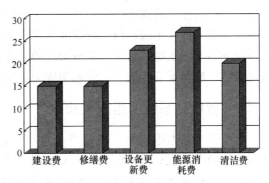

图 5.5.1-1　建筑物的全寿命周期成本费用百分比

如图 5.5.1-1 所示可以得知，在建筑物全寿命周期内，设备更新的费用占 23％，大于一次性投入的建设费用。如果采用智能化管理方式对建筑物的各种设备、设施进行实时监控与故障分析，延长设备的使用寿命，减少设备的更换次数，则可有效减少该项的支出。

如图 5.5.1-1 所示的能源消耗的费用占全寿命周期成本费用的 27％，几乎是建设费用和修缮费的总和。建筑物的能源消耗是由多方面组成的，但是如果采用智能化系统对各类设备进行精细化管理和优化控制，可以有效降低能源消耗，提高物业服务质量与水平。例如，采用 BA 系统进行照明系统的节能控制（按照度、时间、夜间最低照度、分区等）可以有效降低电耗与照明设备的运行时间，从而使照明设备延长寿命，减少了照明设备的维护更新费用。这不仅可使能耗费与设备更新费用减少，更重要的是对于广义的环境保护具有巨大的价值。

虽然智能化系统的设备更新、升级与维护也需要一定的费用，但是由于日常的维护费用远低于一次性投资的费用，因此使用智能化管理方式对建筑物的各种设备、设施进行管控在建筑的全寿命周期内利大于弊。对于在实际运行中尚未发挥作用的智能化系统设备或不能满足需要的设备其功能提升和设备改造更是必需的，而且通过改造使实际功效提升所带来的效益要远大于改造费用。从调研的情况可以看到，很多建筑采用自主创新的方式进行功能提升所需的费用并不太多，却带来了很好的效果。所以，设备改造和功能提升也是降低智能建筑生命周期成本的有效措施。

5.5.2 智能化系统的维护与管理

建筑的智能化已逐渐成为建筑业发展面临的新课题，但是关于智能建筑的概念，目前在国际和国内均无统一的定义，其原因在于智能建筑是传统建筑业与信息产业结合的产物，近年来信息产业又以超乎寻常的速度迅猛发展，而智能建筑中的许多技术都是和计算机与通信技术有关。我国有的专家把智能建筑或建筑的智能化定义为：智能建筑是利用系统集成的方法，将计算机网络技术、通信技术、信息技术与建筑艺术有机地结合在一起，通过对设备的自动监控，对信息资源的管理和对使用者的信息服务及其与建筑工程之间的优化组合所获得的投资合理、适合信息社会需要并且具有安全、高效、合适、便利和灵活等特点的建筑物。

近年来国内智能化建筑的建设大幅度提升，发展智能建筑正成为城市与开发商的必然选择。现今，全国每年智能化建筑的总投资已经超过百亿元，但客观上讲，我国智能建筑还处于发展阶段，工程管理水平不高，某些智能化的建筑在投入使用后由于缺乏管理和维护，不能正常工作，导致"智能建筑"不"智能"。据调查显示，智能化系统运行过程中能够起到重要作用的仅占20%，部分项目运行不正常但尚可使用的系统占45%，有35%的系统不能开通使用或运行一段时间后发生故障，无人修复而废弃。相当大的一部分智能化系统不能实现预期的目标，造成大量的人力、物力的浪费。对于上述问题的出现，运维管理期间标准与规范不健全、管理制度的不完善是其中主要的原因。

5.5.3　智能化系统的组成及功能

智能建筑基本组成有：建筑设备自动化系统，即 BAS；通信自动化系统，即 CAS；比较完善的办公自动化系统，即 OAS。所以我们也经常把智能建筑称为3A建筑。国内通常讲的5A还包括火灾报警与消防联动自动化系统（FAS）和安全防范自动化系统（SAS）。

（1）建筑设备自动化系统。即我们所说的楼宇自动化系统，该系统能对建筑物内部的供水、变配电系统进行监控、测量，以保证大楼水电的正常供应，并能通过对空调、外墙照明等系统的综合控制达到节约能源、减轻管理人员劳动强度的效果。该系统以中央处理计算机为中心，对建筑物内部的设备进行时时控制与管理，能够随时按需调整建筑物内部的温度、湿度、照明强度和空气清新度，达到节约能源与人工成本的效果，从而提供一个舒适、安全的生活和工作环境。使用者可以通过系统对大楼内的设备进行实时控制，避免灾害发生，该系统可节约能源5%～50%，具有广泛的应用价值。

（2）通信自动化系统。该系统是保证建筑物内语音、数据、图像传输的基础，同时与外部通信网如电话公网数据网、计算机网、卫星及广电网等相连，与世界各地互通信息。通信自动化系统能向使用者提供快捷、有效、安全和可靠的信息服务，包括语言文本、图形、图像及计算机数据等多媒体的通信服务。通信网络系统的内容，例如用语音信箱进行留言，语音应答针对一些咨询客户的时时应答；互联网的接入，局域网的构建，可以进行网上购物、网上医疗诊断、参观网上图书馆，可以视频对话节省长途话费等；在大门口可以安装电子显示系统，电视会议系统，同声翻译等现代通信应具备的先进手段。

（3）办公自动化系统。利用先进的信息处理设备，以计算机为中心，采用传真机、复印机、电子邮件、国际互联网、局域网等一系列现代化办公及通信设施，最大限度地提高办公效率、改进办公质量、改善办公环境和条件、缩短办公周期、减轻劳动强度，同时防止减少人为的失误和差错。办公自动化技术将使办公活动向着数字化方向发展，最终实现无纸化办公。

（4）火灾报警消防联动自动化系统。火灾报警系统在现代智能建筑中起着极其重要的安全保障作用。火灾报警系统是智能建筑中的一个子系统，该系统具有脱离其他系统或网络的情况下可独立运行和操作性，具有绝对的优先权。通过建筑物内安装的烟感装置，对所提供信息进行确认后报警，同时启动火灾联动系统，包括关闭空调、开启排烟装置、启动消防专用梯并且启动消防系统运作、紧急广播疏散人群，从而尽可能地减少生命、财产损失。

（5）安全保卫自动化系统。该系统主要提供不受外界干扰、避免人员受到伤害、财务受到损失的环境，防止不法的事件发生，为大家创造一个安全、便利、舒适的办公和生活环境。主要由以下一些系统组成。

1）闭路电视监控系统。闭路电视监控可让管理人员及时了解监控区域的情况，发现问题可及时处理，例如防盗区域有人入侵时，报警系统提示，同时监控系统自动切换显示并保存现场画面。

2）门禁管理系统。该系统可采用指纹、面部、3D、IC卡等多种方式实现识别，可与闭路监控系统联动、报警系统联动、消防系统联动。

3）防盗报警系统。该系统可在重要的区域设置红外、门磁、紧急按钮等前端报警探测器，防盗区域有人入侵时，报警系统提示报警。

4）对讲系统。实现住户与管理中心、住户与住户、来访者与住户直接通话的一种快捷方式，方便小区内住户之间的信息交流及来客、朋友的访问，如遇有人非法打开门时报警，同时信号传到管理端，达到防盗的目的。

5.5.4 智能化系统常见故障与管理维护

由于各类智能化系统不仅自身的系统结构复杂、实施技术难度高，而且各智能化系统之间具有很强的相关性，因此对智能化系统的运行管理与维护工作应作为独立项目实施与管理。

1. 智能化系统常见故障

从近年来投入运行的建筑调研的情况看，建筑设备在投入运转后会不可避免地发生一些故障，主要表现在以下几个方面。

（1）执行机构（电动阀）运行不良。对比发现进口电动阀的使用情况优于国产品牌。

（2）火灾探测器：温感、烟感探测器暴露在装修环境中或处于工作环境比较差的地方易出现老化、损坏及由于粉尘等污染物而产生误报。

（3）电视监控设备：电视监控设备多为24小时通电工作，因此容易造成监视屏闪烁、摄像机与监控设备老化等问题，影响监控效果。

2. 智能化系统维护与管理

智能化系统的运营管理主要包括：管理网络、资源管理、耗材管理。其中，管理网络是建立运营管理的网络平台，监控节能、节水的管理和环境质量，提高物业管理水平和服务质量，建立必要的预警机制和突发事件的应急处理系统。资源管理主要是节能与节水管理，实现分户、分类计量与收费，耗材管理是建立建筑、设备与系统的维护制度，减少因维修带来的材料损耗。

建筑智能化系统在运营管理方面的应用更为直接。表现在：智能建筑信息设施系统中的综合布线系统和信息网络系统为运营管理提供网络平台，建筑智能化集成系统实施对节能、节水的管理和环境质量的监视，实时采集监测点的运行数据，在数据中心将实时监测各环节的数据变化通过图表等方式进行直观展现，对异常数据及时报警，通过曲线图、趋势图等对节能、节水和环境质量情况进行分析统计，根据分析结果优化设备运行，实现不同控制系统间的联动，合理分配用能、用水，实现能源精细管理，提升建筑节能、节水管理水平；其次，建筑设备监控系统监视建筑设备的运行，记录运行时间，根据记录数据制定设备维护保养计划，延长设备使用寿命，提高物业管理水平和服务质量；智能建筑公共安全中的应急联动系统和集成管理系统实现运营管理所要求的预警机制和突发事件的应急处理能力，而建筑智能化集成管理系统软件实施绿色建筑资源管理，节约成本。

5.5.5 智能化系统的提升

智能化系统是与科技发展密切相关的，随着科学进步智能化设备也需要不断升级。由于建设时的条件限制、建筑物功能的提升，长期运行后智能化系统的设备性能下降，因此后期运营维护过程中对智能化设备进行升级改造是必然的。这种改造依靠自身工程人员的力量或依靠设备提供商和维保公司，在满足用户舒适度要求的基础上对现有设备进行改进，在功能欠缺之处引入新的设备进一步完善了楼宇智能化系统功能。

1. 节能改造在智能化系统后续发展中的主要内容

当今，绿色建筑、智能建筑已经成为建筑的发展方向，"绿色"已经成为一种理念，"智能"已经成为一种手段，因而智能建筑单位面积的能耗是评价建筑智能化系统与运营管理水平的重要指标，建筑物节能改造更是智能建筑后续发展的重要内容。虽然建筑节能的途径有多种，对于已投入使用的建筑物而言主要是依靠加强管理、精确与优化的控制和引进节能设备进行系统改造来实现。

在室外环境的绿化中，智能灌溉系统实时检测土壤潮湿度，根据检测结果实施灌溉，不仅满足绿化需求，并节约水资源。

在节能与能源利用中，有效的遮阳措施和采用能够调控与计量系统是降低能耗的主要方式，智能遮阳板和电动百叶窗在满足建筑采光的同时可以自动调控遮阳板及百叶窗的角度，避免因太阳光直射而增加室内空调负荷，达到节能降耗的目的。能耗计量和监测也是建筑智能化技术节能的重要内容，同样也是进行节能监测与管理的有效手段。通过能耗分项计量可以详细了解建筑物各类负荷的能耗，实现目标量化管理，及时改变不合理的能耗状况，实现对建筑物用能的科学管理，提高电能的使用效率，降低能耗。

在提高用能效率方面，建筑设备监控系统通过对照明、空调、给水排水设备的监测与控制，使其工作在最佳的节能状态，并根据负荷的动态变化自动调控照度、温度和流量，提高用能效率；在使用可再生能源方面，利用智能化技术监测、控制、管理太阳能与地热能等可再生能源应用系统，优化其运行，使其更好发挥功效，降低建筑能耗。例如，太阳能热水监控系统，通过监测系统中水位、温度、压力等参数自动控制上水泵、补水泵、热水供应泵、辅助加热装置等设备的启停，保证正常及阴雨天气的情况下用户热水的需求。

在节水与水资源利用中，雨水、污水的综合利用是重要内容。中水回用监控系统对设备的运行状态进行监视，自动检测、显示各种设备的运行参数，实现设备的自动化运转，使设备始终处在最佳运行状态，达到节约能源的目的。

在室内环境质量控制方面，建筑设备监控系统通过对照明、空调的监测、控制，创造健康、适用、高效的建筑环境。在光环境控制方面，通过自动控制反光板、反光镜、集光装置等自然光调控设施，改善室内自然光分布，减少对人工照明的依赖；智能照明系统采用"预设置""合成照度控制"和"人员检测控制"等多种方式，对不同时间、不同区域的灯光进行开关及照度控制，充分利用自然光，使整个照明系统可以按照经济有效的方案来准确运作，降低运行管理费用，节约能源。在热湿环境控制方面，空调监控系统有效监测和调控室内的热、湿舒适度和空气质量，保证用户的健康与舒适，并节约能源。

2. 信息化管理在智能化系统后续发展中的主要内容

建筑智能化系统中的信息化管理主要体现在集成系统 BMS/IBMS 中，其工作内容表现在：设备管理，用以提高工用效率与质量；用户管理，用以提供完善的服务信息和便捷的服务；决策管理，提供完整数据，作为辅助决策与应急指挥的依据。

计算机网络与数据库技术的进步使信息系统的信息传输、处理的能力与性能均发生了巨大的变化。智能建筑各类设备与系统中无论是 TPC/IP 还是 Lonworks 的技术都是追求开放的通信接口和高速的信息传输，及时地获得更多的信息，以对建筑内的人流、物流及信息流进行全面的监控与管理。但是目前国内对 BA 系统的设计目标大多定位在运行控制与管理，对建筑设备与系统状态检测点的确定仅是运行控制所必需的信息。如果不能全面及时地掌握各设备系统的信息，就不能进行综合分析，尤其是对渐发性故障不能提出预警。设备运行信息的综合分析有利于物业设施管理的设备故障诊断、设备运行状态优化、设备维护保养、降低设备能耗、提高服务质量等诸多工作项目。但是，如果必要的基础信息不能自动采样取得，那么现代物业管理目标的实现是很困难的。

智能建筑从初期的单一设备的自动控制，发展到今天的集成综合控制，针对设备的故障诊断、全局信息管理、总体运行协调整、集中管理分散控制等方面智能系统集成性作用越发突出。随着大型建筑物、建筑群的建设公共建筑中发生人员伤亡、财产损失和具有重大社会影响的突发事件的概率越来越高，如何预防发生意外以及突发事件的应急处理，控制事故所产生的后果是我们在建设与管理大型建筑物、建筑群应重点关注的。

利用集成系统 BMS/IBMS 为技术平台可以建立应急处理与决策的辅助系统，在面对突发事件时能有效地对事件产生的后果进行控制并努力降低危害程度。因此，有效的BMS/IBMS 集成系统工程是智能建筑后续发展的工作重心，需要智能建筑工程建设者与物业管理机构及其人员的紧密合作。

课 后 习 题

一、单项选择题

1. 以下不属于建筑施工全安生产特点（   ）。

A. 局限性　　　　　　　　　　　　B. 艰巨性

C. 复杂性　　　　　　　　　　　　D. 单一性

2. 通过引入物联网技术，对施工现场产生新的管理方法。其中负责信息和数据的采集，属于物联网哪个层面上的应用（   ）。

A. 感知层　　　　　　　　　　　　B. 传输层

C. 处理层　　　　　　　　　　　　D. 应用层

3. 以电子标签作为识别媒介的非接触式物体识别技术，称为哪项技术（   ）。

A. 生物识别   B. 传感器

C. RFID 识别   D. 感应识别

4. 能对建筑物内部的供水、变配电系统进行监控、测量，以保证大楼水电的正常供应的系统指的是(　　)。

A. 通信自动化系统   B. 建筑设备自动化系统

C. 办公自动化系统   D. 安全保卫自动化系统

5. 以办公建筑为例的建筑物全寿命周期成本中，各项费用比例占用比最大的是(　　)。

A. 建设费   B. 修缮费

C. 设备更新费   D. 能源消耗费

6. 在智能建筑基本组成中，OAS 指的是(　　)。

A. 建筑设备自动化系统   B. 通信自动化系统

C. 比较完善的办公自动化系统   D. 消防连动自动化系统

7. 在室外环境的绿化中，智能灌溉系统实时检测土壤潮湿度，根据检测结果实施灌溉。体现的是哪种绿色施工效果(　　)。

A. 节能   B. 节水

C. 节地   D. 节电

二、多项选择题

1. 建筑施工全安生产具有以下特点(　　)。

A. 局限性   B. 高效性

C. 复杂性   D. 艰巨性

2. 造成建筑工程安全事故的因素多种多样，从事故的 4M 构成要素角度分析，则主要包括(　　)。

A. 材料   B. 机械

C. 环境   D. 管理

E. 人工

3. 装配式钢结构建筑在智能化建造时，采用条形码技术具有以下哪些优势(　　)。

A. 错误率低且更为准确   B. 数据录入的时间短

C. 价格较为便宜可接受   D. 灵活适用性强

E. 条形码的标签易于实现

4. 利用三维可视化动态监测系统实施装配式钢结构智能化建造围绕以下几大目标(　　)。

A. 结构信息资料查询   B. 监测设备管理

C. 监测数据显示及管理   D. 安全预警及安全评估

E. 模型三维动态显示

5. 国内通常讲的智能建筑基本组成是(　　)。

A. 建筑设备自动化系统   B. 通信自动化系统

C. 比较完善的办公自动化系统   D. 消防连动自动化系统

E. 安全防范自动化系统

6. 智能化系统的运营管理主要包括(　　　)。

A. 管理网络

B. 资源管理

C. 成本管理

D. 耗材管理

E. 安全管理

参考答案

一、单项选择题

1. D　2. A　3. C　4. B　5. C　6. C　7. B

二、多项选择题

1. ACD　2. BCDE　3. ABCDE　4. ABCDE　5. ABCDE　6. ABD

第6章　装配式钢结构应用案例

本章导读：

目前，BIM 技术已经被广泛应用在施工现场管理中。在技术方案制定过程中，利用 BIM 技术可以进行方案模拟。分析施工组织、施工方案的合理性和可行性，提前发现并排除可能发生的错误。例如，在管线碰撞问题、施工方案模拟等方面的应用，尤其在建筑结构复杂和施工难度高的项目中应用得更为广泛。在施工过程中，将成本、进度等信息集成于模型之中，形成完整的 5D 施工模型，辅助工程管理人员实现施工全过程动态物料管理、动态造价管理、计划与实施的动态比对等，实现施工过程的成本、进度和质量的数字化管控。目前，BIM 技术在施工领域的应用逐渐呈现出与物联网、智能设备、移动技术和云计算等技术集成应用的趋势，发挥出更大的作用。在竣工交付阶段，所有图纸、设备清单、设备采购信息、施工期间的文档都可实现基于 BIM 模型统一管理，可视化的施工资料和文档管理，为今后建筑物的运维管理提供全面可靠的数据支撑。

本章分别以钢结构住宅项目、工业建筑及大型公共建筑为例，具体展示 BIM 技术在此类装配式钢结构项目中的应用。

本章学习目标：

(1) 了解 BIM 技术在各类装配式钢结构项目中的应用点。

(2) 掌握 BIM 技术在各类装配式钢结构项目的应用方式。

6.1 钢结构住宅

6.1.1 工程概况

本工程为甘肃建投兰州新区出城入园企业保障性住房建设（一期）23号住宅楼。总建筑面积9108.41m²，地上12层为住宅，层高为2.85m，地下2层，负一层为设备夹层，层高为2m，负二层为车库，层高4.9m，建筑总高度为37.65m，建筑物长53.1m，宽14.85m。基础采用筏板基础。

23号楼原设计是钢筋混凝土剪力墙结构，后为试点钢结构住宅，在筏板钢筋已经全部绑扎完毕的情况下，保持原建筑方案不变，改为方钢管混凝土柱—H型钢梁框架—支撑结构，在11、12两层采用装配式节点，其余楼层采用普通的栓焊混合节点或螺栓连接节点；楼梯采用钢梯；楼板仍采用现浇混凝土楼板。

6.1.2 施工过程中的重点及难点

1. 柱底板的定位

本工程钢结构住宅采用的基础仍然是筏板基础，钢柱通过锚栓安装在基础顶标高位置，在筏板浇筑前需将锚栓定位好（图6.1.2-1），使锚栓和基础组成整体浇筑。

首先，锚栓数量大，定位精度要求高，首层共有框架柱43个，每个柱脚设置8根锚栓固定，共计344根。柱底板孔径只比锚栓直径大5mm，所以锚栓定位必须精确，并且要满足快速施工的要求。

其次，锚栓连同筏板基础同时浇筑（图6.1.2-2），在浇筑过程中已经定位好的锚栓和筏板钢筋也会遭到扰动，产生移位。如何防止浇筑时筏板钢筋和锚栓扰动是需要解决的问题。

图6.1.2-1　浇筑前的柱脚锚栓

图6.1.2-2　浇筑后的柱脚锚栓

2. 装配式节点加工制作及安装

为提高钢结构建筑装配率，减少现场焊接施工工作量，在本建筑11、12层试点了钢结构装配式节点（图6.1.2-3）。此类节点加工、安装精度要求高，给车间加工和现场施工带来了一定的难度。

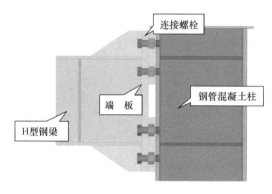

图 6.1.2-3　全螺栓连接节点

3. 墙体材料选择

钢结构住宅的墙体维护材料一直是制约其发展的瓶颈之一。装配率高、质量轻、施工速度快、与结构变形协调、成本低、一次成型好、保温、隔音、防火防潮等方面的需求，对墙体材料提出了很高的要求，目前，有普通加气砌块、蒸压砂加气砌块、蒸压砂加气条板、喷浆墙（图 6.1.2-4）、结构保温一体化砌块（图 6.1.2-5）等，每种墙体材料各有优缺点，必须结合当地材料供应情况、价格、工人技术水平等综合考虑选用。

图 6.1.2-4　喷浆墙作业

图 6.1.2-5　结构保温一体化砌块

4. 外墙保温装饰材料

传统外墙保温饰面做法，现场湿作业量大，工序繁琐，质量不稳定，耐久性差，保温饰面一体板具有产品稳定性好、寿命长、绿色节能、施工周期短、安全可靠等优点，并且有年产 100 万 m² 生产线，经综合比较决定在本项目中应用我们自己生产的保温饰面一体板。但是，保温饰面一体板普遍通过连接件固定在混凝土构件上或墙体上，在钢框架的结构形式下，在钢柱、钢梁上打孔显然对结构构件不利，因此，如何做到在钢框架上遇到梁、柱位置可靠固定是难题。

5. 楼板材料选择及施工技术

楼板类型有很多，最常见到钢筋混凝土现浇板、钢筋桁架楼承板、钢筋桁架叠合板、预应力（SP）叠合板等。本工程中，坚持选择本地采购方便、技术成熟、性价比高的产品。

研发了可拆卸式钢筋桁架楼承板（图 6.1.2-6、图 6.1.2-7）以及悬挂式模板支撑体系两种楼板施工工艺，并对楼板的质量、成本、外观、可操作性方面进行比较[5]。可拆卸式钢筋桁架楼承板，把钢底板改为木工板，在木工板上穿孔，通过螺栓和塑料底拖将木工板和钢筋桁架板连接，底拖高度根据混凝土保护层厚度可以调整，经过试验，由于混凝土浇筑时对模板冲击较大，底拖存在滑丝现象。悬挂式模板支撑体系，操作简便，工人易掌握，可基本摆脱对下部楼板混凝土强度的依赖，节约用工，设备投入量少，容易做到文明施工，垂直运输量少，对塔吊依赖少，并且支撑牢固，拆模后可以达到清水效果，混凝土质量有保证。

图 6.1.2-6　可拆卸式钢筋桁架楼承板上部图

图 6.1.2-7　可拆卸式钢筋桁架楼承板下部

6. 钢柱、钢梁隔音与防护

钢梁、钢柱的腹板较薄，不能满足住宅对隔声的要求；另外，钢梁和钢柱的防火要求较高，涂刷防火涂料不利于美观，且在使用过程中容易磕碰损坏，因此需要将钢梁、钢柱的隔声、防火及装饰统一考虑解决。

7. 楼梯施工及装饰

钢楼梯也存在防腐、防火及使用的舒适性问题，需要采取既能满足装饰要求，又可靠的工艺措施来实现其功能。

8. BIM 技术的应用

BIM 技术作为实现建筑业信息化管理的重要手段，特别适合于装配式建筑。但是由于目前 BIM 技术还缺乏统一的应用标准，BIM 技术如何应用在装配式钢结构住宅中是我们面临的问题。

6.1.3 施工关键技术

1. 通过定位装置进行柱底板及锚栓的定位

经多次现场实验摸索，决定采用逐根钢柱定位拼装预埋的方法进行现场定位。

为控制单根钢柱锚栓的位移和防止筏板基础位移引起锚栓整体位移。我单位在施工时特别采用了单根柱锚栓整体固定和筏板周边顶撑减小筏板位移的方法，使得最终位置偏差均在允许范围值内，钢柱安装顺利完成，效果良好。

单根柱锚栓整体固定使用了本公司发明的钢结构住宅钢柱脚锚栓定位装置（图6.1.3-1，专利号：201520812604.6），这种装置组成包括锚栓、固定模板、固定模板上设的垫块，及垫块上设的定位模板。

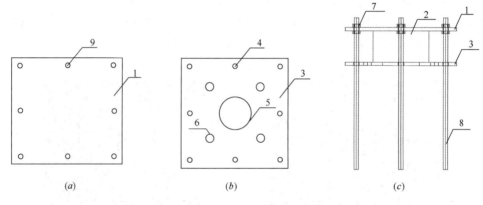

图 6.1.3-1 钢柱脚锚栓定位装置
(*a*) 固定模板；(*b*) 定位模板；(*c*) 示意图

具体施工方法为：先测量固定好固定模板；在固定模板上穿过锚栓，用螺母安装固定好，在固定模板上放垫块，然后将定位模板放在垫块上，根据锚固长度确定出锚栓的标高（图6.1.3-2）；锚栓标高确定后，将锚栓与固定模板点焊；将锚栓与基础钢筋进行焊接，取掉定位模版即完成（图6.1.3-3）。定位模板的存在，可以使锚栓始终保持竖直；然后将定位模板松开，在下一个柱脚锚栓上继续使用。这种方法操作方便，实用性强，且定位模板可重复使用，成本低，解决了锚栓定位精度要求高的问题。

2. 装配式节点应用

在加工时，方管柱的板和贴焊板焊接时严格控制电流，减少焊接变形。采用机加工方式严格控制开孔车丝位置，保证了连接钢梁的高强螺栓可以牢固地拧在钢柱上（图6.1.3-4）。

3. 通过试验比较，最终选择砂加气墙体

在墙体材料的选择问题上，比选了西北民族大学的结构保温一体化砌块、瑞士固保系统材料、兰州本地生产的轻质复合条板、砂加气砌块及条板等，并制作了样板间。

图 6.1.3-2　使用锚栓定位装置　　　　　图 6.1.3-3　取掉定位模板后

图 6.1.3-4　梁、柱装配式节点

　　先后在 2、3、5、6、7、8 层采用普通加气块和多孔砖砌筑，现场湿作业量大，文明施工差，工序繁杂，成本高。在一层通过使用轻质复合条板、西北民族大学的结构保温一体化砌块等墙体材料的试验结果为观感、经济效果不是非常明显。在 4 层使用了天筑建材公司生产的蒸压砂加气混凝土砌块、条板，通过试验得出结论，采用该材料施工，墙体质量、观感好，尺寸偏差小，通过 4 层的砌筑试验，墙体不用抹灰，干法施工，提高了墙体性能，减薄了灰缝厚度，提高了墙体平整度，简化了装饰，节约了资源。在 1、9、10、11、12 层采用甘肃本地企业砂加气厂生产的砂加气砌块（图 6.1.3-5），既保证了质量，又节约了成本，所有砂加气砌体及条板表面不抹灰，粉刷石膏修补二遍，二遍之间加设耐碱纤维网格布，刮普通腻子两道，加快了施工进度。

4. 外墙保温装饰一体板

　　针对保温装饰一体板连接件遇到钢梁、钢柱无法钻孔固定的问题，经过研究，采用钢板条过渡的方式解决这一难题。在钢梁、钢柱两侧的墙体上分别打孔，固定上钢条，钢条跨过钢梁、钢柱位置，在钢条上加连接件，挂保温装饰一体板（图 6.1.3-6）。

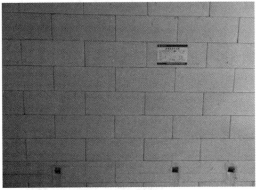

图 6.1.3-5　砂加气砌块及砌筑效果

图 6.1.3-6　跨过角柱的钢条及完成后外立面效果

5. 悬挂式模板支撑体系现浇板

通过比较，最终决定采用悬挂式模板支撑体系现浇板（图 6.1.3-7）。这种系统结合

图 6.1.3-7　悬挂式模板支撑体系

钢结构体系安装特点，使用卡在钢梁上的专用卡具（专利号：ZL201520698006.0 和 ZL201620091143.2），在卡具上支模、浇筑混凝土。此时，施工荷载通过卡具传递到安装好的钢梁上，不再搭设脚手架，节约了租赁费和人工费，卡具安装和拆卸方便，可重复利用。同时竖向支撑少，层间空间大，施工现场开阔整洁。总体来说设备投入少，耗工少，速度快，且能达到清水混凝土的要求。

6. 钢柱钢梁隔音与防护

为满足隔音要求，在钢梁腹板两侧凹槽空隙填充具有隔音效果的挤塑板、岩棉（图 6.1.3-8）。并使用三防板包裹。具体做法钢梁室外一侧装饰选用挤塑板填塞，6mm 厚聚合物抹面砂浆罩面，并加耐碱纤维网格布，网格布宽度为梁高＋400mm，向梁顶和梁底各外扩 200mm，达到对钢梁侧面凹槽挤塑板填塞物的加固和防裂效果。对厨房、卫生间有防水要求的钢梁采用防火涂料、轻钢龙骨三防板装饰（图 6.1.3-9），满足了防火防水的要求。其余外露钢梁刷防火涂料，内填塞岩棉，采用轻钢和木龙骨纸面石膏板包裹装饰。

图 6.1.3-8　钢梁腹板侧面填充隔音材料

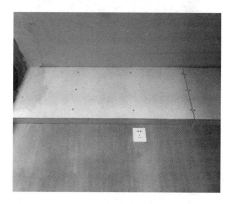

图 6.1.3-9　钢梁使用三防板装饰

7. 通过实验研究形成了钢结构楼梯的施工及装饰工艺

钢楼梯底部及侧面采用轻钢龙骨三防板包裹装饰（图 6.1.3-10）。楼梯踏步上焊接短钢筋，在钢筋上焊接钢网片（图 6.1.3-11），立面水泥砂浆抹面，平面细石混凝土、砂浆

图 6.1.3-10　楼梯踏步包裹装饰工艺

图 6.1.3-11　踏步钢筋网片

抹面，处理了楼梯侧面与踏步交界处的接缝问题，从使用效果上看几乎感觉不到其为钢楼梯，效果良好。

8. BIM 技术的初级阶段应用

（1）在项目设计阶段，建立了 BIM 模型（图 6.1.3-12），利用 BIM 技术进行了碰撞检查，共发现钢结构问题 4 处，土建问题 9 处，机电问题 5 处，图纸问题 11 处，降低了错误率，提高了效率，降低了成本。

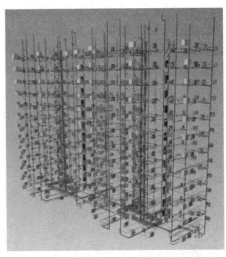

图 6.1.3-12　结构和机电专业 BIM 模型

（2）开发了钢结构 BIM 信息化管理平台（图 6.1.3-13）。该平台主要具有六大功能（图 6.1.3-14），利用该平台，可以实时跟踪项目进度，包括构件加工、运输、安装进度，各阶段工程量的自动统计，项目资料的自动汇总（图 6.1.3-15、图 6.1.3-16），并形成各类报表；项目各参与方的实时在线沟通交流，在线审核；并且模型上传到平台以后，可以实时查看进度模型（图 6.1.3-17）。

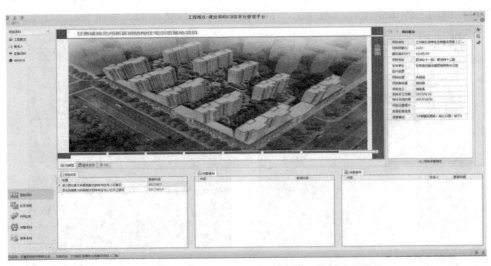

图 6.1.3-13　BIM 信息化管理平台

1. 项目汇总
实时进度汇总分析
发货进度汇总分析
安装进度汇总分析
2. 项目资料
工程概况、联系人
现场资料、影像资料
深化文件、BIM文件
3. BIM模型
实时进度BIM模型
4. 业务流程
要货计划
条码打印
构件管理
5. 报表系统
实时统计报表
项目月报表
发货进度报表
安装进度报表
6. 手机APP
项目汇总、项目资料
进度模型、报表系统
数据采集、话题

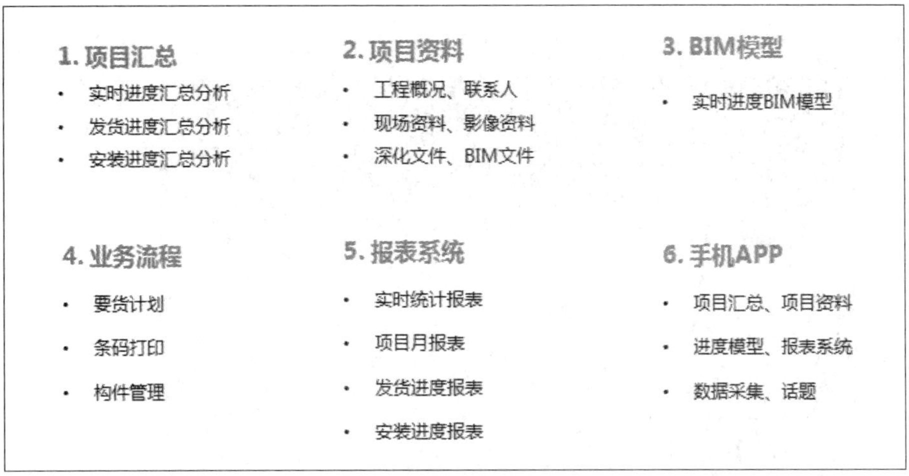

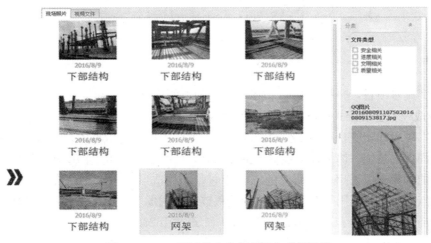

图 6.1.3-14　BIM 信息化管理平台主要功能模块

现场照片
视频文件
2016/8/9
下部结构
2016/8/9
下部结构
2016/8/9
下部结构
2016/8/9
下部结构
2016/8/9
下部结构
2016/8/9
下部结构
2016/8/9
下部结构
2016/8/9
网架
2016/8/9
网架
文件类型
安全相关
进度相关
文明相关
质量相关
QQ图片
201608091107502016
0809153817.jpg

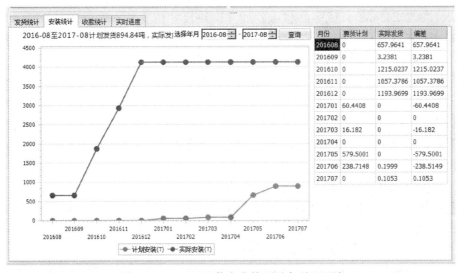

图 6.1.3-15　BIM 信息化管理平台项目资料

发货统计
安装统计
收款统计
实时进度
2016-08至2017-08计划发货894.84吨，实际发
选择年月 2016-08 - 2017-08 查询
计划安装(T)
实际安装(T)
月份 | 要货计划 | 实际发货 | 偏差
201608 | 0 | 657.9641 | 657.9641
201609 | 0 | 3.2381 | 3.2381
201610 | 0 | 1215.0237 | 1215.0237
201611 | 0 | 1057.3786 | 1057.3786
201612 | 0 | 1193.9699 | 1193.9699
201701 | 60.4408 | 0 | -60.4408
201702 | 0 | 0 | 0
201703 | 16.182 | 0 | -16.182
201704 | 0 | 0 | 0
201705 | 579.5001 | 0 | -579.5001
201706 | 238.7148 | 0.1999 | -238.5149
201707 | 0 | 0.1053 | 0.1053

图 6.1.3-16　BIM 信息化管理平台项目汇总

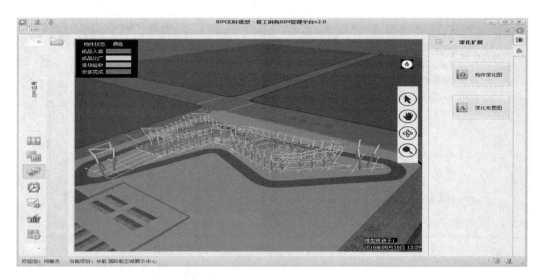

图 6.1.3-17　BIM 信息化管理平台进度模型

项目总结

通过实施本项目，并利用 BIM 技术，形成如下的成果：

1. 形成一整套装配式钢结构住宅应用体系

通过本项目的实施，形成了公司级的"钢框架－支撑结构承重体系＋蒸压砂加气砌块＋乳胶漆面保温装饰一体板外墙维护体系"。本体系采用钢管混凝土框架－屈曲约束支撑体系，屈曲约束支撑采用自主研发的方管套圆管的构造形式，代替成品支撑，降低了造价，在试点项目中，采用了全螺栓形式的端板连接，现场全装配，楼板采用悬挂式模板支撑体系现浇板（专利号：ZL201520698006.0 和 ZL201620091143.2），这种结构体系，抗震性能好，体系成熟，造价低，施工速度快，自重轻，基础成本低，技术门槛相对较低，推广相对容易。外墙采用优等品蒸压砂加气砌块＋适合西北地区的保温装饰一体板（专利号：ZL201720202435.3），优等品蒸压砂加气砌块尺寸精度高，质量轻，保温隔热性能好，砌筑完成可以达到免抹灰，成型效果非常好，保温装饰一体板代替传统的薄抹灰系统，具有产品稳定性好、寿命长、绿色节能、施工周期短、安全可靠等优点，特别是采用我们专门针对西北地区昼夜温差大、气候干燥、紫外线强开发的新型乳胶漆面层保温装饰一体板（专利号：ZL201720202435.3；2016 年兰州市人才创新创业项目：新型节能保温装饰一体板）。内墙采用 90mm 蒸压砂加气条板，质量轻，施工速度快，产品性能稳定，隔声效果好。楼梯采用钢楼梯＋薄混凝土面层，钢楼梯可以在工厂机器人加工，现场直接吊装，薄混凝土面层成本低，成型效果好。

（1）开发了两种适合装配式钢结构住宅的新型建筑材料。

此材料适合西北地区的新型装配式钢结构住宅体系，包含了新型保温装饰一体板和带预埋件的水泥基复合夹芯板两种新型材料。

1）新型乳胶漆面层的保温装饰一体板

这种乳胶漆面层的一体板饰面效果好，成本低廉，与湖南金海联合开发了耐紫外线、耐干燥气候、耐高温差的乳胶漆及其工厂加工工艺，在这种类型一体板板中得到了很好的应用，经检测，完全符合相关技术标准要求，并且取得了专利"一种保温装饰一体板连接构件"（专利号：ZL201620907650.9）和"一种乳胶漆面保温装饰一体板"（专利号：ZL201720202435.3）。

2）带预埋管线的水泥基复合夹芯墙板

这种墙板为工厂化生产的产品，由于内部含有发泡水泥，条板的自重减轻，强度高，保温、隔音性能提高，而且发泡水泥和水泥面层为同一种材料，克服了水泥发泡复合板两种不同材料复合引起的开裂问题。利用 BIM 技术，提前确定好水电管线的位置，在工厂加工阶段将管线提前预埋到条板中，大大提高了现场的施工效率，避免了后期墙体开槽，墙体成型效果良好。

（2）开发了装配式钢结构住宅新型构造工艺。

1）保温装饰一体板在钢结构住宅中的应用工艺

针对保温装饰一体板连接件遇到钢梁、钢柱无法钻孔固定的问题，经过研究，采用钢板条过渡的方式解决这一难题：在钢梁、钢柱两侧的墙体上分别打孔，固定上钢条，钢条跨过钢梁、钢柱位置，在钢条上加连接件，挂保温装饰一体板。

2）装配式钢结构住宅中钢梁预开孔工艺

装配式钢结构住宅中，上下穿管线遇到钢梁比较难处理，通常采用绕过钢梁翼缘的做法，这样会增加钢梁后期处理的难度，我们结合 BIM 技术，提前确定好穿过管线在钢梁上的开孔位置，并确定钢梁的补强方案，在工厂内完成钢梁的预开孔。

3）钢结构住宅中钢梁构件的包覆工艺

为满足隔音要求，在钢梁腹板两侧凹槽空隙填充具有隔音效果的挤塑板、岩棉。并使用三防板包裹。具体做法钢梁室外一侧装饰选用挤塑板填塞，6mm 厚聚合物抹面砂浆罩面，并加耐碱纤维网格布，网格布宽度为梁高＋400mm，向梁顶和梁底各外扩 200mm，达到对钢梁侧面凹槽挤塑板填塞物的加固和防裂效果。对厨房、卫生间有防水要求的钢梁采用防火涂料、轻钢龙骨三防板装饰，满足了防火防水的要求。其余外露钢梁刷防火涂料，内填塞岩棉，采用轻钢和木龙骨纸面石膏板包裹装饰。

4）装配式钢结构住宅中钢楼梯的包覆工艺

钢楼梯底部及侧面采用轻钢龙骨三防板包裹装饰。楼梯踏步上焊接短钢筋，在钢筋上焊接钢网片，立面水泥砂浆抹面，平面细石混凝土、砂浆抹面，处理了楼梯侧面与踏步交界处的接缝问题，从使用效果上看几乎感觉不到其为钢楼梯，效果良好。

（3）开发了装配式钢结构住宅新的施工工艺。

1）钢结构住宅钢柱脚锚栓预埋定位技术

先测量固定好固定模板；在固定模板上穿过锚栓，用螺母安装固定好，在固定模板上放垫块，然后将定位模板放在垫块上，根据锚固长度确定出锚栓的标高；锚栓标高确定后，将锚栓与固定模板点焊；将锚栓与基础钢筋进行焊接，取掉定位模版即完成。定位模板的存在，可以使锚栓始终保持竖直；然后将定位模板松开，在下一个柱脚锚栓上继续使用。这种方法操作方便，实用性强，且定位模板可重复使用，成本低，解决了锚栓定位精度要求高的问题。本工艺成功申报了专利"钢结构住宅钢柱脚锚栓定位装置"（专利号：ZL201520812604.6）。

2）适用于钢结构住宅的可拆卸式模板施工工艺

研发了可拆卸式钢筋桁架楼承板以及悬挂式模板支撑体系两种楼板施工工艺，并对楼板的质量、成本、外观、可操作性方面进行比较。可拆卸式钢钢筋桁架楼承板，把钢底板改为木工板，在木工板上穿孔，通过螺栓和塑料底拖将木工板和钢筋桁架板连接，底拖高度根据混凝土保护层厚度可以调整，经过试验，由于混凝土浇筑时对模板冲击较大，底拖存在滑丝现象。

3）适用于钢结构住宅的悬挂式模板支撑体系现浇板施工工艺

悬挂式模板支撑体系，操作简便，工人易掌握，可基本摆脱对下部楼板混凝土强度的依赖，节约用工，设备投入量少，容易做到文明施工，垂直运输量少，对塔吊依赖少，并且支撑牢固，拆模后可以达到清水效果，混凝土质量有保证。获得了专利悬挂式模板支撑体系现浇板（专利号：ZL201520698006.0 和 ZL201620091143.2）。

4）钢结构住宅塔吊附着工艺

钢结构住宅施工过程中塔吊的附着没有成熟的工艺可以参考，专门开展了研发，开发了"一种钢结构住宅塔吊附着可拆卸钢箱梁的固定装置"，本装置通过钢箱梁和横向连接板将塔身和混凝土楼板连接在一起，将塔吊的附着力通过楼板平面内传递到结构上，该装置制作安装方便、结构简单、安全可靠，可拆卸重复使用，适用于钢结构住宅工程的塔吊附着（专利号：ZL201610732048.0）。

2. "两化融合"在装配式钢结构住宅中的应用

装配式钢结构住宅是工业化建筑的主要体系之一，由于构件在工厂内生产，现场装配化施工，容易和信息化融合，容易实现建筑工业化和信息化的深度融合。

BIM技术具有三维可视化、建筑性能分析、可模拟、可优化、可出图等功能特性，在本研究中，从设计到施工阶段均应用了BIM技术。

在设计阶段应用了BIM技术，建立了Revit模型，各专业在统一模型上进行协同设计，对建筑物的性能进行了分析，在模型中进行了管线综合和碰撞检查，大大降低了管线碰撞出错率。

在深化阶段应用了BIM技术，首先是利用Tekla软件进行了钢结构的深化设计，其次是对钢梁开孔的位置进行了深化和优化设计，最后是利用BIM技术确定了内隔墙中预埋管线的位置，保障了"带预埋管线的水泥基夹心复合板"在本项目中的成功应用。

开发了BIM管理平台，对装配式钢结构住宅从构件入库到安装完成的全过程进行了信息化管理。传统钢结构项目管理，通常采取"计划上墙"，用人工红蓝黄线在图纸上标注工程进度。本工程采用BIM信息化管理技术，利用数字化技术、信息化手段，以整合Revit模型为基础，通过二维码物流跟踪技术及现场实施快照，对项目实现了可视化管理。成千上万的钢构件，随意扫扫其二维码，工程名称、安装位置、规格、重量、材质、底标高等"身份"信息便一目了然，而且入库、出厂、进场验收、安装完毕等物流"轨迹"也可一清二楚。此外，还将资料管理、精细化成本管理和内部市场化运营等纳入在内，由于所有的数据利用互联网存储在"云端"，整个管理过程都可以在PC和手机端实时查看，而且各环节、各专业的管理过程可以在管理平台交流、沟通、协调，真正实现了信息化和建筑工业化的融合。

6.2 工业建筑

6.2.1 项目概况

项目名称：某产业园一期生产车间建设项目

项目介绍：该项目建筑总面积达 7.8 万 m^2，分为 16 个单体，均采用门式钢架结构。本案例单体长 110.98m，宽 45m，建筑面积 5058m^2，檐口高度 17.8m，单脊双跨，每跨跨度 22.5m，跨间设有两台 20t 电动中级工作制起重机，纵向柱距为 7.5m。屋面采用双坡排水，排水坡度 5%，四周设有女儿墙。项目效果图如图 6.2.1-1 和图 6.2.1-2 所示。

图 6.2.1-1 项目鸟瞰图

图 6.2.1-2 案例单体效果图

6.2.2 项目设计阶段 BIM 应用介绍

本项目设计阶段主要采用了 Tekla 软件进行配合设计。从方案阶段开始进行 Tekla 初步建模，并实际应用于方案讨论、方案汇报等工作中，大大提高了沟通效率。经过初设阶段、施工图阶段的完善，到深化阶段模型最终完成，Tekla 模型实现了材料采购、加工制作和安装功能。

　　本项目焊接工作均在车间完成，现场采用全螺栓连接方式，无焊接。设计过程对钢结构专业进行了建模，包括钢架梁、钢架柱、吊车梁、抗风柱、檩条、檩托、支撑、隅撑、爬梯、螺栓等所有构件、板件及零件。Tekla 模型为 1∶1 模型，建模完成后可进行碰撞检查等工作，提前避免了后期问题的发生。本工程 Tekla 模型如图 6.2.2-1 所示，典型节点形式如图 6.2.2-2 所示。

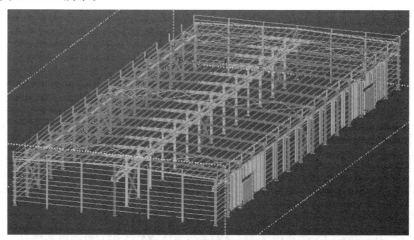

图 6.2.2-1　案例单体 Tekla 模型

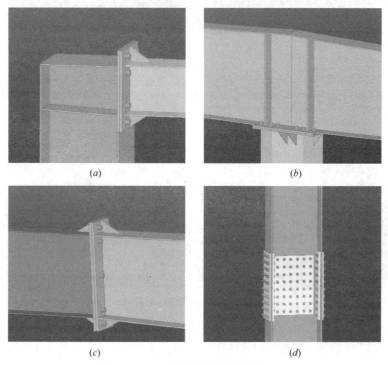

(a)　　　　　　　　　　　　　(b)

(c)　　　　　　　　　　　　　(d)

图 6.2.2-2　案例装配化节点图（一）

（a）边柱一梁节点；（b）中柱一梁节点；（c）梁一梁节点；（d）柱一柱拼接节点

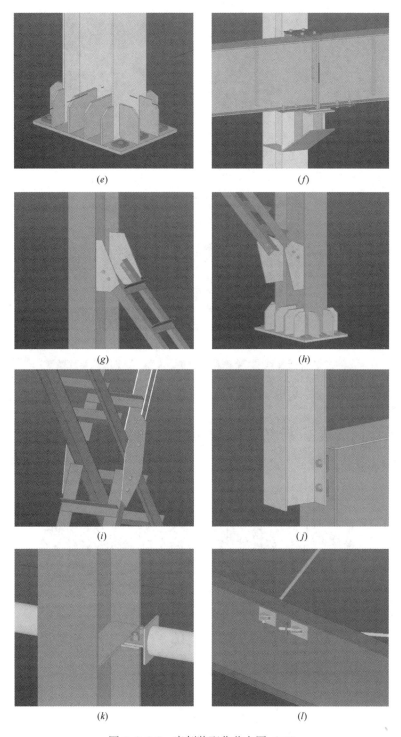

图 6.2.2-2　案例装配化节点图（二）

（e）柱脚节点；（f）吊车梁节点；（g）柱间支撑节点 1；（h）柱间支撑节点 2；

（i）柱间支撑节点 3；（j）女儿墙节点；（k）系杆节点；（l）屋面支撑节点

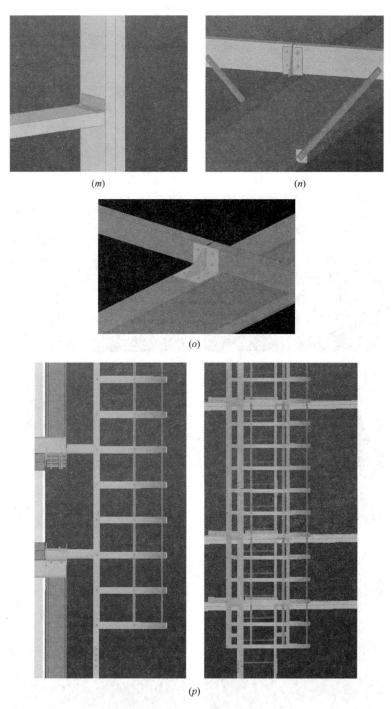

图 6.2.2-2　案例装配化节点图（三）

（*m*）檩条与檩条连接节点；（*n*）隅撑、檩条及檩托节点；（*o*）檩条与主构件节点；（*p*）室外检修爬梯节点

6.2.3　项目生产阶段应用介绍

接到结构施工图纸后，制定了项目生产阶段的从 Tekla 建模到车间加工完成的详细流

程，流程输出如图 6.2.3-1 所示。

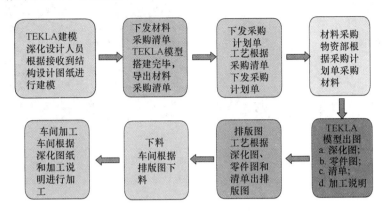

图 6.2.3-1　车间加工流程

本工程钢架梁、钢架柱、吊车梁等主要构件均为焊接 H 型钢，支撑、系杆、隅撑等构件为热轧型钢。车间的主要工作包括焊接 H 型钢、系杆等次要构件的下料、组立焊接、矫正、油漆等工作。作业过程如图 6.2.3-2 所示。

图 6.2.3-2　构件车间加工制作流程（一）

（a）下料；（b）组立；（c）H 型钢腹板翼缘焊接；（d）H 型对接口焊接；（e）矫正；（f）抛丸

（g）　　　　　　　　　　　　　　　　（h）

图 6.2.3-2　构件车间加工制作流程（二）

（g）喷涂；（h）焊接 H 型钢成品

6.2.4　项目施工阶段应用介绍

　　钢结构的安装遵循从下往上、由主到次的原则，保证每阶段安装完成部分为稳定体系，否则应采取增加临时支撑、拉设缆风绳等保护措施。本工程钢结构安装流程为：安装钢柱 → 安装系杆、柱间支撑→吊车梁临时就位 → 安装屋面梁、屋面支撑 → 吊车梁等校正固定→安装檩条、拉条、隔撑→安装屋面板、墙面板。作业过程如图 6.2.4-1 所示。

（a）　　　　　　　　　　　　　　　　（b）

（c）　　　　　　　　　　　　　　　　（d）

图 6.2.4-1　现场安装（一）

（a）安装钢柱；（b）安装系杆；（c）吊车梁临时就位；（d）安装钢架梁、屋面支撑，吊车梁校正

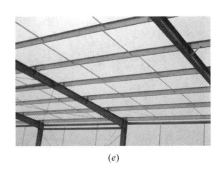

(e)   (f)

图 6.2.4-1 现场安装（二）

(e) 安装檩条、拉条、隔撑；(f) 安装屋面板、墙面板

从设计到车间加工，再到现场安装，全过程应用了信息化处理手段。采用 SIGMA-NEST 软件进行排版设计（图 6.2.4-2），按照排版信息导入钢板加工中心进行切割（图 6.2.4-3），构件组立并采用钢印标记（图 6.2.4-4），抛丸喷漆后粘贴信息化标签（图 6.2.4-5）。在构件运输、安装过程中，通过二维码扫描，获取生产编号、操作人员、除锈方法、构件 ID、标高、位置、现场连接方式等详细信息，为运输和现场安装提供了极大的便利，缩短了工程工期，节省了造价，提高了工程质量。

图 6.2.4-2 排版图

图 6.2.4-3 等离子切割下料

图 6.2.4-4　构件钢印标记

图 6.2.4-5　构件信息化标签

项目总结

本项目借助 BIM 技术，在深化设计过程中对预制钢构件的几何尺寸等重要参数进行精准设计、定位。在 BIM 模型的三维视图中，可以直观地观察到待拼装预制构件之间的契合度。利用 BIM 技术的碰撞检测功能，可以细致分析预制构件结构连接节点的可靠性，排除预制构件之间的装配冲突，从而避免由于设计粗糙而影响预制构件的安装定位，减少由于设计误差带来的工期延误和材料资源的浪费。同时，BIM 模型信息修改后能自动更新图纸，保证信息传递的正确性和唯一性，有效避免由人工调图所带来的错误。在图纸输出的过程中，能基于零件模型输出三维效果图、各轴线布置图、平面布置图、立面布置图、构件的施工图、零件大样图以及材料清单等，便于工厂加工，大大缩短了构件加工周期。

同时，本项目在实施过程中也形成了一批具有自主知识产权的成果及转化。在钢构件深化设计过程中，为了提高工作效率和深化的精确度，技术人员开发了《组合节点深化程序和结构信息化模型（Tekla）与 CAM（数控）协作技术》，科技成果鉴定达到国际领先水平，形成了计算机软件著作权《中筒结构组合节点深化程序 V1.0》1 项。

在钢构件加工过程中，自主开发了切割自动化控制程序、焊接腹板厚度大于 16mm 的 H 型钢埋弧焊工艺和型钢专用打孔装置，形成了计算机软著作权 1 项《中通钢板切割自动化控制系统软件》、发明专利 1 项《一种焊接腹板厚度大于 16mm 的 H 型钢埋弧焊工艺方法》（ZL201210407057.4）、实用新型专利 1 项《型钢专用打孔装置》（ZL201720948734.1），为同类项目的实施积累了大量宝贵的经验。

与此同时，我们也应该看到不足，BIM 技术仅仅用在了深化设计、加工过程中，在方案设计、施工图设计以及后期运维中并未得到全面应用和推广，这也是需要后期进一步加强应用之处，以此真正实现 BIM 技术服务全生命周期钢结构工业建筑。

6.3　公共建筑

6.3.1　技术使用背景

随着拉索材料性能的不断改善及设计水平的提高，预应力钢结构在现代结构工程中得到了很好的发展，这也对施工技术及管理提出了更高的要求。预应力空间结构通常具有空间形体关系复杂、形式多样、预应力张拉难度大的特点，需要严格地控制施工的质量、进度与安全。传统的项目施工管理模式虽管理方法成熟,但仍存在很多不足,例如不按设计或规范进行施工,对施工质量的管理重检查、轻积累,很难充分发挥其作用;二维CAD设计图形象性差、施工人员专业技能不足,各个专业工种相互影响带来的施工进度控制难题;施工管理和协调工作较复杂,出现安全问题容易互相推诿责任。这些不足已不能满足大跨度预应力空间结构项目施工管理的需要,寻找一种高效的工程施工管理理念是十分重要的。

BIM作为一种管理理念,最早提出于19世纪70年代,目前在欧美等发达国家的建筑业已得到较好地推广与应用。我国"十二五"规划中提出"全面提高行业信息化水平,重点推进建筑企业管理与核心业务信息化建设和专项信息技术的应用",这使BIM技术在国内建筑行业的应用得到了迅速发展。BIM技术相比于二维CAD施工管理方法具有很多优势,其与项目管理的结合不仅符合政策的导向,也是发展的必然趋势。如何将BIM技术应用于施工项目管理,国内外已有相关研究。基于BIM的管理模式是创建信息、管理信息、共享信息的数字化方式,改变了传统的项目管理理念,它的应用可使整个工程项目的施工有效地实现建立资源计划、控制安全风险、降低污染和提高施工效率,从而大大提高施工管理的集成化程度。本文将以徐州奥体中心体育场为例,结合大跨度预应力空间结构的特点,具体阐述BIM技术在项目施工管理中的应用。

6.3.2 工程概况

徐州奥体中心体育场集体育竞赛、大型集会、国际展览、文艺演出、演唱会、音乐会、演艺中心等功能于一体,占地面积39.44万 m^2(591.6亩),总建筑面积20万 m^2,可容纳3.5万人观看比赛。体育场结构形式为超大规模复杂索承网格结构,最大标高约为45.2m,平面外形接近类椭圆形,结构尺寸约为263m×243m,中间有类椭圆形大开口,开口尺寸约为200m×129m。

雨篷由42榀带拉索的悬挑钢架组成,最大悬挑长度约为39.9m。下弦采用1圈环索和42根径向拉索,环索规格为6ϕ121,长度约为587m,径向索最大规格为ϕ127。在短轴方向中间各布置了4根ϕ70的斜拉索,材料为锌-5%铝-混合稀土合金镀层钢索。另外,屋面稳定索呈十字形交叉,规格为ϕ17,悬挑端撑杆处面外稳定的钢拉杆ϕ25,其效果图及整体结构BIM模型如图6.3.2-1和图6.3.2-2所示。

图6.3.2-1 徐州奥体中心体育场效果图

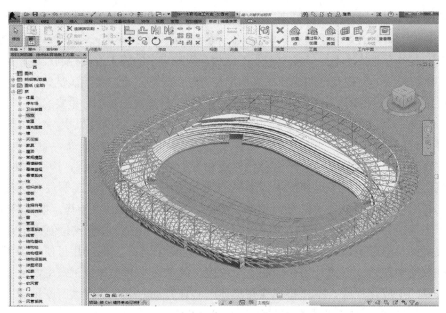

图 6.3.2-2　徐州奥体中心体育场 BIM 模型

6.3.3　BIM 技术在施工项目管理中的应用

1. BIM 技术在徐州奥体中心施工项目管理中应用的必要性

徐州奥体中心长轴为 263m，是大跨度预应力空间结构，空间形体关系复杂、跨度大、悬挑长、体系受力复杂、预应力张拉难度大，在施工中存在以下难点和问题，例如由于施工过程是不可逆的，如何合理地安排施工和进度；安装工程多，如何控制安装质量；如何控制施工过程中结构应力状态和变形状态始终处于安全范围内等。这些都是传统的施工控制技术所难以解决的问题。为了满足预应力空间结构的施工需求，把 BIM 技术、仿真分析技术和监测技术结合起来，实现学科交叉，建立一套完整的全过程施工控制及监测技术，并运用到徐州奥体中心的施工项目管理中，可以保证结构的合理安全施工，可为类似大跨度预应力空间结构的施工项目管理提供参考。

2. BIM 技术在徐州奥体中心施工项目管理中的应用

预应力结构在施工过程中，由于其不可逆性，施工控制不合理将带来经济损失和人员伤亡的可能。因此，针对徐州奥体中心的结构特点，采用了基于 BIM 的预应力结构施工全过程控制及监测成套技术来保证施工的质量、进度及安全。BIM 技术在徐州奥体中心施工项目管理中的应用主要有以下几个方面：

（1）基于 BIM 技术的施工场地布置

徐州奥体中心施工难度大，施工前对现场机械等施工资源进行合理地布置尤为重要。利用 BIM 模型的可视性进行三维立体施工规划，可以更轻松、准确地进行施工布置策划，解决二维施工场地布置中难以避免的问题，例如大跨度空间钢结构的构件往往长度较大，需要超长车辆运送钢结构构件，因而往往出现道路的转弯半径不够的状况；由于预应力钢结构施工工艺复杂，施工现场需布置多个塔吊同时作业，因塔吊旋转半径不足而造成的施工碰撞也屡屡发生。

基于建立好的徐州奥体中心整体结构 BIM 模型，对施工场地进行科学的三维立体规划，包括生活区、钢结构加工区、材料仓库、现场材料堆放场地、现场道路等的布置，可以直观地反映施工现场情况，减少施工用地、保证现场运输道路畅通、方便施工人员的管理，有效避免二次搬运及事故的发生。

徐州奥体中心某施工过程场地布置模型图与实际场地对比如图 6.3.3-1 和图 6.3.3-2 所示。

图 6.3.3-1　BIM 模型施工场地布置图　　　图 6.3.3-2　实际施工现场场地

（2）基于 BIM 技术的施工深化设计

徐州奥体中心钢结构存在的预应力复杂节点多，加之设计院提供的施工图细度不够且与现场施工有诸多冲突，这就需要对其进行细化、优化和完善。徐州奥体中心采用基于 BIM 技术的施工深化设计手段，根据深化设计需要创建一套包含大量信息，如构件尺寸、应力、材质、施工时间及顺序、价格、企业信息等各种参数的族文件，其中有耳板族、索夹族、索头族、索体族及徐州奥体中心特有的复杂节点族，根据创建的族文件可以自动形成各专业的详细施工图纸，同时对各专业设计图纸进行集成、协调、修订与校核，满足了现场施工及管理的需要。所建立的部分族如图 6.3.3-3 所示。

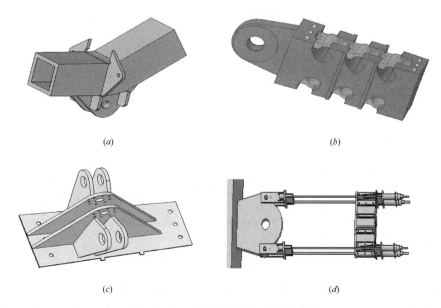

图 6.3.3-3　徐州奥体中心部分节点族

（a）复杂节点族；（b）环索索夹节点族；（c）索张拉工装族；（d）环索索夹节点上盖板族

预应力是通过索夹节点传递到结构体系中去的，所以索夹节点设计的好坏直接决定了预应力施加的成败。徐州市奥体中心体育场的钢拉索索力较大，需对其进行二次验算以确保结构的安全。将已建立好的环索索夹模型导入 Ansys 有限元软件中对其进行弹塑性分析，可以在保证力学分析模型与实际模型相一致的同时节省二次建模的时间。Ansys 分析结果如图 6.3.3-4 所示。

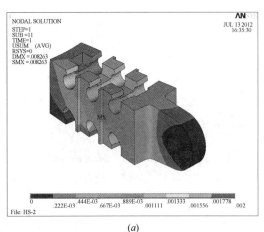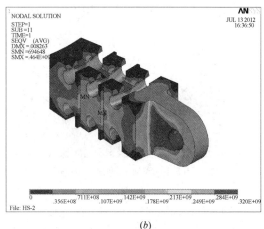

(a)　　　　　　　　　　　　　　　　　(b)

图 6.3.3-4　环索索夹弹塑性分析结果
(a) 位移云图；(b) 应力云图

（3）基于 BIM 技术的施工动态模拟

施工过程的顺利实施是在有效的施工方案指导下进行的，因此，在施工开始之前，找出完善合理的施工方案是十分必要的。

徐州奥体中心工程规模大、复杂程度高、预应力施工难度大，为了寻找最优的施工方案、为施工项目管理提供便利，采用了基于 BIM 技术的 4D 施工动态模拟，测试和比较不同的施工方案并对施工方案进行优化，可以直观、精确地反映整个建筑的施工过程，有效缩短工期、降低成本、提高质量。

实现施工模拟的过程就是将 Project 施工计划书、Revit 三维模型与 Navisworks 施工动态模拟软件加以时间（时间节点）、空间（运动轨迹）及构件属性信息（材料费、人工费等）相结合的过程，其相互关系如图 6.3.3-5 所示。

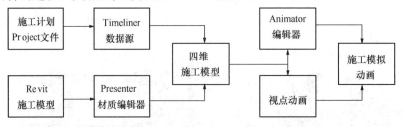

图 6.3.3-5　Navisworks 模拟施工技术路线

首先，打开 Timeliner 操作界面，将提前编制好的 Projec 施工计划书作为数据源导入，并生成任务列表。随后完成构件的附着，将时间赋予三维模型，方法是把模型中在同一时间点施工的构件与相应的任务相关联。然后通过 Naviswork 中的视点动画编辑来完成三维模型与空间（运动轨迹）的结合，Naviswork 中提供的视点功能包括平移、缩放、环视、漫游、飞行等效果。以索提升的过程为例，在编辑动画时选中与该索相对应的任务，选中该索，移动 Animator 操作界面左上角的坐标轴，可以看到该选中的索同坐标轴同步移动。先把索放在初始位置，在 5s 处捕捉一个关键帧，再把索移至马道上，在 0s 处捕捉另一个关键帧，这样就形成了一个时长为 5s 的将索从马道提升至正常位置的动画。以此类推，为徐州奥体中心的所有任务添加运动轨迹，至此完成了三维模型同空间的结合。

另外，在制作施工动画的过程中，通过对模型外观的显示控制可以表达构件从无到有（如钢结构的拼装）或一直存在（如钢结构拉索的吊装）的过程。控制的方法是定义任务类型，如做构件的平移时可以定义一个任务类型，保证构件运动开始和结束时都显示模型外观。除时间、空间信息外的其他构件属性信息，如材料费、人工费等也可以在 Timeliner 的自定义列来添加，并且这些信息会随着时间一并显示在最终模拟动画中。

徐州奥体中心最终四维动态施工模拟动画截图如图 6.3.3-6 所示。

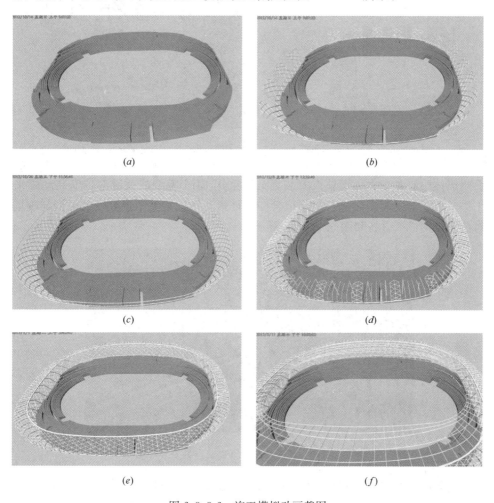

图 6.3.3-6　施工模拟动画截图

（a）看台施工；（b）钢结构柱安装；（c）外环梁安装施工；（d）上部钢结构安装；

（e）外环梁安装施工；（f）拉索张拉施工

（4）BIM 在安装质量管控中的应用

徐州奥体中心工程具有跨度大、悬挑长、体系受力复杂、预应力张拉难度大等特点，这些都给体育场的安装工程带来难度。对预应力钢结构而言，预应力关键节点的安装质量至关重要。安装质量不合格，轻者将造成预应力损失、影响结构受力形式，重者将导致整个结构的破坏。

BIM 技术在徐州奥体中心工程安装质量控制中的应用主要体现在三部分：一是对关键部位的构件，如索夹、调节端索头等的加工质量进行控制；二是对安装部位的焊缝是否符合要求、螺丝是否拧紧、安装位置是否正确等施工质量进行控制；三是利用 GMS2012（广联达模型浏览器）软件在 iPad 平板中查看、管理 BIM 模型及构件信息。

将关键部位的族文件与工厂加工构件进行对比，检查加工构件的外形、尺寸等是否符合加工要求。固定端索头的 BIM 模型与实际构件对比图如图 6.3.3-7 和图 6.3.3-8 所示。

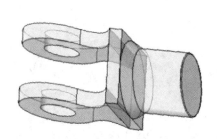

图 6.3.3-7　固定端索头族　　　　　图 6.3.3-8　固定端索头实际构件

徐州奥体中心预应力关键节点安装复杂，采用 BIM 模型或关键部位安装动画来指导安装工作，可以对安装质量进行很好地管控。环索及径索索夹节点处安装模型与现场实际安装对比图如图 6.3.3-9 和图 6.3.3-10 所示。

图 6.3.3-9　环索及径索索夹节点处安装模型

环索对接处安装模型与现场实际安装对比图如图 6.3.3-11 和图 6.3.3-12 所示。

GMS2012 软件在施工现场提供便捷的三维模型及信息浏览功能，实现三维模型与实际工程的对比，以便更好地理解现场中出现的问题。

图 6.3.3-10 环索及径索索夹节点处施工现场实际安装图

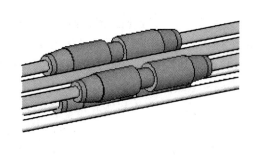

图 6.3.3-11 环索对接处安装模型

图 6.3.3-12 环索对接处施工现场实际安装图

（5）BIM 在施工进度控制中的应用

徐州奥体中心体育场预应力施工难度大，施工工期紧，提前一天完工所节省的费用是巨大的，这就需要对施工进度进行严格地控制以确保进度目标的实现。

以往工程中协同效率低下是造成工程项目管理效率难以提升的最大问题，某研究表明，工程项目进度超过 20％在协同当中损失。徐州奥体中心采用基于 3D 的 BIM 沟通语言、协同平台，采用施工进度模拟、现场结合 BIM 和移动智能终端拍照相结合的方法来提升问题沟通效率，进而最大程度上确保施工进度目标的实现。

在对施工进度进行模拟的过程中，一来可以直观地检查实际进度是否按计划要求进行；二来如果出现因某些原因导致的工期偏差，可以分析原因并采取补救措施或调整、修改原计划，保证工程总进度目标的实现。

徐州奥体中心某时刻的屋盖施工进度如图 6.3.3-13 所示。

采用无线移动终端、WED 及 RFID 等技术，全过程与 BIM 模型集成，可以做到对现场的施工进度进行每日管理，避免任何一个环节出现问题给施工进度带来影响。

（6）BIM 在施工安全控制中的应用

徐州奥体中心在未施加预应力之前为瞬变体系，由于预应力的施加才成为结构体系。预应力钢结构施工的风险率很高，为了及时了解结构的受力和运行状态，徐州奥体中心项目针对项目自身特点开发出一个三维可视化动态监测系统，对施工过程进行实时监测，保证施工过程中结构应力状态和变形状态始终处于安全范围内。

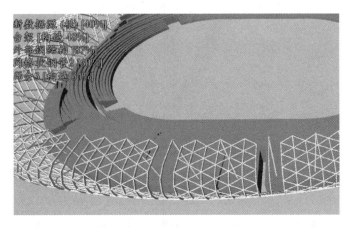

图 6.3.3-13　Timeliner 施工进度显示及模拟

徐州奥体中心三维可视化动态监测系统的开发是在施工关键部位布置监测点,对变形起拱的监测采用 GPS 测量,对应力的监测采用正弦式应变计,测量的结果直接通过互联网传递到远程数据库,再利用二次开发数据接口将远程数据库与 BIM 三维模型的属性数据相关联,进而实现对施工现场的实时监测。

基于 BIM 的三维可视化动态监测技术较传统的监测手段具有可视化的特点,可以人为操作在三维虚拟环境下漫游来直观、形象地提前发现现场的各类潜在危险源,提供更便捷的方式查看监测位置的应力应变状态,在某一监测点应力或应变超过拟定的范围时,系统将自动报警给予提醒。

徐州奥体中心项目的变形监测点选择 20 榀径向梁的梁端和跨中位置处,共有 40 个监测点;应力监测点分布在环梁和径向梁上,共 24 个监测点,每个测点在梁的上下翼缘处各布置一个正弦应变计。其中变形起拱具体监测点布置如图 6.3.3-14 所示。

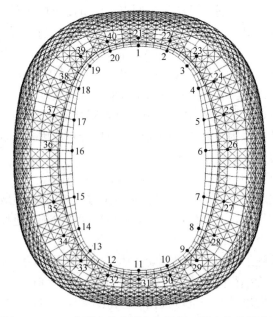

图 6.3.3-14　变形起拱监测点布置图(黑点为监测点)

徐州奥体中心数据采集系统如图 6.3.3-15 所示。

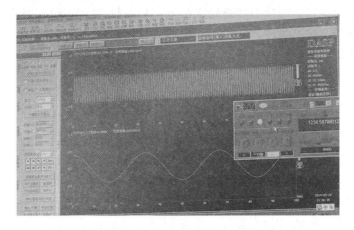

图 6.3.3-15 徐州奥体中心数据采集系统

徐州奥体中心三维可视化动态监测系统界面如图 6.3.3-16 所示。

图 6.3.3-16 徐州奥体中心三维可视化动态监测系统

某时刻某环索的应力监测如图 6.3.3-17 所示。

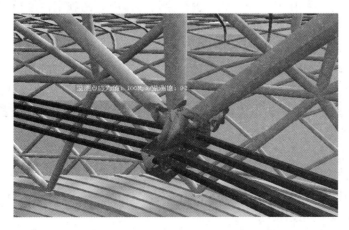

图 6.3.3-17 某时刻环索的应力检测

BIM 技术模拟可视化施工阶段在装配式钢结构施工中的应用，利用 BIM 技术及三维扫描技术可以使得现场在施模型能被还原出来，利用与 BIM 理论模型进行数字化对比，能更快地发现错漏与施工误差，在实施过程中，通过模型得对比能够准确地找到误差的位置及时地调整差值，方便快速纠偏。

项目总结

1. 采用 BIM 技术的原因

本体育场是大型索承网格结构，工程覆盖面极大，体型庞大，体系比较复杂；施工精度要求高，对于圈梁及索网的安装难度大，协同工作数据量大，专业间和上下游间数据交换难，项目监测点极多，监测构件极其复杂。为解决该技术难题，决定采用 BIM 技术辅助项目实施。

2. 本成果 BIM 应用的主要特点

（1）建立了本工程的 BIM 数据库，使得 BIM 信息能够在上下游之间传递顺畅。

（2）结合 BIM 数据库和参数化实现了索网节点的优化，节约成本 100 余万。

（3）在 Revit 平台上建立了族库、开发了自适应构件。

（4）BIM 模型用于二维深化施工图的生成和构件的数控加工。

（5）BIM 模型延续到施工阶段，信息不断完善，充分发挥了 BIM 的价值。

（6）开发了基于 BIM 的三维可视化监测平台，对项目施工阶段的安全、进度、质量进行控制与管理。

3. 项目 BIM 技术主要特点

（1）结构设计阶段，采用 BIM 软件建模，编制数据接口，与 ANSYS、Midas 等大型有限元软件进行对接，实现基于 BIM 的参数化设计分析、优化设计及结构选型等，为结构的合理选形和设计提供了强有力的技术支撑。

（2）深化设计阶段，基于 BIM 相关软件，对徐州奥体中心索网的复杂节点、关键节点等部位的关键构件进行深化设计，达到施工出图的要求。

（3）制造加工阶段，利用 BIM 模型，导出节点等构件加工制造所需数据、信息等设计参数，辅助工厂实现精细化加工制造。同时，利用建立的 BIM 模型导出工程的算量结果及物料清单等，为施工提供有力的参考依据。

（4）施工阶段，采用 BIM 相关软件进行徐州奥体中心的施工进度模拟、关键工艺展示、场地布置、三维可视动态展示、施工误差控制等，从而保证徐州奥体中心在施工阶段能够顺利实施，避免返工和不必要的人力、物力的浪费。

（5）管理阶段，利用 BIM 平台，通过二次开发，建立基于 BIM 的徐州奥体中心三维可视化监测平台。平台包含监测信息、设计资料、施工可视化、其他资料、VR 漫游等多个模块。该平台操作简便，为本体育场的施工过程管控提供了强有力的支持。

4. 亮点及创新点

（1）亮点

1）深化设计阶段

①解决空间模型传递问题；

②参数化保障节点最优化；

③结构模型协同全专业模型；

④模型可用于施工运维阶段；

⑤联动修改自动更新二维图纸。

2）施工阶段

①与施工计划配合；

②基于 BIM 模型进行预应力钢结构的 4D 施工模拟；

③BIM 模型辅助施工仿真。

3）运维阶段

①自主研发打通运维阶段 BIM 应用；

②竣工模型继续传递给建筑服役期间进行应用；

③能够实现施工过程中的实时动态监测预警。

（2）创新点

1）建立了本工程的 BIM 数据库，并通过数据接口从不同软件中对项目的关键信息予以收集、更新、管理和应用。使得 BIM 信息能够在专业之间和上下游之间传递顺畅。

2）与传统项目相比，该工程对构件的精度要求高，BIM 数据库及精细参数化建模技术的应用确保了构件精度能高质量地完成，并对施工精度的控制提供了坚实的基础。

3）结合 BIM 数据库和参数化技术实现了索网节点的优化设计，节约成本 100 余万，获得良好的经济效益。

4）在 Revit 平台上建立了族库、开发了自适应构件，并建立了圈梁和索网 BIM 模型。在 Navisworks 上集成了包含场馆周边环境在内的总模型。

5）将深化设计阶段的 BIM 模型交付给制造单位，直接用于二维深化施工图的生成和构件的数控加工。

6）将设计阶段的 BIM 模型交付给施工单位，为施工阶段的管理和成本控制提供的坚实的基础。BIM 模型延续到施工阶段，信息不断完善，充分发挥了 BIM 的价值。

7）开发了基于 BIM 的三维可视化监测平台，实现了项目施工阶段的安全、进度、质量进行控制与管理。

5. 项目效果评估

（1）主要效果

1）有限元结构分析与 BIM 模型对接，实现三维模型的传递，节省工作时间；

2）基于 4D 模型对预应力钢结构施工全过程控制；

3）实现基于 BIM 的三维可视化动态监测系统。

（2）主要效益

1）解决原有的有限元空间模型无法传递的问题，省去三维建模的时间；

2）参数化辅助节点深化设计可以通过大量方案使节点接近最优化；

3）可以使施工人员更透彻地理解施工方案；

4）三维动态可视化监测平台可以使用既有的三维模型进行监测。

（3）有效功能

1）Revit 三维参数化建模功能强大，上下游接口软件导入导出良好；

2）Navisworks 基于 4D 的施工过程管理很方便得说明施工问题，也便于打开浏览庞大的 BIM 模型。

6. 小结

在本项目中预应力钢结构的施工安全和质量管理是施工单位的难点，在传统的施工项目管理中结合 BIM 技术能为施工提供新的安全技术手段和管理工具，提高建筑施工安全管理水平，促进和适应新兴建筑结构的发展。BIM 技术已成功应用在徐州奥体中心施工项目管理上，在该项目中所创建的预应力钢结构构件族具有参数化的特点，可以反复应用在类似施工项目中；参数化的钢结构施工深化设计方法不但能够提高效率，还能降低出错率；施工模拟的技术也给企业带来了效益；所开发的三维可视化动态监测系统具有很大的拓展空间，值得推广应用。总的来说，BIM 技术在徐州奥体中心施工项目管理上的成功应用，为以后预应力钢结构及同类型装配式钢结构施工项目积累了很多经验。

课 后 习 题

一、单项选择题

1. 钢结构的主要缺点是（　　）。

A. 结构重量大 　　　　　　　　　　　　B. 造价高

C. 易腐蚀、不耐火 　　　　　　　　　　D. 施工困难多

2. 在钢材的力学性能指标中，既能反映钢材塑性，又能反映钢材冶金缺陷的指标是（　　）。

A. 屈服强度 　　　　　　　　　　　　　B. 冲击韧性

C. 冷弯性能 　　　　　　　　　　　　　D. 伸长率

3. 预应力工程在施工过程中具有什么性质（　　）。

A. 不可逆性 　　　　　　　　　　　　　B. 可重复性

C. 整体安装性 　　　　　　　　　　　　D. 结构不稳定性

4. 下列关于钢结构和钢筋的 BIM 应用点描述，说法更为合适的是（　　）。

A. 钢结构的深化设计可以用深化设计类软件（如 Tekla 等）来解决，钢筋的算量可以用建模类软件（如 Revit、Bentley 等）来解决

B. 钢结构的深化设计可以用受力分析类软件（如 PKPM 等）来解决，钢筋的算量可以用建模类软件（如 ArchiCAD、Bentley 等）来解决

C. 钢结构的深化设计可以用概念设计类软件（如 SketchUp 等）来解决，钢筋的算量可以用深化设计类软件（如 Tekla 等）来解

D. 钢结构的深化设计可以用深化设计类软件（如 Tekla 等）结合施工经验出图解决，钢筋的算量可以利用钢筋算量类软件或建模软件配合插件（带有扣减规范的插件）来解决

二、多项选择题

1. 钢结构具有的特点包括（　　）。

A. 钢材强度高，结构重量轻

B. 钢材内部组织比较均匀，有良好的塑性和韧性

C. 钢结构装配化程度高，施工周期短

D. 钢材能制造密闭性要求较高的结构

E. 钢结构不耐热，但不耐火

F. 钢结构易锈蚀，维护费用小

2. 选择钢材时应考虑的因素是(　　　)。

A. 荷载性质　　　　　　　　　　　B. 结构或构件的重要性

C. 材质　　　　　　　　　　　　　D. 连接方法

3. 公共建筑案例中深化设计包括(　　　)。

A. 功能深化设计　　　　　　　　　B. 制作深化设计

C. 造型深化设计　　　　　　　　　D. 安装深化设计

参考答案

一、单项选择题

1B　2. C　3. A　4. D

二、多项选择题

1. ABCD　2. ABC　　3. CD

参 考 文 献

[1] 沈祖炎，罗金辉，李元齐．以钢结构建筑为抓手推动建筑行业绿色化、工业化、信息化协调发展 [J]．建筑钢结构进展，2016，18(2)：1-6．

[2] 陆烨，李国强．日本一种建设产业化的高层巨型钢结构住宅体系[J]．建筑结构，2005，35(6)： 28-31．

[3] 秦姗，伍止超，于磊．日本KEP到KSI内装部品体系的发展研究[J]．建筑学报，2014(7)：17-23．

[4] 张爱林．工业化装配式高层钢结构体系创新、标准规范编制及产业化关键问题[J]．工业建筑， 2014，44(8)：1-6．

[5] 李砚波，曹晟，陈志华，等．钢管束混凝土组合墙-梁翼缘加强型节点抗震性能试验[J]．天津大学 学报(自然科学与工程技术版)，2016，49(增刊1)：41-47．

[6] 郝际平，孙晓岭，薛强，等．绿色装配式钢结构建筑体系研究与应用[J]．工程力学，2017，34 (1)：1-13．

[7] 秦迪，陈进宝．我国装配式钢结构建筑的发展及现状研究[J]．智能城市，2017(11)：7．

[8] 田东方．BIM技术在预制装配式住宅施工管理中的应用研究[D]．武汉：湖北工业大学，2017．

[9] 叶雷振．BIM技术对绿色住宅设计应用研究[D]．合肥：安徽建筑大学，2017．

[10] 于超．BIM技术在预制装配式住宅设计及其绿色施工中的应用研究[D]．天津：天津大学，2015．

[11] 卢琬玫．BIM技术及其在建筑设计中的应用研究[D]．天津：天津大学，2014．

[12] 张杰，李文姹．BIM：中国预制建筑的新起点[J]．工程建设与设计，2013(10)：8-13．

[13] 张德海，韩进宇，赵海南，等．BIM环境下如何实现高效的建筑协同设计[J]．土木建筑工程信息 技术，2013(6)：43-47．

[14] 中华人民共和国国家标准．GB/T 51232—2016 装配式钢结构建筑技术标准[S]．北京：中国建筑 工业出版社，2017．

[15] 中华人民共和国国家标准．GB/T 51129—2017 装配式建筑评价标准[S]．北京：中国建筑工业出 版社，2018．

[16] 中华人民共和国国家标准．GB/T 51235—2017 建筑信息模型施工应用标准[S]．北京：中国建筑 工业出版社，2017．

[17] 山东省地方标准．DB37/T 5115—2018 装配式钢结构建筑技术规程[S]．北京：中国建筑工业出版 社，2018．

[18] 北京市地方标准．DB11/T 1069—2014 民用建筑信息模型设计标准[S]．北京：中国建筑工业出版 社，2014．

[19] 山东省建筑科学研究院．装配式建筑知识手册[M]．北京：中国建筑工业出版社，2017．

[20] 住房和城乡建设部住宅产业化促进中心．大力推广装配式建筑必读——技术、标准、成本与效益 [M]．北京：中国建筑工业出版社，2016．

[21] 陈晓晴．BIM技术在钢结构设计中的应用及分子结构分析方法研究[D]．天津：天津大学，2015．

[22] 戴文莹．基于BIM技术的装配式建筑研究——以"石榴居"为例[D]．武汉：武汉大学，2017．

[23] 卓博华．BIM技术在建筑结构设计中的应用[J]．工程技术．2017(8)：229-230．

[24] 苏世耕，谢国忠．BIM技术在建筑结构设计中的应用分析[J]．住宅与房地产．2015(12)：37．

[25] 叶婷婷．钢结构在建筑结构设计中存在的问题[J]．四川建材．2017，43(6)：51-52．

[26]　徐晓霞，林平．钢结构在建筑结构设计中存在的问题分析[J]．工业设计．2016(11)：175.

[27]　白庶，张艳坤，韩风，等．BIM 技术在装配式建筑中的应用价值分析[J]．建筑技术，2015，36(11)：106-109.

[28]　魏时阳．BIM 技术在装配式建筑设计中的应用．

[29]　http：//bim. co188. com/info/d1280. html.

[30]　秦军．建筑设计阶段的 BIM 应用[J]．建筑技艺，2011[Z1]：160-163.

[31]　李静怡，薛思娜．BIM 在方案阶段的应用[J]．建筑工程技术与设计，2014：899-900，1029.

[32]　CBI 建筑网．http：//www. cbi360. net/zhb/20180104 _ 5666. html.

[33]　装配式钢结构＋BIM 技术在保障房项目中的应用．http：//www. bjjy. com/bim/news/7368. html.

[34]　杨文洪．浅谈 BIM 技术在建设各阶段的应用．

[35]　[EB/QL]. http：//www. sccea. net/news/2016/content _ 3 _ 6165. html.

[36]　黄子浩．BIM 技术在钢结构工程中的应用研究[D]．广州：华南理工大学，2013.

[37]　陈晓蓉，兰晶晶．Tekla Structures 软件功能分析及应用实例介绍[J]．江苏建筑，2015(1)：62-64，74.

[38]　刘占省，徐瑞龙，马锦姝，等．基于建筑信息模型的预制装配式住宅信息管理平台研发与应用[J]．建筑结构学报，2014，35(2)：59-66.

[39]　刘占省，马锦姝，卫启星，等．BIM 技术在徐州奥体中心体育场施工项目管理中的应用研究[J]．施工技术，2015(6)：35-39.

[40]　刘占省．由 500m 口径射电望远镜(FAST)项目看建筑企业 BIM 应用[J]．建筑技术开发，2015(4)：16-19.

[41]　刘占省．PW 推动项目全生命周期管理[J]．中国建设信息化，2015(Z1)：66-69.

[42]　刘占省，李斌，王杨，等．多哈大桥施工管理中 BIM 技术的应用研究[C]//第十五届全国现代结构工程学术研讨会论文集．

[43]　刘占省，马锦姝，陈默．BIM 技术在北京市政务服务中心工程中的研究与应用[J]．城市住宅，2014(6)：36-39.

[44]　刘占省，徐瑞龙，武晓风，等．中国煤炭交易中心索穹顶施工过程监测研究．建筑结构．2013，43(12)：29-32.

[45]　刘占省，王泽强，张桐睿，等．BIM 技术全寿命周期一体化应用研究．施工技术．2013(18)：91-85.

[46]　刘占省，赵明，徐瑞龙．BIM 技术建筑设计、项目施工及管理中的应用[J]．建筑技术开发，2013，40(3)：65-71.

[47]　王受之．世界现代设计史[M]．北京：中国青年出版社，2002，9.

[48]　荆雷，宋玉立．中外设计简史[M]．上海：上海人民美术出版社，2009：89.

[49]　张蕾，陆津．哈尔滨"新艺术"运动建筑的形态研究[J]．大众文艺，2017(16)：135-136.

[50]　周锐，范圣玺，吴端．设计艺术史[M]．北京：高等教育出版社，2008：130-152.

[51]　晨朋．有个流派叫"新艺术"[J]．中国美术，2011(6)：146-151.

[52]　杨军．多向可调节柔性连接式石材幕墙施工技术[J]．施工技术，2016，45(13)：130-134.

[53]　石伟国，许真祥，熊志刚．高层建筑组合石材幕墙施工技术[J]．建筑技术，2010，41(5)：433-436.

[54]　谢涛．瓷板背栓式开放幕墙施工技术[J]．建筑技术，2008，39(11)：840-843.

[55]　谷国艳，周桂云，陈革，等．超大规格双切面背栓式石材幕墙施工方法[J]．施工技术，2005(3)：73-74＋83.

[56]　宬文胜．天然石材背栓式通风幕墙施工方法[J]．建筑技术，2002(9)：676-677.

[57] 焦峰华，王天荣，张相勇，等．青岛北站无柱雨棚预应力钢结构关键技术[J]．建筑结构，2013，43(23)：26-29.

[58] 杨劲．汉口火车站大跨度钢结构无站台柱雨棚结构设计[J]．武汉大学学报(工学版)，2011，44(3)：353-357.

[59] 甄伟，冯健，盛平．广州新客站雨棚钢结构设计及索拱实验[J]．建筑结构，2009，39(12)：17-22.

[60] 吴涛梅，洪元．浅谈哈尔滨新艺术运动风格建筑的发展与保护[J]．华中建筑，2008(7)：196-199.

[61] 张建平，李丁，林佳瑞，等．BIM在工程施工中的应用[J]．施工技术，2012(16)：10-17.

[62] 刘占省，李斌，王杨，等．BIM技术在多哈大桥施工管理中的应用[J]．施工技术，2015(12)：76-80.

[63] 刘占省，马锦姝，卫启星，等．BIM技术在徐州奥体中心体育场施工项目管理中的应用研究[J]．施工技术，2015(6)：35-39.

[64] 刘晴，王建平．基于BIM技术的建设工程生命周期管理研究[J]．土木建筑工程信息技术，2010，2(3)：41-45.

[65] 李良，鄢宇，李珍萍，等．大跨度钢桁架整体提升结构分析研究[J]．施工技术，2017，46(S1)：343-346.

[66] 刘家彬，郭正兴，夏虎．大跨连体钢桁架整体提升施工技术[J]．建筑技术，2017，48(2)：126-129.

[67] 柴文静，张新爱．超大型钢桁架液压同步提升有限元分析[J]．建筑技术，2017，48(2)：152-154.

[68] 高岗，李瑞锋．北京雁栖湖国际会展中心中央区钢桁架及混凝土屋面组合结构同步液压提升[J]．施工技术，2014，43(S2)：389-394.

[69] 徐文武，刘坤，丁小姮．钢桁架液压整体提升技术[J]．建筑技术，2008(9)：685-686.

[70] 胡鸿志，卢兴华，刘震华．大跨度巨型钢桁架整体提升技术[J]．建筑技术，2007(4)：295-298.

[71] 金生玉．空间管桁架结构焊接施工质量保证措施研究[J]．建筑工程技术与设计，2016(14).

[72] 杨文伟．钢管桁架相贯线焊缝的检测与焊接缺陷分析[J]．山西建筑，2007(34)：3-4.

[73] 毛庆东，陆建勇，张宣关，等．72m钢管桁架焊接工艺及质量控制[J]．施工技术，2007(6)：41-43.

[74] 侯兆欣．《钢结构工程施工质量验收规范》GB 50205—2001内容简介[J]．施工技术，2002(2)：20-22.

[75] 戴勇．大跨度结构彩色压型钢板组合屋面施工方法[J]．施工技术，2010，39(S2)：400-402.

[76] 张兰香．镀铝锌压型钢板屋面施工工法[J]．施工技术，1999(4)：55-56.

[77] 郭晓飞．拱形彩钢保温屋面[J]．新型建筑材料，1999(5)：37-39.

[78] 卢智光，陈臻颖．广州体育学院体育馆大跨度复杂钢网架及屋面施工技术[J]．建筑技术，2010，41(11)：1021-1024.

[79] 汪道金，曾繁娜．大跨度屋面钢网架(壳)结构施工技术[J]．施工技术，2010，39(2)：24-26＋29.

[80] 田正宏，陈颖，朱嘉亮．可移动金属拱形屋面设计与施工[J]．施工技术，2003(11)：21-28.

[81] 王秀丽，沈世钊，朱彦鹏，等．轻钢拱形屋面结构的优化设计与构造[J]．甘肃工业大学学报，2002(3)：89-93.

[82] 梁宗敏，秦家利．拱形屋面空旷建筑基础的实用设计[J]．中国农业大学学报，2003(2)：69-72.

[83] 朱颂林，齐秀增．新型节能拱形屋面大板[J]．建筑技术，1996(11)：761-762.

[84] 刘小哲，王佳才．预应力混凝土拱形屋面大板的施工[J]．建井技术，1993(1)：16-18＋47.

[85] 杨中，吴晓荣，刘成．挡潮闸闸墩高性能大体积混凝土温度效应与控制[J]．水利水电科技进展，2012，32(5)：38-42.

[86] 张玉明，边广生，孟少平．平面形状为圆环形的混凝土框架结构温度应力研究[J]．工程力学，
        2011，28(S1)：136-140.

[87] 王昌彤，曹平周，李德，等．江苏大剧院戏剧厅钢结构温度效应及合龙温度研究[J]．施工技术，
        2016，45(20)：32-36.

[88] 郭彦林，田广宇，周绪红，等．大型复杂钢结构施工力学及控制新技术的研究与工程应用[J]．施
        工技术，2011，40(1)：47-55＋89.

[89] 唐岱新．寒冷地区建筑温差变形的危害[J]．低温建筑技术，2000(3)：14-15.

[90] 林天奇．现浇钢筋混凝土大体形建筑温差变形的不利影响及对策[J]．建筑技术，2004(4)：
        287-288.

[91] 中华人民共和国国家标准．GB/T 51028—2015 大体积混凝土温度测控技术规范[S].

[92] F K Chang. Structural health monitoring [D]. Standford University，2000.

[93] 张其林，大型建筑结构健康监测和基于监测的性态研究[J]．建筑结构，2011，41(12)：68-
        75，38.

[94] 变形缝建筑构造，国家建筑标准设计图集，14J936.

[95] 王朝阳，刘星，张臣友．BIM 技术在武汉中心项目钢结构施工管理中的应用[J]．施工技术，2015
        (6)：40-45.

[96] 罗永峰，叶智武，陈晓明，等．空间钢结构施工过程监测关键参数及测点布置研究[J]．建筑结构
        学报，2014(11)：108-115.

[97] 郭柏希．基于三维激光扫描技术的工业厂房三维建模与应用研究[D]．长春：吉林建筑大
        学，2016.

[98] 冯上朝．三维激光扫描技术在工程中的应用研究[D]．兰州：兰州交通大学，2015.

[99] 张建平，李丁，林佳瑞，等．BIM 在工程施工中的应用[J]．施工技术，2012，(16)：10-17.

[100] 栾添．建筑施工企业信息化管理研究[D]．长春：吉林建筑大学，2017.

[101] 王世雄．基于物联网的建筑施工安全管理体系构建及评价[D]．重庆：重庆科技学院，2017.

[102] 孙一赫．基于无线射频识别技术的施工物料管理方法研究[D]．哈尔滨：哈尔滨工业大学，2015.

[103] 陈梅芳．建筑施工企业信息化管理研究[J]．建筑设计管理，2012(4)：35-35.

[104] 程大章，冯威，沈晔，等．智能建筑后续发展的研究[J]．智能建筑，2006(6)：15-16.

[105] 牛志明．现代项目管理在建筑智能化系统工程中的应用研究[D]．北京：华北电力大学，2007.

[106] 王娜．建筑智能化与绿色建筑[J]．智能建筑与城市信息，2014(1)：24-27.

[107] 孙鸽梅．基于 BIM、RFID 和云计算技术的智慧建筑研究[J]．硅谷，2014(1)：52-53.

[108] 赵大鹏．中国智慧城市建设问题研究[D]．长春：吉林大学，2013.

附件　建筑信息化 BIM 技术系列岗位
职业技术考试管理办法

北京绿色建筑产业联盟文件

联盟　通字　【2018】09 号

通　知

各会员单位，BIM 技术教学点、报名点、考点、考务联络处以及有关参加考试的人员：

根据国务院《2016—2020 年建筑业信息化发展纲要》《关于促进建筑业持续健康发展的意见》（国办发〔2017〕19 号），以及住房和城乡建设部《关于推进建筑信息模型应用的指导意见》《建筑信息模型应用统一标准》等文件精神，北京绿色建筑产业联盟组织开展的全国建筑信息化 BIM 技术系列岗位人才培养工程项目，各项培训、考试、推广等工作均在有效、有序、有力的推进。为了更好地培养和选拔优秀的实用性 BIM 技术人才，搭建完善的教学体系、考评体系和服务体系。我联盟根据实际情况需要，组织建筑业行业内 BIM 技术经验丰富的一线专家学者，对于本项目在 2015 年出版的 BIM 工程师培训辅导教材和考试管理办法进行了修订。现将修订后的《建筑信息化 BIM 技术系列岗位职业技术考试管理办法》公开发布，2019 年 2 月 1 日起开始施行。

特此通知，请各有关人员遵照执行！

附件：建筑信息化 BIM 技术系列岗位专业技能考试管理办法　全文

二〇一九年一月十五日

附件：

建筑信息化 BIM 技术系列岗位职业技术考试管理办法

根据中共中央办公厅、国务院办公厅《关于促进建筑业持续健康发展的意见》（国发办〔2017〕19 号）、住建部《2016—2020 年建筑业信息化发展纲要》（建质函〔2016〕183 号）和《关于推进建筑信息模型应用的指导意见》（建质函〔2015〕159 号），国务院《国家中长期人才发展规划纲要（2010—2020 年）》《国家中长期教育改革和发展规划纲要（2010—2020 年）》，教育部等六部委联合印发的《关于进一步加强职业教育工作的若干意见》等文件精神，北京绿色建筑产业联盟结合全国建设工程领域建筑信息化人才需求现状，参考建设行业企事业单位用工需要和工作岗位设置等特点，制定 BIM 技术专业技能系列岗位的职业标准、教学体系和考评体系，组织开展岗位专业技能培训与考试的技术支持工作。参加考试并成绩合格的人员，由北京绿色建筑产业联盟及有关认证机构职业技能鉴定指导中心）颁发相关岗位技术与技能证书。为促进考试管理工作的规范化、制度化和科学化，特制定本办法。

一、岗位名称划分

1. BIM 技术综合类岗位：

BIM 建模技术，BIM 项目管理，BIM 战略规划，BIM 系统开发，BIM 数据管理。

2. BIM 技术专业类岗位：

BIM 工程师（造价），BIM 工程师（成本管控），BIM 工程师（装饰），BIM 工程师（电力），BIM 工程师（装配式），BIM 工程师（机电），BIM 工程师（路桥），BIM 工程师（轨道交通），BIM 工程师（工程设计），BIM 工程师（铁路）。

二、考核目的

1. 为国家建设行业信息技术（BIM）发展选拔和储备合格的专业技术人才，提高建筑业从业人员信息技术的应用水平，推动技术创新，满足建筑业转型升级需求。

2. 充分利用现代信息化技术，提高建筑业企业生产效率、节约成本、保证质量，高效应对在工程项目策划与设计、施工管理、材料采购、运营维护等全生命周期内进行信息共享、传递、协同、决策等任务。

三、考核对象

1. 凡中华人民共和国公民，遵守国家法律、法规，恪守职业道德的。土木工程类、工程经济类、工程管理类、环境艺术类、经济管理类、信息管理与信息系统、计算机科学与技术等有关专业，具有中专以上学历，从事工程设计、施工管理、物业管理工作的社会企事业单位技术人员和管理人员，高职院校的在校大学生及老师，涉及 BIM 技术有关业务，均可以报名参加 BIM 技术系列岗位专业技能考试。

2. 参加 BIM 技术专业技能和职业技术考试的人员，除符合上述基本条件外，还需具备下列条件之一：

（1）在校大学生已经选修过 BIM 技术有关岗位的专业基础知识、操作实务相关课程的；或参加过 BIM 技术有关岗位的专业基础知识、操作实务的网络培训；或面授培训，或实习实训达到 140 学时的。

（2）建筑业企业、房地产企业、工程咨询企业、物业运营企业等单位有关从业人员，参加过 BIM 技术基础理论与实践相结合的系统培训和实习达到 140 学时，具有 BIM 技术系列岗位专业技能的。

四、考核规则

1. 考试方式

（1）网络考试：不设定统一考试日期，灵活自主参加考试，凡是参加远程考试的有关人员，均可在指定的远程考试平台上参加在线考试，卷面分数为 100 分，合格分数为 80 分。

（2）大学生选修学科考试：不设定统一考试日期，凡在校大学生选修 BIM 技术相关专业岗位课程的有关人员，由各院校根据教学计划合理安排学科考试时间，组织大学生集中考试。卷面分数为 100 分，合格分数为 60 分。

（3）集中考试：设定固定的集中统一考试日期和报名日期，凡是参加培训学校、教学点、考点考站、联络办事处、报名点等机构进行现场面授培训学习的有关人员，均需凭准考证在有监考人员的考试现场参加集中统一考试，卷面分数为 100 分，合格分数为 60 分。

2. 集中统一考试

（1）集中统一报名计划时间：（以报名网站公示时间为准）

夏季：每年 4 月 20 日 10：00 至 5 月 20 日 18：00。

冬季：每年 9 月 20 日 10：00 至 10 月 20 日 18：00。

各参加考试的有关人员，已经选择参加培训机构组织的 BIM 技术培训班学习的，直接选择所在培训机构报名，由培训机构统一代报名。网址：www.bjgba.com（建筑信息化 BIM 技术人才培养工程综合服务平台）

（2）集中统一考试计划时间：（以报名网站公示时间为准）

夏季：每年 6 月下旬（具体以每次考试时间安排通知为准）。

冬季：每年 12 月下旬（具体以每次考试时间安排通知为准）。

考试地点：准考证列明的考试地点对应机位号进行作答。

3. 非集中考试

各高等院校、职业院校、培训学校、考点考站、联络办事处、教学点、报名点、网教平台等组织大学生选修学科考试的，应于确定的报名和考试时间前 20 天，向北京绿色建筑产业联盟测评认证中心 BIM 技术系列岗位专业技能考评项目运营办公室提报有关统计报表。

4. 考试内容及答题

（1）内容：基于 BIM 技术专业技能系列岗位专业技能培训与考试指导用书中，关于 BIM 技术工作岗位应掌握、熟悉、了解的方法、流程、技巧、标准等相关知识内容进行命题。

（2）答题：考试全程采用 BIM 技术系列岗位专业技能考试软件计算机在线答题，系统自动组卷。

（3）题型：客观题（单项选择题、多项选择题），主观题（案例分析题、软件操作题）。

（4）考试命题深度：易 30%，中 40%，难 30%。

5. 各岗位考试科目

序号	BIM 技术系列岗位专业技能考核	考核科目			
		科目一	科目二	科目三	科目四
1	BIM 建模技术岗位	《BIM 技术概论》	《BIM 建模应用技术》	《BIM 建模软件操作》	
2	BIM 项目管理岗位	《BIM 技术概论》	《BIM 建模应用技术》	《BIM 应用与项目管理》	《BIM 应用案例分析》
3	BIM 战略规划岗位	《BIM 技术概论》	《BIM 应用案例分析》	《BIM 技术论文答辩》	
4	BIM 技术造价管理岗位	《BIM 造价专业基础知识》	《BIM 造价专业操作实务》		
5	BIM 工程师（装饰）岗位	《BIM 装饰专业基础知识》	《BIM 装饰专业操作实务》		
6	BIM 工程师（电力）岗位	《BIM 电力专业基础知识与操作实务》	《BIM 电力建模软件操作》		
7	BIM 系统开发岗位	《BIM 系统开发专业基础知识》	《BIM 系统开发专业操作实务》		
8	BIM 数据管理岗位	《BIM 数据管理业基础知识》	《BIM 数据管理专业操作实务》		

6. 答题时长及交卷

客观题试卷答题时长 120 分钟，主观题试卷答题时长 180 分钟，考试开始 60 分钟内禁止交卷。

7. 准考条件及成绩发布

（1）凡参加集中统一考试的有关人员应于考试时间前 10 天内，在 www. bjgba. com（建筑信息化 BIM 技术人才培养工程综合服务平台）打印准考证，凭个人身份证原件和准考证等证件，提前 10 分钟进入考试现场。

（2）考试结束后 60 天内发布成绩，在 www. bjgba. com 平台查询成绩。

（3）考试未全科目通过的人员，凡是达到合格标准的科目，成绩保留到下一个考试周期，补考时仅参加成绩不合格科目考试，考试成绩两个考试周期有效。

五、技术支持与证书颁发

1. 技术支持：北京绿色建筑产业联盟内设 BIM 技术系列岗位专业技能考评项目运营办公室，负责构建教学体系和考评体系等工作；负责组织开展编写培训教材、考试大纲、题库建设、教学方案设计等工作；负责组织培训及考试的技术支持工作和运营管理工作；负责组织优秀人才评估、激励、推荐和专家聘任等工作。

2. 证书颁发及人才数据库管理

（1）凡是通过 BIM 技术系列岗位专业技能考试，成绩合格的有关人员可以获得《职业技术证书》，证书代表持证人的学习过程和考试成绩合格证明，以及岗位专业技能水平，并纳入信息化人才数据库。

六、考试费收费标准

BIM 建模技术，BIM 项目管理，BIM 系统开发，BIM 数据管理，BIM 战略规划，BIM 工程师（造价），BIM 工程师（成本管控），BIM 工程师（装饰），BIM 工程师（电力），BIM 工程师（装配式），BIM 工程师（机电），BIM 工程师（路桥），BIM 工程师（轨道交通），BIM 工程师（工程设计），BIM 工程师（铁路）考试收费标准：480 元/人（费用包括：报名注册、平台数据维护、命题与阅卷、证书发放、考试场地租赁、考务服务等考试服务产生的全部费用）。

七、优秀人才激励机制

1. 凡取得 BIM 技术系列岗位相关证书的人员，均可以参加 BIM 工程师"年度优秀工作者"评选活动，对工作成绩突出的优秀人才，将在表彰颁奖大会上公开颁奖表彰，并由评委会颁发"年度优秀工作者"荣誉证书。

2. 凡主持或参与的建设工程项目，用 BIM 技术进行规划设计、施工管理、运营维护等工作，均可参加"工程项目 BIM 应用商业价值竞赛"BVB 奖（Business Value of BIM）评选活动，对于产生良好经济效益的项目案例，将在颁奖大会上公开颁奖，并由评委会颁发"工程项目 BIM 应用商业价值竞赛"BVB 奖获奖证书及奖金，其中包括特等奖、一等奖、二等奖、三等奖、鼓励奖等奖项。

八、其他

1. 本办法根据实际情况，每两年修订一次，同步在 www.bjgba.com 平台进行公示。本办法由 BIM 技术系列岗位专业技能人才考评项目运营办公室负责解释。

2. 凡参与 BIM 技术系列岗位专业技能考试的人员、BIM 技术培训机构、考试服务与管理、市场传推广、命题判卷、指导教材编写等工作的有关人员，均适用于执行本办法。

3. 本办法自 2019 年 2 月 1 日起执行，原考试管理办法同时废止。

北京绿色建筑产业联盟

（BIM 技术系列岗位专业技能人才考评项目运营办公室）

二〇一九年一月